知りたい！サイエンス

アナザー人類興亡史

人間になれずに消滅した〝傍系人類〟の系譜

ホモ・サピエンスが誕生するまで
人類は容易ならざる歴史を歩んだ。
それは、われわれの**祖先**の
遠い血縁者であるさまざまな
〝**アナザー人類**〟が生き、
そして地上から**永遠に消えて**いった過去である。
本書は彼らの数百万年の**興亡**を追い
ホモ・サピエンスの真の歴史に迫ろうとする。

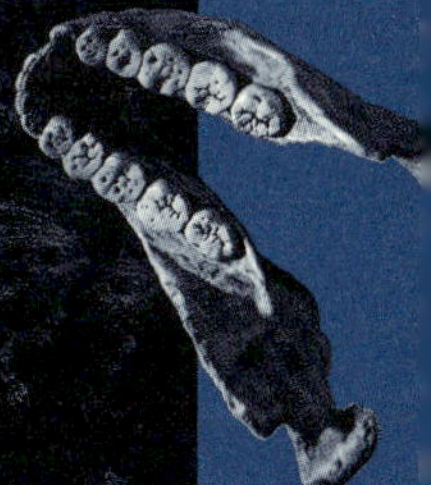

金子隆一＝著
矢沢サイエンスオフィス＝編

技術評論社

はじめに

自然科学のどのようなジャンルにおいても言えることだが、ある時期に大発見が集中的に重なり、ごく短期間にその分野の研究が飛躍的進展を遂げることがある。

そして、古人類学という分野もまた、いままさにそのような古今未曾有の大発展期にあるのかもしれない。１９９２年にエチオピアで直立歩行を行ったとされる４４０万年前の生物アルディピテクスが発見されたのを皮切りに、２０００年にはケニアで６００万年前のオロリンが、２００１年にはチャドで最大７００万年前までさかのぼるサヘラントロプスが発見され、ヒトの初期進化に関するわれわれの認識を大きく揺さぶることになったのである。

一方２００３年にはインドネシアで、わずか１万２０００年前まで疑問の余地なく生きていた矮性人類ホモ・フローレシエンシスの化石が発見され、われわれ現生人類が登場してからも地球上に人知れず未知の人類が生存していたことが明らかとなった。

さらに、分子系統学、古遺伝子学、さまざまな質量分析や年代測定、化石の非破壊検査の新技術などの導入により、同じひとつの化石からでもそこから引き出せる情報の量は年を追うごとに急速に増大しつつある。そのおかげで、ヒトの進化の過程を見はるかすわれわれの視野は、過去わずか20年ほどの間に驚くほど様変わりした。

しかしそれは、必ずしもヒトの辿ってきた道がより鮮明に見通せるようになったことを意味するわけではない。むしろ新しい化石が見つかるたびにそれまでの系統仮説が覆され、新たな仮説の構築が始まり、それがようやくまとまってきたかと思うと、しばしば研究者間の合意さえできないうちにまた次の化石が見つかってその仮説がご破算になる、というプロセスのくり返しとなっている。

したがって本書はヒトの進化史を俯瞰しようとする最新の試みではあるものの、やはりそれも暫定的なものと言わざるを得ない。事実、本書の執筆中にも、また書き終えてから編集作業にあたっている只中にも、次々と新しい情報が飛び込んできた。たとえば本文での記述は間に合わなかったものの、２０１１年1月には、ホモ・サピエンスがアフリカを旅立ったのは12万年以上前であったとする新説が報じられている。

これはアラブ首長国連邦の12万５０００年前の遺跡から発見された石器の研究から明らかになった。それによると、現生人類はこの頃すでにこの地、すなわち現在のアラビア半島ペルシア湾沿いの地域に到達していた。彼らは従来言われていたように地中海沿岸の回廊を通ってユーラシアに拡散したのではなく、アフリカ大陸とアラビア半島を分かつ紅海の南端の海上を渡って直接アラビア半島南部に達した可能性が高いという。

同じく1月には地中海のクレタ島（ギリシア）でも現生人類の作った石器が発見され、こちらは13万年前のものと判定された。われわれは古代人の航海能力を過度に見くびってきたのかもしれない。

化石そのもので言えば、２０１１年１月にイスラエルで、これまでの記録をいっきに20万年も遡る40万年前のホモ・サピエンスの化石が発見されたとする報告がなされた。もっともこれは単に現代人の特徴をもつ歯が9本見つかったというにすぎないが、これが事実ならヒトのアフリカ起源説そのものが危うくなりかねない。

その少し前の２０１０年末には、本書第9章でもとりあげた更新世の未知の人類「デニソワ人」のさらなるＤＮＡ解析結果が発表された。それによると、彼らはネアンデルタール人と共通の祖先から分岐した種であり、ネアンデルタール人と同時期に東アジア一帯に分布し、さらに現代人の一部にその血統が入り込んでいることが判明したという。

２０１１年２月にはアウストラロピテクス・アファレンシスの中足骨が新たに発見され、彼らがすでに土踏まずを発達させていたこと――体を垂直にして2足歩行していたことを示唆する――が判明したと報じられた。

科学情報を扱う本はこうした新しい知見が次々と報告される中で同時並行的に書かれる宿命にある。したがって本書もまた数年後にはさらに新しい内容に書き換えられる必要が生じる可能性がある。

だがそのような時代だからこそ、可能なかぎり新しい情報にもとづいて、現時点における人類進化のもっとも新しいパースペクティブを読者に提示できることが筆者の大きな楽しみであった。古人類学という分野でいまどんな潮流が起きており、研究者たちがどこに向かおうとしているのか、読者にそのダイナミズムの一端でも感じ取ってもらえれば筆者にとってこれ以上の喜びはない。

なお本書は技術評論社の西村俊滋編集長の企画提案を受けて執筆した。幸い筆者はかねてより生命史全般に対する個人的関心から世界各国の大学や博物館の取材を続けており、とりわけ古人類学のメッカである南アフリカ共和国のトランスヴァール博物館、ウィットウォーターズランド大学をはじめいくつかの研究機関にはコネクションがあった。本書の内容もこれらの研究機関から得られた部分が大きい。

本書の実際の編集作業においては矢沢サイエンスオフィスの協力をあおいだ。本書で使用した写真の一部は筆者がこれまでに撮影してきたストックから選んだが、それ以外の図版の多くは矢沢サイエンスの収集・作成になるものである。また当初やや専門的にすぎた記述内容も大幅に刈り込んで改訂していただいた。同オフィスの矢沢潔さんとスタッフの皆さんに厚く御礼申し上げる。

２０１１年２月　金子隆一

CONTENTS

第1章

ヒトの進化を概観する

ホモ・サピエンスはヒト属の唯一の生き残り

地球上のあらゆる地域で生きるホモ・サピエンス

現在この地球上でもっとも広範に分布し、もっとも繁栄している哺乳類は何か？　いうまでもなくそれは人間すなわちヒト、学名ホモ・サピエンスである。

他のあらゆる動物は、長い時間をかけて自らの体を環境に合わせ、特定の生息環境に適応した体の構造を作り上げてきた。これに対してヒトだけは、周囲の環境を改変して環境を自分に従わせるという新たな技法を駆使し、急速にその分布を広げてきた。その結果、極地から熱帯、標高４０００メートルを超える高地から海面下の低地、果ては深海底から地球の周回軌道上までヒトの活動が見られない場所は基本的に地球上のどこにもなくなっている。ヒトの個体数（人口）はいまや62億を超える。他のどのような哺乳類も単一種でここまで繁栄した例はないであろう。

しかも、これだけ広い範囲に分布しながら、ヒトはなお種としての同一性を保っている。たしかに地域的な生息環境に応じてヒトにも多少の生物学的な差は見られる。だがどのように異なる地域どうしのどのような男女、すなわち雌雄の個体の組み合わせでも完全に継代的な繁殖が可能である。

　これには、他の多くの種に比べてホモ・サピエンスの歴史がごく短く、にもかかわらず移動能力が際立って高いために、種の分化を促す隔離要因の作用する時間がなかったという事情が大きく関わっていると見られている。

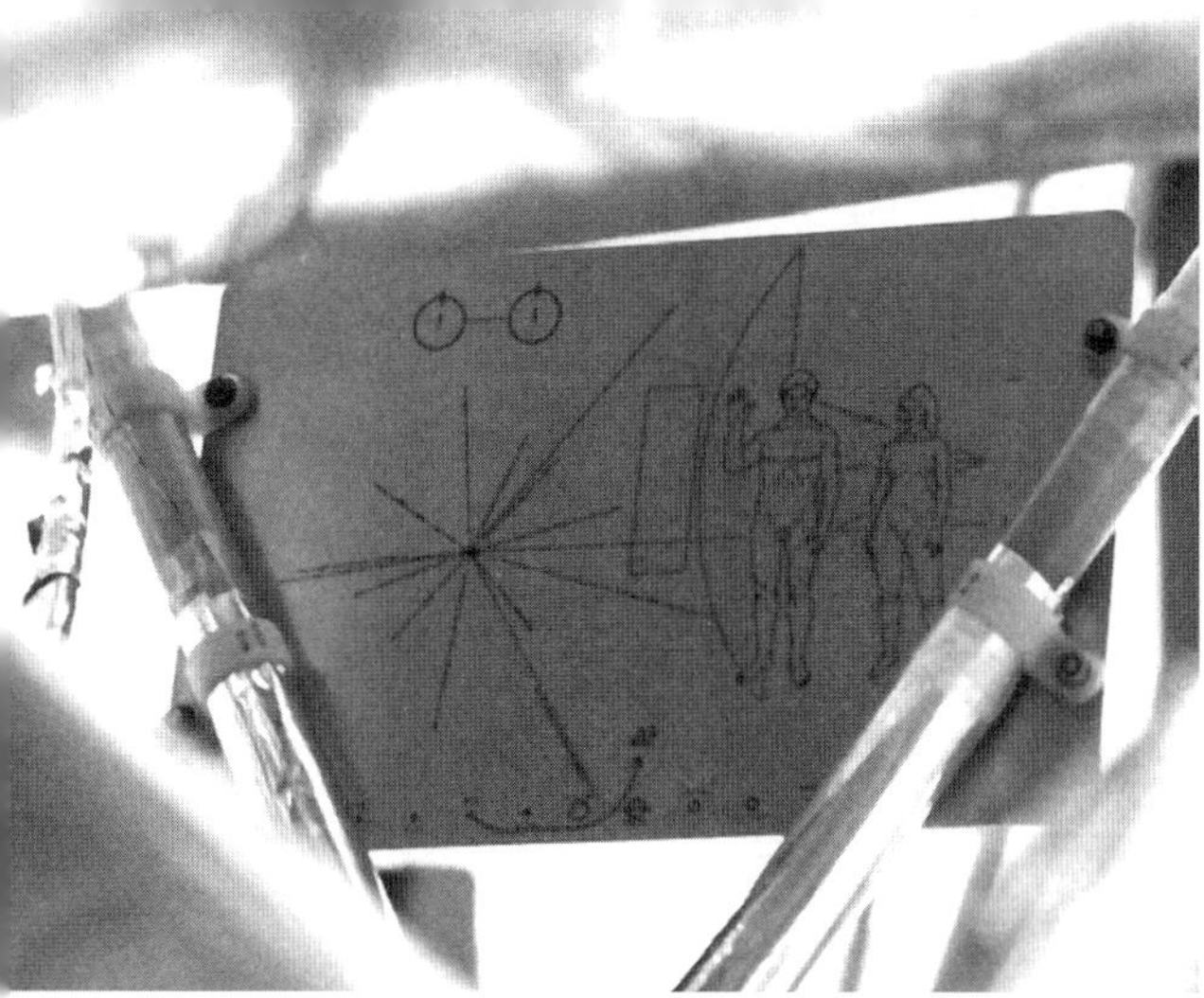

図1-1 NASAが1972年と73年に打ち上げた探査機パイオニアに積まれた「宇宙人へのメッセージ」。その金属板には人類の姿が描かれていた。
写真／NASA

　現在の地球上にヒトの仲間はほかにはいない。ヒトは分類学的にいうとヒト科ヒト属ヒト種、すなわち1科1属1種という孤立した生物とされている。ホモ・サピエンスというラテン語の学名は属名のホモ（*Homo*）と種名のサピエンス（*sapiens*）を組み合わせたもので、直訳すれば〝賢いヒト〟である（以下学名については253ページ参照）。

　このように生物の名前を属名と種名の2つの組み合わせで表す「二名法」というシステムを創案し、ヒトにホモ・サピエンスという学名を与えたのは、18世紀のスウェ

＊1 カール・フォン・リンネ（1707〜78年）
スウェーデン南部出身。医学を学ぶが、後ウプサラ大学に移って植物学を学び、おしべとめしべを発見。1732年スカンジナビア半島8000キロを探検して探検記出版、1733〜35年にはヨーロッパ諸国を旅行し、オランダで名著『自然の体系』を出版した。その第10版では動物4400種と植物7700種が分類されている。帰国後スウェーデン王立科学アカデミーの初代会長。死後ロンドンで彼を称えてリンネ学会が設立された。

ーデンの博物学者カール・フォン・リンネ[*1]（図1−2）であった。

“賢いヒト”の誕生

　分類学の始祖として知られるリンネの著書『自然の体系（Systema Naturae）』（図1−3）の初版が刊行されたのは1735年、彼がまだ28歳のときである。リンネはそこで、当時の複雑でわかりにくい分類の記述法を著しく簡素で規則的なものに変えることを提唱していた。

　本文がわずか11ページの小冊子にすぎないこの本の中で彼は、新たな分類学への最初の取り組みとして、自然界の事物を動物界・植物界・鉱物界の3つに大別した。そしてそれぞれの界に綱（こう＝class）、目（もく＝order）、属（ぞく＝genus）、種（しゅ＝species）という

図1-2 カール・フォン・リンネ　階層分類と二名法を作り上げて近代的な分類学の世界を切り開いたリンネは“分類学の父”と呼ばれる。

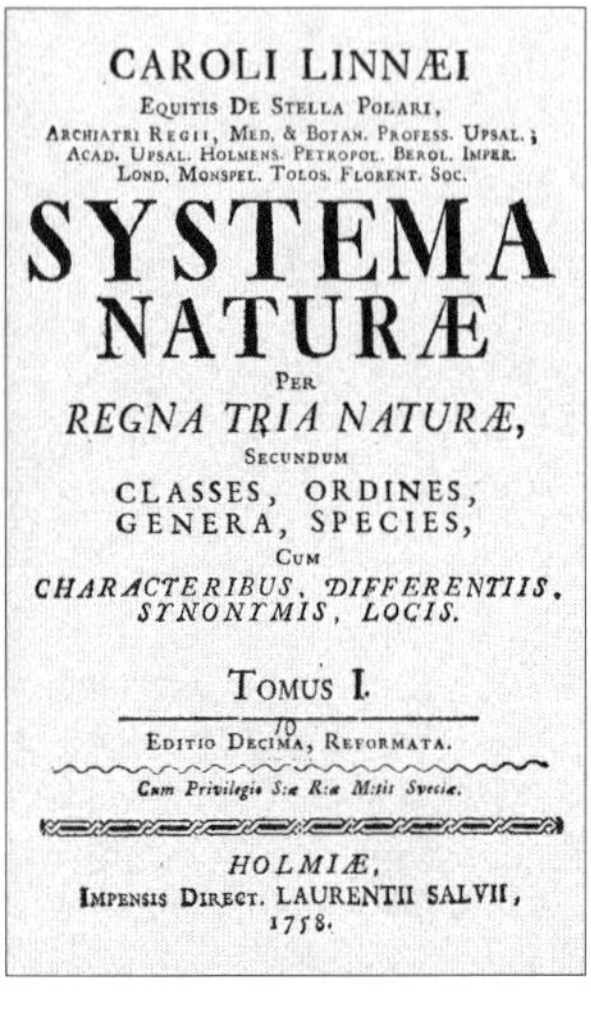

CAROLI LINNÆI
EQUITIS DE STELLA POLARI,
ARCHIATRI REGII, MED. & BOTAN. PROFESS. UPSAL.;
ACAD. UPSAL. HOLMENS. PETROPOL. BEROL. IMPER.
LOND. MONSPEL. TOLOS. FLORENT. SOC.
SYSTEMA
NATURÆ
PER
REGNA TRIA NATURÆ,
SECUNDUM
CLASSES, ORDINES,
GENERA, SPECIES,
CUM
CHARACTERIBUS, DIFFERENTIIS,
SYNONYMIS, LOCIS.
TOMUS I.
EDITIO DECIMA, REFORMATA.
Cum Privilegio S:æ R:æ M:tis Sveciæ.
HOLMIÆ,
IMPENSIS DIRECT. LAURENTII SALVII,
1758.

図1-3『自然の体系』　わずか10ページほどの初版はその後改訂を重ね、1758〜59年の第10版（右図）は1000ページ以上に及ぶ2巻構成となっていた。この中の動物の命名法が現在の動物学名の出発点となった。ちなみに第13版は3000ページに達した。

今日でも馴染み深い分類階層を設けた。

　このうち動物界はさらに四足綱、鳥綱、両生綱、魚綱、昆虫綱、蠕虫綱《ぜんちゅう》の6綱に分けられ、このうちの四足綱に「ヒト形目」がおかれている（図1-5）。

　今日的な視点からすると、リンネの分類にはヒト形目にナマケモノが含まれるなど多くの問題があることは否定できない。だが、リンネがこれらの動物の間に一定の類型を認め、生物を詳細に分類した業績にはきわめて大きな意味があるといえる。何より重要なのは、当時の人々が信じていたように人

図1-4 現在のヒトの分類

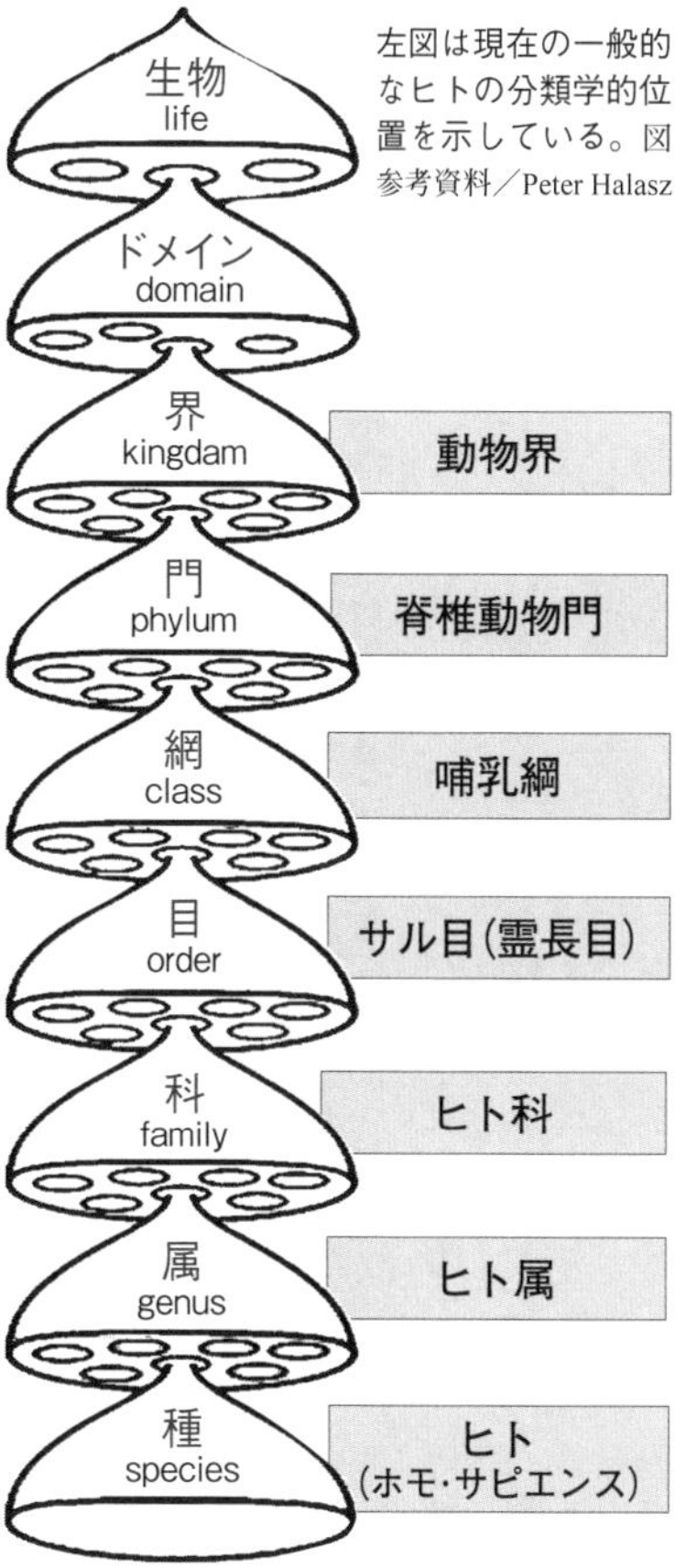

左図は現在の一般的なヒトの分類学的位置を示している。図参考資料／Peter Halasz

図1-5 リンネのヒトの分類

四足綱*		
目	属	種
ヒト形目*	ヒト	白色ヨーロッパ人、赤色アメリカ人、暗色アジア人、黒色アフリカ人
	サル	エイプ、オナガザル、サチュルス、黄色ヒヒ、ヒヒ
	ナマケモノ*	アイ（ミツユビナマケモノ）、ナマケモノ

C. Linnaeus, Systema Naturae (1735) より

＊ 後に四足綱は哺乳綱に、ヒト形目は霊長目に変更される。またナマケモノは貧歯目に移された。

リンネの分類は人間中心の人為的分類であったが、現在の生物分類と一致するところが少なくない。

間を神によって創造された特別な存在とみなすのではなく、「ヒトはヒト形目に属する動物の一員にすぎない」という位置づけを行ったことであろう。これは、宗教的な創造論が支配していた当時のヨーロッパ社会に科学史・哲学史上の革命を引き起こし、今風の表現を用いるなら文字通りの〝パラダイムシフト〟となった。

　その後、『自然の体系』は版を重ねるごとに急速に内容を充実させ、ヒトに関する記述も詳細になっていった。１７５８〜59年にかけて刊行された同書の第10版は実に１３８４ページの大部にふくれ上がっていた。そしてこの中ではヒト形目に代わって「霊長目」という名称が用いられ、ヒト属は霊長目に含まれることとなった。

　リンネはこの時点で植物の分類のために二名法を考案していたが、第10版ではこれを動物にも適用し、はじめてヒトをホモ・サピエンスと命名した。

　リンネによれば、サピエンス種は昼行性かつ文化的で地域的多様性が高く、この中にはアメリカ人（ネイティブ・アメリカン）、アフリカ人、ヨーロッパ人、アジア人、野生人、奇形人が含まれる。このうち野生人とはいわゆるオオカミ少年の類であり、４本足で歩く口をきけない人間とされていた。また最後の奇形人というのは、18世紀の未熟な博物学において実在すると信じられていた世界各地の空想上の人種を寄せ集めたものであり、パタゴニア巨人、大頭人、平頭人、単睾丸人などが含まれていた（図1-6）。

　このときリンネはヒト（ホモ属）を1属1種のみと見ていたわけではなかった。彼はこ

＊2 **プリニウスの『博物誌』** 全37巻からなり、地理学、天文学、動植物、鉱物などあらゆる知識を記述している。プリニウス自身の見聞・検証のほか多くの先行書を参照している。怪獣、巨人、オオカミ人間などいまから見れば荒唐無稽な内容も含まれる。ルネサンス期に活版印刷で出版されるとヨーロッパの知識人に広く愛読され、科学史・技術史・古代ローマ芸術の資料として貴重であった。

の著書の中でサピエンス種と並んでもうひとつ「ホモ・トログロディテス」（穴居するヒト）なる種をも創設していたのである。

それによれば、トログロディテス種は夜行性で昼間は目が見えず、背丈はサピエンス種の半分ぐらい、エチオピア周辺やジャワに生息し、歯擦音でしゃべる。別名夜行人、オランウータン、ボント、カクルラックなどとも呼ばれるという。

要するにこれらは、当時なお権威ある書とみなされていた古代ローマの博物学者プリニウス（ガイウス・プリニウス・セクンドゥス。紀元後23〜77年）の『博物誌』[*2]の内容と、アジアから帰った旅行者たちが伝えた実在のオランウータンの情報などが入り交じってできた架空の人種である。

リンネが生み出したこの新しいヒトの種に対しては当初から数多くの批判があった。具体的な標本や資料を何も示

図1-6 奇形人　臀部が突出した女性（右上）と睾丸の片方が除去された男性はアフリカのコイ族だが、単睾丸人などと呼ばれた。上は南米に存在したとされるパタゴニア巨人の女性。

図1-7 ブルーメンバッハ
奇形人の存在を否定し、頭骨の研究から人類を５つの人種に分類した。　図／NLM/NIH

さず、古い文献や伝聞だけにもとづいて種を設立してしまったのだから、批判も無理からぬことだろう。

すでにリンネが存命中の１７７５年、ドイツの解剖学者ヨハン・フリードリヒ・ブルーメンバッハ（図1－7）は、ヒトは1属1種のみで、ホモ・トログロディテスなどという種や、野生人、奇形人などは存在しないと主張していた。さらに彼は実証主義にもとづく解剖学者として、世界中のさまざまな人種の頭骨を大量に収集・比較し、1種のホモ・サピエンスをさらに５つの亜種（種の下の分類）に分けるとする見方を提唱した。５亜種とは、コーカサス人（コーカソイド＝白人）、モンゴル人（モンゴロイド＝黄色人種）、エチオピア人（ネグロイド＝黒人）、アメリカ人（ネイティブ・アメリカン）、それにマレー人である。これらの業績によってブルーメンバッハは後に〝人類学の父〟と呼ばれることになった。

その後、世界各地の探検と標本収集が進んでデータが飛躍的に増大していくにつれ、地球上にはヒト属は1種しかいないという認識がしだいに定着していった。

だがこれはあくまでもリンネやブルーメンバッハの頃の話である。もっとはるか過去の地球におけるヒトの進化の歴史的な事実はどうだったのか？　生物が誕生して以来、あるいは当時のヨーロッパ人の認識に従うなら神によって天地が創造されて以来、この世界にはヒトは本当に唯一無二の存在だったのか？　このような発想と疑問を人々に抱かせるきっかけとなったのは、１８５６年に起こったある発見であった。

1-2
ヒトの
進化を
概観する

“神による創造”を揺るがせたネアンデルタール人

天地創造が真理であった時代のヒト

この年、ドイツのデュッセルドルフ近郊のネアンデルタール（ネアンデル峡谷。タールはドイツ語で峡谷を意味する）において、石灰岩の石切り場の洞窟から作業員が古い人間の頭蓋と若干の四肢骨を発見した（くわしくは２０７ページ第8章参照）。

この骨格を調査したドイツの解剖学者ヘルマン・シャーフハウゼンは、その眼窩《がんか》の上の張り出し（眉上《びじょう》突起ないし眼窩上突起）が非常に大きいことや骨が分厚いことなど現代人とは異なる特徴を見いだした。そして、この骨はおそらく現在のヨーロッパ人の遠い祖先にあたる原始的種族であろうと考えた。

しかし他の研究者たちはそれぞれこの頭蓋についてまったく異なる見解をもった。ある者はこれを、19世紀はじめのナポレオンのロシア遠征の際にナポレオン軍を追撃してきたロシア軍から脱走したモンゴル人騎兵の骨であろうと考えた。別の者は、その脚の骨が湾曲していることからこれは幼い頃に佝僂《くる》病にかかった精神病者の骨であろうと主張した。その眉上突起の大きさは、生前この人物が病気の苦しさからつねに眉をひそめていたことの現れだというのであった。当時のほとんどの研究者は、それが古代に生きていた現生人類とは異なる種の人類である可能性には思い至らなかった。

その理由を知るためには、当時の科学者たちがおかれていた一般的状況について少し知っておく必要がある。

19世紀半ばの西欧社会においては教会の権威は絶大であり、聖書に書かれていることはたとえ自然科学者であろうと疑うことの許されない真理とされていた。いまだダーウィンは学界の表舞台には登場しておらず、科学者の大半は生物が進化するという概念をまったく受け入れてはいなかった。

たとえば、当時一般に信じられていた地球の年齢はおよそ６０００年であった。こうした数字の根拠はというと、旧約聖書の創世記に出てくるアダム以降の登場人物の誕生年を考慮しつつ年齢を足し合わせていくと、神が天地を創造したのが紀元前４００４年になるからである。

17世紀、イギリスのケンブリッジ大学の副学長ジョン・ライトフットの計算をもとに英国国教会が採用した公式見解によれば、神による世界の創造は紀元前４００４年10月18日火曜日にスタートし、最初の人類アダムとイヴが〝創られた〟のは創造の第6日、10月23日日曜日の午前9時であったという。

こうして科学者たちが聖書の記述を鵜呑みにし、神が〝創造の6日間〟で人間を含めてあらゆる生物を生み出したと考え続けたなら、ネアンデル峡谷の骨についての謎はいつまでも解き明かされなかったであろう。

　だが他方で、これより少し前の18世紀後半頃から、聖書の記述とは矛盾する発見が相次いでいた。ヨーロッパ各地で絶滅した太古の動物の化石が次々に見つかり始めたのである。

　１７７０年、オランダのマーストリヒトでは約７０００万～６５００万年前の白亜紀末期（地質年代のひとつ。41ペー

図1-8 モササウルスとイグアノドン　上／白亜紀の海に生息した体長10メートル以上の大型の海生爬虫類モササウルス。左／白亜紀前期に出現して大繁栄した恐竜のひとつイグアノドン。手の第1指は鋭いスパイクとなっていた。写真はベルギーのベルニサール炭鉱から発見された化石。イラスト／Jan Sovak／矢沢サイエンスオフィス　撮影／金子隆一／Royal Belgian Institute of Natural Sciences

ジ参照）の地層から海に住む巨大な爬虫類モササウルス（図1－8上）の頭骨が発見された。１７９５年にはパリ市内で絶滅したゾウ類の化石が見つかり、１８１０年（実際にはこれより数年早かったらしい）にはイギリスのドーセットでジュラ紀の地層から約2億年近く前に生きていたイルカによく似た形態の爬虫類である魚竜の化石が見いだされた。さらに１８２２年（発見の年ではない）にはイギリスのサセックスから恐竜イグアノドン（図1－8下）の発見が報告されている。つまり、かつての地球上には現生のものと大きく異なる動物たちが存在したらしいのである。

これはいったいどういうことなのか？　当時の研究者たちは頭をひねった。神は〝創造の6日間〟でヒトを含むすべての生物を地上に送り出し、以来その直系の子孫たちがずっと地上に生息しているのではなかったのか？　化石として発見された太古の生物たちはいつどのようにして地上に現れ、消え去ったのか？

この謎に当時としてはもっともらしい答えを提示したのは、18世紀フランスの解剖学者ジョルジュ・キュヴィエ（図1－9）である。

キュヴィエは比較解剖学の始祖とされ、パリで発掘されたゾウ類の化石が現生種のどれとも異なる絶滅種であることを明らかにしたのも彼であった。だが一方において彼は、神による世界の創造を固く信じる創造説論者でもあった。

キュヴィエは旧約聖書の記述を否定せずに発見された化石を説明するため、次のような仮説を提唱した。すなわち、この世界は神によって創造されて以来、今日に至るまでにたびたび神の怒りに触れて巨大な天変地異に見舞われた。そのたびにすべての生物が地球上から一掃され、代わりに新たな生物が再創造された。その最後の出来事が聖書の記述にある「ノアの洪水」である。18世紀後半から相次いで見つかった化石は最後の創造以前に地球上で生息していた生物のものに違いない――

この仮説を受け入れるなら、19世紀半ばに発見されたネアンデル峡谷の謎の骨はノアの洪水で死に絶えた旧人類ということになる。

地球の年齢を測定する

だが、キュヴィエの時代には自然科学が成熟し始め、聖書の記述に頼らずに実証科学の観点から地球や生物の歴史を研究する人々も出現しつつあった。彼らはさまざまな証拠から地球の年齢は聖書の記述よりもはるかに古いのではないかと疑うようになった。

その先駆者のひとりが、18世紀フラ

図1-9 キュヴィエ 比較解剖学の開祖となり、膨大な生物化石を研究して古生物学（とくに脊椎動物）の分野を確立するなど、科学史上もっとも大きな功績を残したひとり。

ンスの代表的な博物学者として知られるビュフォン伯爵（ジョルジュ・ルクレール。*3図1－10）であった。

ビュフォンは、地球の歴史が6000年足らずでは、土砂が堆積して岩石となって地層を形成しているという事実を説明するには短すぎると考えた。

彼は初期の地球は高温でどろどろに融けていたと推測していたので、地球に見立てた金属球を強く加熱し、それが冷えるまでの時間から現在の地球の年齢を見積もった。そして1779年の著書『自然の諸時期』の中で、地球の年齢は少なくとも7万5000年、おそらくは50万年という数値を発表した。もちろんこれとて現在考えられている年数より桁違いに短いものの、そのアプローチ法は間違いなく実証科学的であった。

フランスの博物学者ジャン－バティスト・ド・ラマルク（図1－11）は19世紀初頭にダーウィンに先駆けて世界最初の体系的進化論を提唱したことで知られるが、彼もまた生物が進化するには数百万年単位の時間が必要であると述べた。

18世紀末から19世紀初頭にかけては近代地質学の黎明期でもあった。最初の近代的地質学者といわれるイギリスのジェームズ・ハットンは、医者や薬品製造業などの職業を引退した後、趣味で地質の研究を始めた人物である。ハットンはフィールドワークを重ねるうち、地球上のすべての地層は、それより古い時代の地層が風化し、ふたたび堆積して形成されたものであること、そのプロセスには想像を絶するほど長い時間がかかる

＊3 ビュフォン伯爵（ジョルジュ・ルクレール。1707〜88年） はじめ数学者として確率論に微積分を導入する業績を残したが、後パリに出て27歳でフランス科学アカデミー会員、32歳でパリ植物園園長となった。この間植物園を研究機関・博物館・公園に変え、世界中の植物を集めた。著書『一般と個別の博物誌』（36巻）と『自然の諸時期』はその後の博物学や自然科学の発展に大きな影響を及ぼした。

ことを確信するようになった。１７８５年に彼はこの説を発表したが、当時の学界はこれを黙殺した。

しかし彼の発想は同じイギリスのチャールズ・ライエルによって引き継がれた。ライエルは、地球上の地層が非常に長い時間をかけて褶曲《しゅうきょく》（地層が横からの力をうけて曲げられ隆起すること）し、その後も風雨による浸食・再堆積・褶曲というサイクルをくり

図1-10 ビュフォン伯爵（左） 種の進化を論じた初期の進化論者で、「人種」という表現をはじめて体系的に用いた。数学、天文学、地質学、生命の起源など幅広い分野の考察を行った。

図1-11 ラマルク（右） 獲得形質の遺伝の提唱者として知られ、進化論をはじめて体系的に論じた19世紀の博物学者。 図／Valérie75

図1-12 ダーウィンとビーグル号 現在の進化理論の基礎となった「自然選択説」を説き、1859年に『種の起源』として出版した。この説の土台となったのが、彼が青年期にビーグル号（右）による南半球一周の航海で目にした動植物の観察記録であった。

図1-13 トーマス・ハクスリー（左） イギリスの動物学者。ダーウィンの進化理論を強硬に擁護して“ダーウィンのブルドック”と呼ばれた。

写真／Lock & Whitfield

返してきたと説いた。そしてこれを1830～33年、『地質学原理』3巻として世に出した。

この本を読んで大きな感銘を受け、その思想を形成する重要な礎のひとつとしたのが、ほかでもないチャールズ・ダーウィン（1809年～1882年。図1-12左）であった。

よく知られているように、ダーウィンは1831年、イギリス海軍の測量船「ビーグル号」（図1-12右）に乗り組み、5年にわたって世界各地を巡った。出航に際してダーウィンは、恩師であるケンブリッジ大学のジョン・ヘンズロウ教授から出版されたばかりのライエルの『地質学原理』を餞別として手渡された。この本によってダーウィンは、地球の歴史が一般に言われているよりはるかに長大であることを理解するに至った。

さらに彼は、この航海における見聞を通じて、かつての地上に今日とはまったく異なる動物たちが生息していたこと、現生生物もその生息環境に応じてさまざまな姿に変わっていくことなどを知った。これらの事実を総合し、長い思索と実験の末に生まれたのが「自然選択」を中心概念とする進化論であった。

ヒト属の2番目の種「ネアンデルタール人」

1859年、ネアンデル峡谷の化石が発見された3年後にダーウィンは『種の起源』を世に送り出した。この著書が生物学界のみならず当時の思想界全体に及ぼした反響のすさまじさは改めてここで触れるまでもあるまい。

現在の地球上に見られるすべての生物は神の被造物などではなく、それ以前に存在した別の種から進化して生まれた――このダーウィンの主張は、とりわけ宗教界から大きな反発を招いた。だがダーウィンとその支持者たちはそれをものともせず、理論を磨き上げていった。彼らにとって、現在のヒト以前にヒトより原始的（祖先的）な人類が存在したということは自明の理であった。さらに彼らはこの推論をもとにヒトの系統の出発点を考察し、ヒトは現生の類人猿のような生物の子孫であろうと推測した。

とりわけダーウィンの熱烈な支持者であったトーマス・ハクスリー（図1-13）は1863年に『自然における人間の位置』を著し、ヒトの進化についてはじめて体系的に述べた。それによれば、現生の類人猿の特徴を比較すると、ヒトの祖先はオランウータンのようなアジア型類人猿ではなく、チンパンジーやゴリラのようなアフリカ型類人猿により近いらしい。

だが、千数百年にわたって西欧のアカデミックな世界を支配してきたキリスト教的生命観の慣性はきわめて大きく、研究者の大部分が進化論を受け入れるようになるにはなおしばらくの時間を要した。

しかし一部の先見的な人々はいち早く進化論の可能性に注目し、ネアンデル峡谷の化石は現生人類とは異なる絶滅した別の人類であると考えるようになった。その中のひとり、アイルランドの解剖学者ウィリアム・キングは、この化石人類をヒト属の2番目の種と認定した。そして1864年、この人類は「ホモ・ネアンデルターレンシス」、すなわち「ネアンデルタール人」として生物学の専門誌に公式に記載されることになったのである。

続々と発見されるヒトの祖先の化石

ヒトの起源を混乱させる発見

「生物は進化し、古い種は絶滅していく」――この概念が一般的なものとなると化石に対する人々の認識は一変した。それまで化石とは神が人々の信仰を試すために地中に創造したもの、あるいはノアの大洪水で死んだ前時代の生物などと考えられていた。つまり化石も神の被造物のひとつにすぎないとされてきたのだ。しかし進化論の登場により、化石は生物の進化の過程をたどる最大の物的証拠とみなされるようになったのである。ある意味で古生物学・古人類学の本当の歴史はこれ以降に始まったともいえる。

そして、ネアンデルタール人の最初の発見以来、ヒトと見られる骨格の化石がヨーロッパ各地や中東で続々と発見され、化石人種の全体像がしだいに明らかになってきた。さらに、ヒトのより古い祖先を探し求める人々もいよいよ発掘に熱を入れ始めた。

次の大きな進展が見られたのは１８９４年であった。この年、オランダ領インドネシアのジャワ島トリニールにおいて、オランダの医師・人類学者のウージェーヌ・デュボワが、ヒト属のものである頭蓋、顎骨、頸椎、大腿骨などを発見したのだ（くわしくは第7章参照）。新たに見つかった化石は明らかにネアンデルタール人よりも脳が小さく、より原始的で類人猿に近い特徴をそなえていた。

デュボワはこの化石を「ピテカントロプス・エレクトゥス」と名付けた。ピテカントロプスはピテクス（猿）とアントロプス（人間）の合成語であり、日本では「直立猿人」とか「ジャワ原人」と呼ばれた。これは当初、ヒト亜科（現生のヒトおよびヒトの祖先。類人猿は含まない）においてホモ属につぐ2番目の属とされた。

続いて１９２７年には、中国の北京近郊の周口店でヒト科の歯の化石が発見された。北京医学院長だったカナダ人デヴィッドソン・ブラックはこれを「シナントロプス・ペキネンシス（北京の中国猿人）」と命名した。いわゆる北京原人である。これ以降10年ほどの間に、周口店では完全な頭骨を含む多くの化石が発見された。ブラックはピテカントロプスとシナントロプスを比較し、この両者が同じ種である可能性に気づいた。

これらの発見は、ヒトの発祥の地に関する問題に一石を投じることになった。ハクスリーやダーウィンは、アフリカ型類人猿とヒトとの類似性を根拠に、人類はアフリカで誕生したとする仮説を唱えていた。だがこうして古いヒト亜科の化石がアジアの広い地域から出てくると、人類がアジアで誕生した可能性が強いと思われるようになり、１９２０年代末から30年代にかけていくつもの調査隊が中央アジアへ出かけてヒトの祖先探しを行った。

さらに１９３２年、今度はインドのシワリク高地において、イェール大学の大学院生エドワード・ルイスがヒト亜科のものと見られる上顎の骨と歯を発見した。発見された部分はごくわずかだったが、その歯は左右の大臼歯の間が開いて、歯全体が放射状に配列されているように思われた。これはヒト亜科の重要な特徴のひとつである。ヒトは直立2足歩行を行うため、顎が奥のほうで開いていないと、頸椎が頭蓋を垂直方向に支えられないのである。これに対して類人猿は歯列がU字型で間が狭く、頸椎はその間を通ることができない。

さらに、この化石は鼻面がチンパンジーやゴリラのように突出せず、大きな犬歯もなく、歯のエナメル質が厚いといったヒト亜科の特徴を多くそなえていた。

そこでルイスは、インド神話に登場する神の名ラーマにちなみ、この化石人種に〝短い鼻面のラーマ猿人〟を意味する「ラマピテクス・ブレヴィロストリス」と命名した。

ところがこれによって、ヒトの起源を探る研究は大きく混乱してしまった。ピテカントロプスは約１００万〜75万年前の化石であり、シナントロプスはそれより新しくせいぜい30万年前の化石である。これに対しラマピテクスは１３００万〜８００万年も前の化石と推測された。この時代に直立できる猿人がいたとすれば、ヒトとサルの分岐はそれよりも前に起こったことになる。

アフリカで発見されたアウストラロピテクス

他方、アフリカにおいても重要な発見が行われていた。１９２４年、南アフリカの解剖学者レイモンド・ダートは、首都ヨハネスバーグ北西スタークフォンテンに近いタウングの洞窟で発見された化石人類の子どもの頭骨を調査した。そしてこれがチンパンジーとヒトとのまさに中間型生物であることを確認した（くわしくは第５章参照）。

　この生物は顎が突出し、眉上突起も大きいという点ではチンパンジーに似ていた。だが脳容積はチンパンジーよりも相対的に大きく、歯のエナメル質が薄いなどヒト亜科の中でヒト属のみに見られる重要な特徴をそなえていたのである。

　翌年、ダートはこの化石を「アウストラロピテクス・アフリカヌス（アフリカの南方猿人）」と名付け、専門誌に発表した。だが、この報告には疑惑の目を向ける研究者が少なくなかった。現生の類人猿でも子どものうちはヒト的な特徴が現れることがある。そのためこの化石も単に幼いためにヒトに見えるだけではないかと指摘されたのである。

　またダートが経験の浅い新進の研究者であったことや、当時は多くの研究者がラマピテクスをヒトの最古の祖先と信じていたことも、アウストラロピテクスの評価を曇らせる原因となった。さらに、進化論を否定する人々からの激しい攻撃にもダートはさらされた。

　しかしその後もアウストラロピテクスの化石が次々に発見されるにつれ、しだいに人類アフリカ起源説をもういちど検討しようという人々が現れ始めた。

　さらに、それまでの研究の混乱も、相次ぐ新たな化石の発見により徐々に収束しつつあった。まず１９５１年、ピテカントロプスとシナントロプスは同一種とみなされ、新たに「ホモ・

エレクトゥス」という種が設立され、古い名前は消滅した。エレクトゥスの語源であるラテン語の〝エリゲレ〟は直立したとか上向きのという意味である（それから60年が経過したにもかかわらず、いまだに前記の消滅した名前が一般に用いられているが）。

ホモ・エレクトゥスは完全に直立歩行を行い、旧石器も使うヒト属と推測された。その後も世界各地で次々にホモ・エレクトゥスの化石が見つかったが（１９３ページ図７－８参照）、なかでも重要なのはアフリカにおける発見である。アフリカ大陸では、現在までに北部のアルジェリア、モロッコ、南アフリカ、エチオピア、ケニア、タンザニアなどからホモ・エレクトゥスの良好な化石が発見されている。なかでもケニアのトゥルカナ湖畔からは、これまでに発見された中では最古のホモ・エレクトゥスの化石が見つかった。

この化石はおよそ１８０万年前のものとされ、脳容積は８５０立方センチメートルほどしかない（後期のホモ・エレクトゥスでは平均１１００立方センチメートル）。しかし身長は推定１８０センチメートルとかなり大柄だったらしい。

アジアなど他の地域で発見されたホモ・エレクトゥスが数十万年前のものであるのに対し、アフリカで発見された化石の多くは１００万年以上前のものであった。このことから見て、ホモ・エレクトゥスがアフリカ起源であることはほぼ間違いないと考えられるようになった。おそらく彼らはアフリカで生まれ、そこからしだいに世界各地へと拡散していったのであろう。

ただし、ホモ・エレクトゥスは時代や場所によって非常に変異が大きい。そのため、これらをいくつかの別の種に分けるべきだとする意見と、ホモ・エレクトゥスとして統一しておくべきだとする意見が今日もなお対立している（ホモ・エレクトゥスについてくわしくは第7章参照）。

アフリカの〝ルーシー〟が意味するもの

ともあれ、ホモ・エレクトゥスはアフリカ生まれということで一応の決着がついた。人類の初期進化がアフリカ大陸を舞台に進行したことを立証する次の重要な化石が登場したのは１９６４年のことであった。

１９３０年代から、ケニアの古人類学者ルイス・リーキー（両親はイギリス人。１６２ページコラム参照）とその家族は、タンザニアのオルドヴァイ峡谷においておよそ１８０万年前の地層の発掘を行っていた。オルドヴァイ峡谷は多数の原始的な石器が発見されることで知られており、かつての人類が住んでいたことが推測された。

１９５９年、リーキーの妻メアリーがゴリラのような頭蓋をもつヒト亜科の化石を発見し、「ジンジャントロプス・ボイセイ（東アフリカのボイス猿人）」と命名した。その周辺からは複数の原始的な石器も発見された。後にこの猿人は「アウストラロピテクス・ボイセイ」または「パラントロプス・ボイセイ」と名前を変えることになる。

その翌年から63年までの間に、ルイスは同じ地層から部分的な手足の骨、頭蓋、顎などの骨を相次いで発掘した。これらはすでに見つかっていたボイセイとは異なって現生のヒトにより近く、明らかに直立歩行に適応した骨格であった。ボイセイとともに発見された石器も、作り手は新たに発見された化石人種と思われた。しかし彼らの脳の容積は６００立方センチメートルしかなく、ホモ・エレクトゥスより大幅に小さかった。

ルイスは１９６４年、この化石を「ホモ・ハビリス（器用なヒト）」と命名し、公式に発表した。ボイセイとホモ・ハビリスが同じ地層から発見されたということは、ほぼ同時期の同じ場所に複数のヒト亜科が存在したことを示唆している。

ホモ・ハビリスの発見に対しても大きな議論が巻き起こった。これを最初のホモ属、すなわち現生人類（ヒト）の直系の祖先だとすると、ヒトの脳の大きさの下限値はかなり小さいことになる。当時、ヒトの進化に際しては、まず脳の巨大化が進み、それから直立歩行や道具の使用などが発達したと考えられていた。だが発見されたばかりのホモ・ハビリスはその仮説にはまったく適合していなかったのである。

やがてホモ・ハビリスの体の骨格が次々に見つかり、彼らが直立歩行を行う生物であることに疑問の余地はなくなった。ホモ・ハビリスは、道具の使用に先立って脳の巨大化が起こったとする通念を覆したのである（ホモ・ハビリスについてくわしくは第6章参照）。

さらに１９７４年、エチオピアのハダールにおいて、アメリカの古人類学者ドナルド・ジョハンソンらは約３５０万年前の地層からヒト亜科の骨格を発見した。

この古いヒトの化石はメス（女性）のものと思われ、頭蓋と顎のそれぞれ一部、脊椎、骨盤、

●地質年代

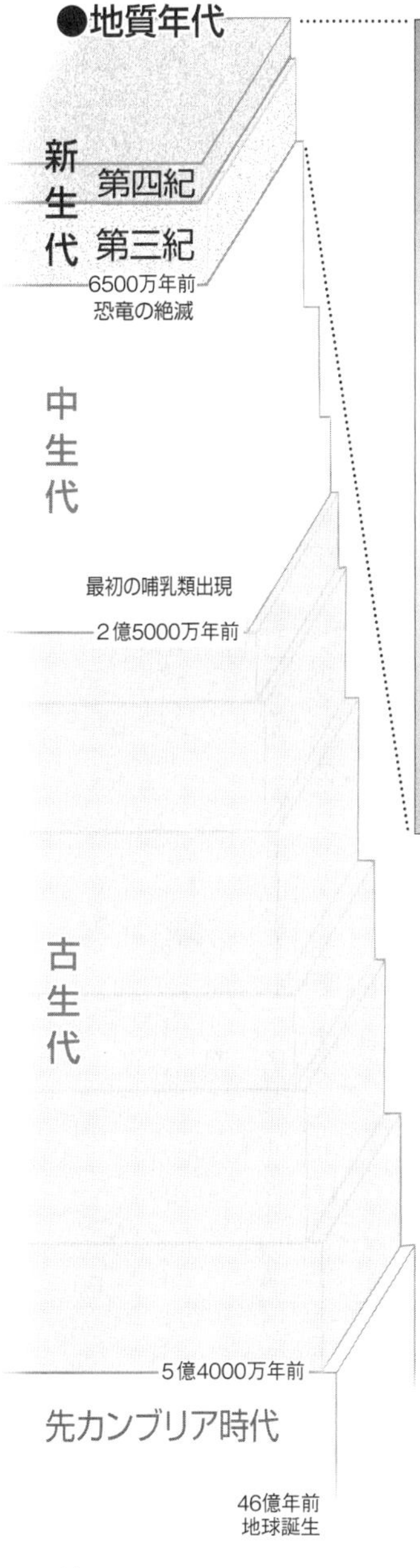

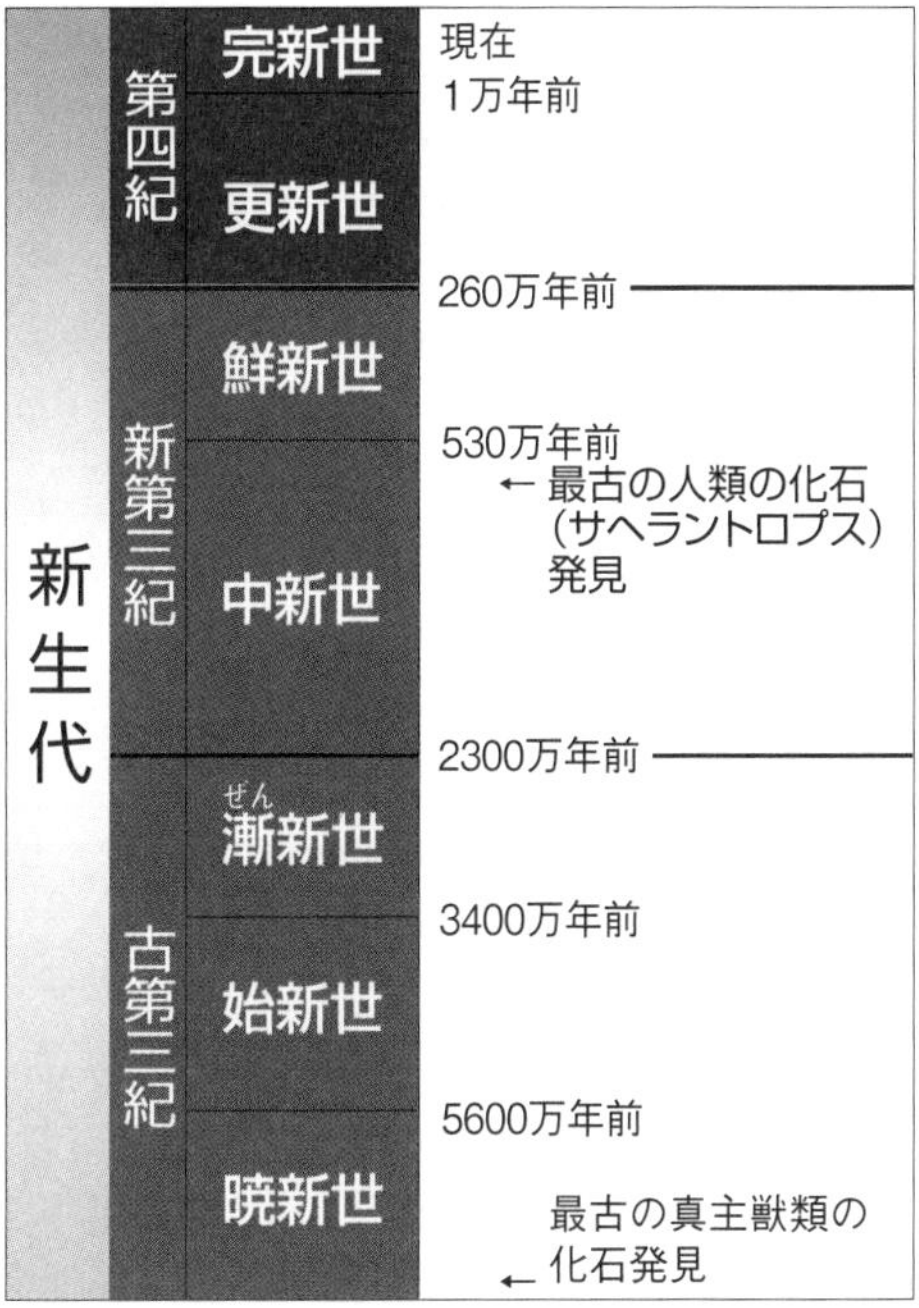

地球史に人類が登場したのは地質年代の大分類でもっとも新しい「新生代」であり、しかもその中でいまから数百万年前という“ごく最近”である。

新生代は中生代が終わった6500万年前——恐竜絶滅の時代として知られる——に始まり現在まで続いている。新生代は「古第三紀」「新第三紀」「第四紀」に３分割され、それぞれがさらに「期」という時代区分に分けられる。

なお、上図の地質年代はおもにInternational Commission on Stratigraphy（2009）の分類による。

腕や脚の骨、肋骨があり、全身の40パーセントがそろっていた。ジョハンセンらはこの骨格を〝ルーシー〟と名付けた。発掘チームが当時キャンプで流れていたビートルズの曲〝ルーシー・イン・ザ・スカイ・ウィズ・ダイアモンズ〟にちなんで付けた名前である。

ルーシーはアウストラロピテクスの新種と判定され、発見されたアファール盆地の名前にちなんで「アウストラロピテクス・アファレンシス（アファールの南方猿人）」と命名された。ルーシーは身長１３０センチメートルほどで、脳容積は４００立方センチメートルとチンパンジーなみである。しかしその骨盤と大腿骨から見て、彼女はすでに完全な直立歩行者と見られた。こうしてアウストラロピテクス・アファレンシスは１９７０年代にはもっとも古いヒトの祖先の地位を獲得した（くわしくは１２９ページ参照）。

ハダールの周辺からはその後、ルーシー以外に13体分の骨格も発見された。ヒト科生物の骨格がまとまって見つかったのはこの時点ではせいぜい更新世（約２６０万〜１万年前）の末までだから、これはいっきに３００万年以上、時代をさかのぼったことになる。こうして、人類はアフリカで誕生したとする仮説はさらに強固な証拠を得たことになった。

他方、アジアで発見されヒトの非常に古い祖先と思われたラマピテクスは、その後に別の化石が相次いで発見され、オランウータンの系列の祖先であることが判明した。これによって人類のアジア起源説はとどめを刺されることになり、ヒトはおそらくアウストラロピテクスを祖先としてアフリカで生まれたとする今日の共通認識が完成したのである。

1-4 ヒトの進化を概観する

ますます混迷するヒトの系譜

ヒトの進化の流れを振り返る

ここでいったんこれまでの流れを振り返り、20世紀後半までの研究成果をもとに推測された人類の系譜を簡略にまとめておこう。

現生人類はホモ・サピエンスと呼ばれる。現在この地球上で人類に分類される生物（ヒト亜科ヒト属）はサピエンス種しかいないとされており、この種はいまから40万〜30万年前にアフリカで誕生してその後世界中に拡散し、現在の繁栄状態に至ったと見られている。

一方、これとは別に40万年以上前、サピエンス種と共通の祖先から分岐して独自の進化の道をたどったのが、ホモ・ネアンデルターレンシス（ネアンデルタール人）である。

ネアンデルタール人はアフリカ大陸を出た後、サピエンス種よりも先に現在の中東からヨーロッパにかけて分布した。この種は後からやってきたサピエンス種と一部地域では共存したが、いまから2万数千年前には絶滅してしまった。絶滅の理由はいまだわかっていない（くわしくは第8章参照）。

そして、サピエンス種およびネアンデルターレンシス種の共通祖先とされるのが、ホモ・エレクトゥスである（ただしこれはホモ・エレクトゥスを広義にとらえた場合の話である）。

この種はいまから２００万年ほど前に出現し、一般には9万年前まで生存していた。彼らは脳容積こそヒトよりやや小さかったものの、かなり精巧な旧石器を作り、ヒト科の中ではじめてアフリカからユーラシアに拡散するだけの種族的ポテンシャルをそなえていた。

このエレクトゥス種のさらに祖先にあたるのがホモ・ハビリスである。彼らはエレクトゥス種よりさらに小さい脳しかもたなかったが、同じ時代に生息していた複数の猿人よりずっとヒト的な特徴が強かった。そこで、彼らの平均脳容積６００立方センチメートルがヒト（ヒト属）の脳容積の下限値とされた。いまのところホモ・ハビリス（ないしその仲間）は最古のヒト属と見られている。この種は約２５０万年前に登場して１５０万年前まで存続した。

ここまでホモ属の歴史をさかのぼってきたが、それ以前にはより類人猿的特徴の強いヒト亜科の霊長類たちが生きていた。ホモ属（ヒト、人類）の祖先はアウストラロピテクス属と推測されている。アウストラロピテクス属もホモ属と同様に多様な分岐をとげ、さまざまな種がある（分類のしかたによっては別の属名を与えられたものもある）。

なかでも化石から見てヒトの直系祖先にもっとも近いとされるのがルーシーのグループ、すなわち「アウストラロピテクス・アファレ

図1-14 ヒト科の生物はどのような進化の道のりをたどって現代人（ホモ・サピエンス）に至ったのか？

＊4 **分子時計法** 生物種によってたんぱく質や遺伝子がどのように異なるかを調べて種相互間の系統関係を数値的に求める手法。104ページコラムも参照。

ンシス」である。この種はおよそ３８０万年前に生まれ２９０万年前まで存続した。脳容積は４５０立方センチメートル程度ながらすでに初期の石器を作り、おそらく家族単位で集団生活を送っていた。

おおざっぱにいえば、ヒトの歴史はアウストラロピテクス・アファレンシスに始まり、そこからホモ・ハビリス、ホモ・エレクトゥスを経て現生人類に至ることになる。一時期は現生人類の祖先と見られたネアンデルタール人は直系の祖先ではなく、現在のところホモ・エレクトゥスから生まれたヒトの傍系とされている。

実際にはこのほかにも多くの化石人類が存在したが、それらの相互の系統関係はいまもって明らかではない。だがヒトの進化の大筋については多くの人類学者が賛同し、少なくとも１９８０年代末までこれに疑いを挟む者はまれであった。

アウストラロピテクス・アファレンシスの最古の化石は３８０万年前の地層から発見され、また「分子時計法」[*4]による研究では、ヒトとヒトにもっとも近い類人猿チンパンジーが分岐したのは５００万〜４００万年前と推定される。

イラスト／矢沢サイエンスオフィス

もしヒトとサルの分岐がこの時代に起こったとすれば、ルーシーの集団こそがサルからヒトが分かれて立ち上がった直後の最初のヒト科であり、最初の人類であったと見ても大きな矛盾はなさそうである。

ルーシーの祖先たち

こうしていったんは大方の合意を得られたヒトの進化のシナリオであったが、残念ながらそれは長続きしなかった。

１９９２年、エチオピアのアファール峡谷において、アウストラロピテクス・アファレンシスよりもさらに古い４４０万年前の地層から、顎の断片を含む猿人の化石が発見された。これは「アルディピテクス・ラミドゥス（根幹的な地上の猿人）」と命名された。そして後にこの種のより古い種「アルディピテクス・カダバ」も発見され、その生息年代は最大５８０万年前までさかのぼることになった。

ついで２０００年にはケニアのバリンゴ近郊で６００万年前の地層から断片的なヒト亜科らしい骨格が見つかり、「オロリン・トゥゲネンシス」（トゥゲンの最初のヒト）と命名された。この化石では頭蓋や完全な顎は見つかっていないが、大腿骨には2足歩行を行う生物に固有の形質が認められている。

さらに２００１〜02年にかけ、今度は中央アフリカのチャドのジュラブ砂漠において、７０

0万～600万年前の地層から奇跡的に完全な形をとどめた頭蓋1個を含む断片的な骨格が発見された。これは「サヘラントロプス・チャデンシス（チャドのサヘル猿人）」と命名された。サヘルとはサハラ砂漠の周辺地帯をさす名称である。

この化石では四肢はまったく見つかっていないものの、頭蓋骨には脳から脊髄が伸びる孔（大後頭孔）が頭蓋の真下に開いている。これはその脳容積が350立方センチメートルしかないにもかかわらず、彼らが通常直立していたことを示唆している。

これらの発見は、ヒトの進化に関する従来の常識に大きな疑問を投げかけた（くわしくは第4章参照）。前述したように分子時計法によれば、類人猿とヒトとの分岐は最大でも500万年前と見積もられている。しかし発見されたサヘラントロプスは約700万年前に生きていたと推測されている。

つまり分子時計の見積もりよりさらに200万年前に、脳容積はチンパンジーと同等ながら直立歩行を行うヒトの仲間が存在したことになる。

とすれば、直立歩行を行ったのはヒトだけではなく、ヒトの直系の祖先が登場するより前に直立2足歩行という形質を獲得した生物がいくつも存在したのであろうか？

別系統の生物でも、環境に適合すると同じような形態に進化を遂げることはそれほどめずらしいことではない。たとえば中生代の爬虫類イクチオサウルスと哺乳類のイルカはどちらも泳ぎに適した流線型の体をしている。生物のもつこうした傾向は「収斂《しゅうれん》進化」と呼ばれる。ヒトの直系祖先以外に直立歩行した霊長類がいてもおかしくはない。

あるいはチンパンジーとヒトの共通祖先が直立2足歩行を行っていた可能性もないとは言えない。しかしその場合、チンパンジーは過去のどこかの時点で直立2足歩行を捨てたことになる。それとも研究者たちが用いている分子時計法に誤りがあるのか？

さらには、なぜヒトは直立2足歩行を始める必要性あるいは必然性があったのか？　いつかその疑問が化石によって明らかになる日がくるのか？

ヒトにかぎらず生物の進化をめぐるこうした疑問が容易に解消されるとは考えがたい。しかし本書では、これまでに知られている化石資料などにもとづいて研究者たちが導き出してきたヒト、すなわち人間の進化系統を、筆者の見方を織り交ぜながら追跡してみることにしよう。

第2章

ヒトの居場所

2-1 ヒトの居場所

ヒト・人類・人間とはどんな生物か？

「ヒトとは何か」を定義する試み

いよいよこれからヒトの進化の歴史をたどっていくことになる。だがその前にひとつ明確にしておかねばならない。それは、ヒトとは何かということである。

ヒトを語るには、まずヒトを定義し、動物界におけるヒトの立ち位置を明らかにすることは避けて通ることができない。しかし後述するように、ヒトの座標軸を確定させるという作業の土台そのものが現在リンネ以来の大改修工事を受けている、というより根底から作り直されている最中なのである。

われわれはヒトという言葉の中に、文化的な特性や精神性といった二次的要素を投影しがちである。だがこれは実際のところかなり危うい考え方だ。

古代ギリシアのように自然観察の技法がいまだ未熟であった時代ならとも

注／この図は分類法の一例。本書の筆者をはじめ、これとは異なる分類を主張する人々もいる。

かく、今日の生物学者は、ヒトに固有の特性とされていたものが連続的形質としてヒト以外の生き物にも見られることを認識している。社会性、言語、創造性、道具の使用などといったヒトの特性は、どの時点からヒト固有の文化になったかは見定めることができないというのだ。もしかするとそれらの形質は、たがいに関連のないさまざまな生物の系統上で独立して発生し得るものかもしれない。

ヒトを動物界の中に位置づける最初の試みに挑んだリンネは、『自然の体系』初版の刊行以来、一貫してヒトの定義を「自分自身を知るもの」としている。しかし、これに対しヒト以外のすべての生物についてはより具体的で

図2-1 ヒト科の分類

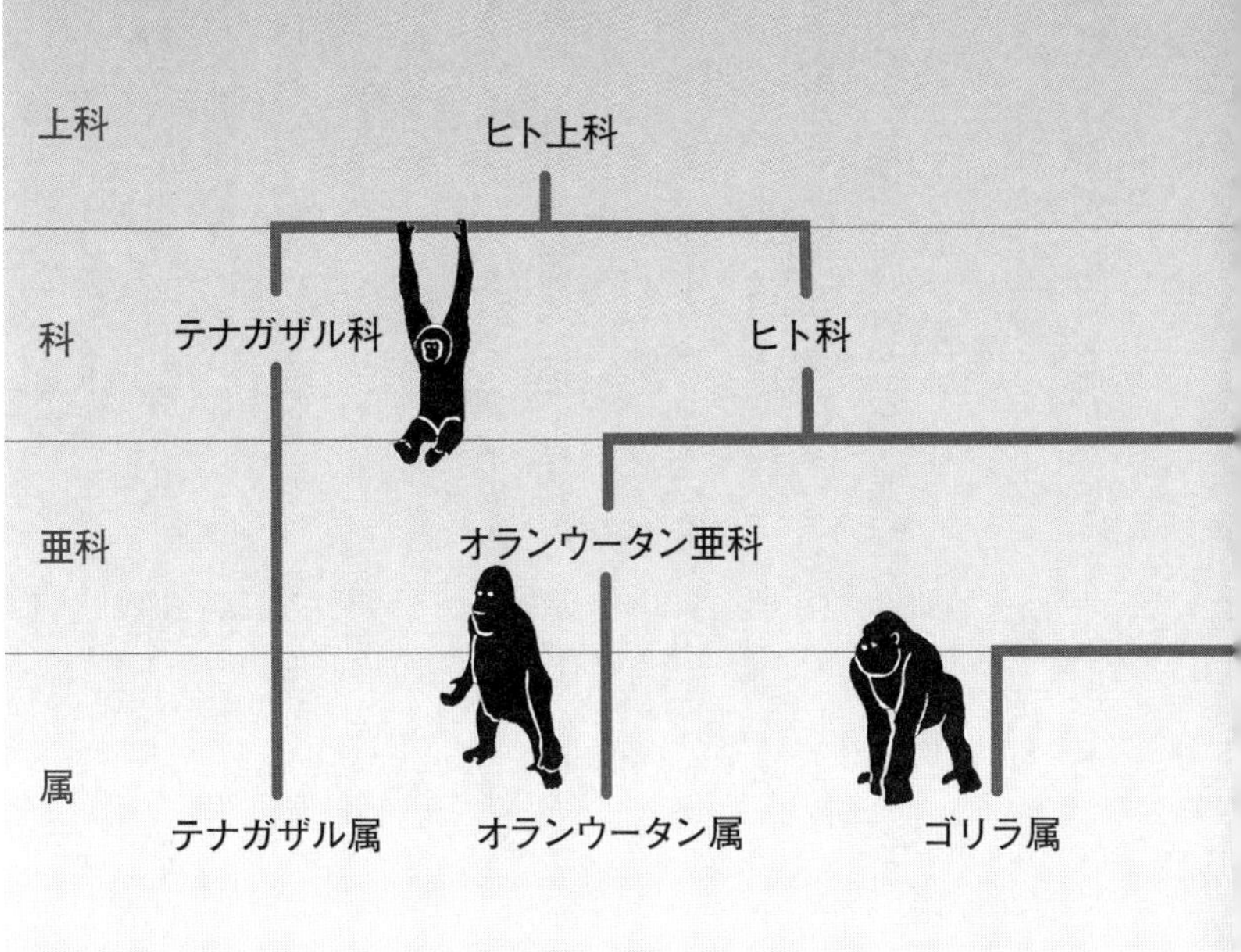

客観的な特徴が記述されている。一般に、どうしてもヒト――「人間」あるいは「人類」――の定義はきわめて主観的になりやすく、哲学的な論議を呼びがちでもある。

リンネは生前、『自然の体系』の改定版を重ねるごとにその分類体系に手を加えていったが、それでもなおその階層分けは今日の観点からすれば非常に目の粗いものであった。

しかし、時代が進んで博物学的知識が急速に成熟し、整理が進むにつれて、リンネ式分類学はその後継者たちによってしだいに精緻なものへと磨き上げられていった。同時に、ヒトとは何かについての人々の知識も客観性を増していった。

1812年、フランスの比較解剖学者ジョルジュ・キュヴィエは、綱よりも上の分類単位として「門（Phylum）」を設立し、全動物を脊椎動物門、軟体動物門、関節動物門、放射動物門の4つに大別した。

ついで1825年、イギリスの動物学者ジョン・エドワード・グレイは霊長目の下にヒトとすべての類人猿を含む「ヒト上科」を作り、その下に、ヒトとオランウータン亜科を含む「ヒト科」を、さらにその下にヒト属とチンパンジー属を（後にゴリラ属をも）含む「ヒト亜科」を設立した（前ページ図2-1）。これにより、ヒトとその近縁種との関連の見通しがつけやすくなった。

さらに1856年、ネアンデルタール人（ホモ・ネアンデルターレンシス）が発見されたことにより、ヒト属は現生のホモ・サピエンス種ただ1種だけではなかったことが判明した。そして3年後、ダーウィンが『種の起源』を発表したことにより、ヒトの進化という概念が一般に広まりだしたのである。

ダーウィンはヒトがどのように進化してきたかを考察し、１８７１年の著書『人間の進化と性淘汰』の中で、ヒトの祖先はアフリカに生息したのであり、その化石がアフリカで発見される可能性が高いと予言した。

もっともダーウィン自身は、この時点でなおヒトを「理性をもつ生き物」と規定し、リンネとさして違わない曖昧な定義を採用していた。

その後、ピテカントロプス（ホモ・エレクトゥス）、アウストラロピテクスなどの発見が続くにつれ、徐々にヒトの解剖学的定義は精度を増していった。こうして発見されたヒトの仲間については、個々の種の厳密な定義がなければヒトがどのように進化してきたかを見通すことは不可能である。一方で、同種の化石資料が収集されていくほど、その種固有の特徴は明らかになっていく。

文化的・精神的な特性はさておき、生物学者たちが示したヒト属全体に共通する解剖学的な形質は以下の通りである。

①完全に直立歩行を行う。
②全身にほとんど毛がない。
③前脚の付け根が背中側に寄る。

④後足（下肢ないし脚）が長く、かかとがある。

さらにその中におけるホモ・サピエンス種に固有の形質は以下の通りである。

⑤頭蓋が前後に短く、もり上がっている。
⑥前頭部が張り出し、後頭部の膨らみが小さい。
⑦顔面が相対的に小さい。
⑧おとがい（顎の先端）が発達している。
⑨眉上突起（眉の上の突起）は発達していない。
⑩ヒト属の中で相対的にもっとも骨格がきゃしゃで2足歩行が巧みである。

これがリンネ式分類におけるヒトの定義の最終結論であった。

ヒトのタイプ標本をめぐる問題

「ヒトとは何か」という問いかけに対し、生物学上はこうして一応の解答が与えられた。

だがここにひとつ、形式的なこととはいえ少々困った問題が残されている。

現在の生物学では、ある生物が新種として認められるには「タイプ標本」[*1]が必要とされている。これは、その生物が採集・調査され、鑑定によってこれまでに知られていない生物であることが確認されたとき、その鑑定に使用された標本のことである。

＊1 **タイプ標本**　動植物の記載に関しては国際リンネ協会の定める命名規約のもとにさまざまな規則がある。タイプ標本に関しても複数の種類があり、新種記載の際に用いられた標本は「原記載標本（ホロタイプ）」と呼ばれる。記載論文でホロタイプがとくに指定されなかった場合には、論文中に登場したすべての標本を「等価基準標本（シンタイプ）」、ホロタイプが失われている場合に新規に指定される基準標本を「新基準標本（ネオタイプ）」と呼ぶ。

その後同じ生物が採集されると、これが先のものと同じ種であるかどうかを調べる際にこのタイプ標本との比較が行われる。いわば度量衡の標準原器[*2]のようなものだ。タイプ標本は通常、その生物を記載した研究者によって、あるいはその研究者が属する大学や博物館などによって厳重に保管されている。そして、他の研究者の希望があればいつでもそれに応じて提供しなければならない。

ところが、現生人類ホモ・サピエンスに関してはこのタイプ標本が存在しないのである。

もちろんリンネも、ヒト以外のさまざまな生物に学名を与えるときには自分で収集したタイプ標本を使っていた。しかし何しろ分類学の黎明期の話だから、タイプ標本の扱いも現在のように厳密ではなかった。リンネは後で状態のよりよい標本が手に入ると、その都

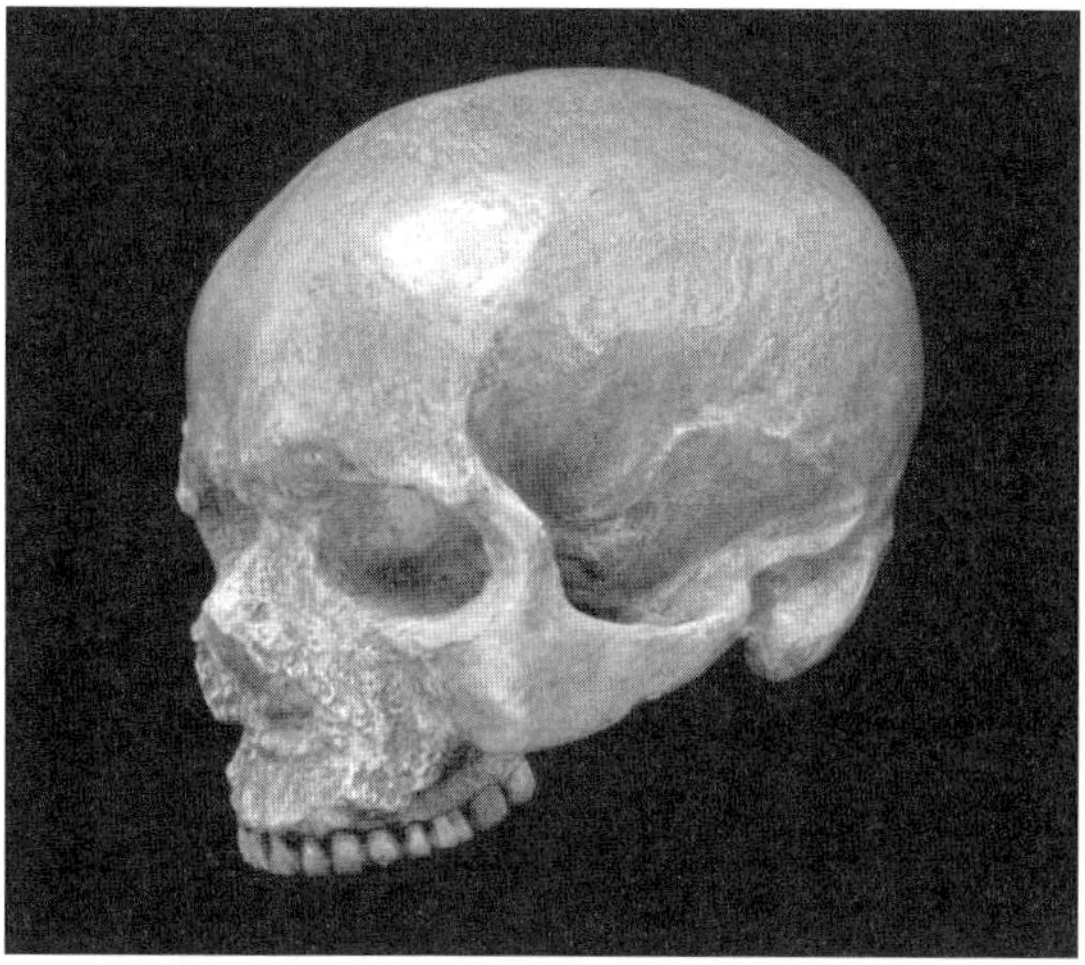

図2-2 クロマニヨン1 フランス南西部ドルドーニュ県で発見されたこの頭骨がヒトのタイプ標本（基準標本）となっている。
写真／Human Origins Program, Smithsonian Institution

＊2 標準原器 同一種類の物体の長さや重さなどの物理量の基準となる物質・物体。原器（メートル原器、グラム原器など）とか標準器とも言う。ある分野の特定の物体の形状や特徴に関してこの言葉を比喩的に用いることもある。

度タイプ標本を取り替えていたという。

リンネは１７５８年にホモ・サピエンスを記載した際にタイプ標本を用意したのかもしれないが、現在では当時の事実関係はわからなくなっている。ホモ・サピエンスのタイプ標本は管理者が紛失したのかもしれず、あるいは最初から存在しなかった可能性もある。リンネのヒトの定義が「己を知る者」である以上、わざわざタイプ標本に頼るまでもなく、人間自身が人間をもっともよく知っているという考えだったのかもしれない。

ただし現代のホモ・サピエンスではなく古い種類のホモ・サピエンスならタイプ標本は存在する。１８６８年、フランスのドルドーニュ県で、鉄道工事の際にクローマニヨン（古フランス語で〝大きな穴〟」の意味）と呼ばれる岩穴から、およそ3万年前のものと思われる古代人の頭骨3個と若干の骨格が発見された。

これは「クロマニヨン人」と命名され、後に現代ヨーロッパ人の祖先と位置づけられた。このうち「クロマニヨン1」と呼ばれる頭骨がその後世界各地で発見されるクロマニヨン人のタイプ標本であり、広義のホモ・サピエンスのタイプ標本でもある（図2-2）。

もっともクロマニヨン人は現代人よりはずっとがっちりした体格をしており、現代人の種の同定の基準にはならない。リンネが用いたかもしれない標本とはおのずから異なるものである。

この意外な盲点に注目した現代の研究者がいた。アメリカ、コロラド大学に在籍する古生物学者ロバート・バッカーである。

遺伝子研究が生み出した生物の新しい進化系統樹

恐竜発掘者コープの骨をヒトの代表にする

バッカーの名は恐竜に興味のある読者なら聞いたことがあるかもしれない。１９７０年代、「恐竜は恒温動物であり、鳥は恐竜の直系の子孫である」とするジョン・オストロム[*3]の仮説を支持し、従来の巨大で愚鈍な爬虫類という恐竜のイメージの刷新に乗り出した新世代の恐竜学の旗手がバッカー（図２-３）だった。

その彼が現代人のタイプ標本が不在であることに気づいたとき、ひとつのアイディアがひらめいた。新種を決める基準となるタイプ標本にはならないとしても、タイプ標本が存在しない以上、新たな標本（ネオタイプ標本もしくはレクトタイプ標本。54ページ下欄＊1参照）としてなら誰の骨を記載してもかまわないはずだ。

そこでバッカーは、19世紀のアメリカの著名な古生物学者エドワード・ドリンカー・コープ（図２-４）に思い至った。コープは古脊椎動物学の世界ではきわめて浩瀚《こうかん》な業績を残した人物で、今日でも爬虫・両生類学雑誌の名門「コペイア（Copeia）」にその名をとどめている。コープは１８７０年代、アメリカ西部においてライバルであったオスニエル・マ

＊3 **ジョン・オストロム（1928〜2005年）** 1960年代の恐竜研究に革命をもたらし、現在の恐竜の認識を導いたアメリカの古生物学者。イェール大学教授、同大学ピーボディ自然史博物館名誉キュレーター。アルツハイマー病の合併症のため77歳で死去。

図2-3 ロバート・バッカー（左） 恐竜温血説などそれまでの恐竜のイメージを覆す説を数多く打ち出したアメリカの古生物学者。

写真／Ed Schipul

図2-4 エドワード・コープ（右） 生涯を通じて1400篇もの論文を発表し、数十種の恐竜を含む1000種以上の脊椎動物を発見した。こうした研究への熱中によって自ら破産に追い込まれるほどであったが、古生物の世界に大きな功績を残した。

ーシュと壮絶な恐竜発掘競争をくり広げたことでも知られる。

　コープは晩年に銀鉱山への投資の失敗などにより貧窮し、１８９７年、失意のうちに56歳で亡くなった。彼は生前、自分の骨格をヒトのタイプ標本に用いてほしいと遺言を残したものの、彼の骨格には病変があったためこの望みは叶えられなかった。

　だが、コープの遺言を知っていたバッカーは改めてコープをヒトのタイプ標本として記載しようと試みた。体の骨格には問題があるため、タイプ標本に用いるのは頭骨のみである。

　その頭骨は、コープの本拠地であったフィラデルフィア科学アカデミーで粗末な段ボール箱に入れて保管されていた。バッカーはコープの頭骨用に立派な箱と金属の銘板を新調し、タイプ標本用の論文を執筆した。この企てはアメリカ地理学協

Column

新しい分類学

リンネの分類学では生物の少数の特徴（形質）に注目して生物を分類している。たとえば蹄（ひづめ）をもつ、皮膚に毛が生えているなどの特徴が共通していれば、それらの生物を同じ分類にまとめた。

たしかに、生物が祖先を共有するときには体に共通の特徴が見られる。しかし、よく似た環境に生息する生物たちは、生物学的には近縁関係にはなくても形質が類似すること（収斂《しゅうれん》進化）が少なくない。

そのため、形質の選択が妥当でなければ、類縁関係が非常に遠い生物たちが誤って同じ分類にまとめられかねない。たとえばフランスの有名な古生物学者ジョルジュ・キュヴィエはかつて「皮膚が厚く毛がない」という特徴をもとにゾウやカバやサイをひとまとめにして「厚皮《こうひ》類」という分類単位を作った。しかしこれらの動物の類縁関係は遠く、一般にサイは奇蹄《きてい》目、カバは偶蹄《ぐうてい》目、ゾウは長鼻《ちょうび》目に分類されている。

現在では、哺乳類の分類や進化の流れを考える際には、解剖学的な形態より遺伝子上に見られる変異を重視している。生物の形質の違いは最終的には遺伝子DNAの違いに起因するためである（104ページの分子時計のコラム参照）。遺伝子を利用できない古生物については、多数の解剖学的な特徴をもとに生物を比較して類縁関係を突き止めようとしている（系統分岐学）*。

＊系統分岐学　1964年、ドイツの昆虫学者エミール・ハンス・ウィリー・ヘニッヒ（1913年〜76年）が提唱した進化研究の方法論。重要性を考慮せずに生物の特徴（形質）をリストアップし、それらの特徴が対象となる生物にあるかないかを判断基準として生物の類縁関係を求める。系統分岐学では、共通の祖先をもつ生物グループは「単系統群（クレード）」、またそのグループ構成員が共通してもつ特徴は「共有派生形質」と呼ばれる。現在は生命科学の分野のみならず、言語学や文化人類学などでも利用されている。

会がバックアップし、コープの頭骨を携えたバッカーが世界各地の著名な恐竜学者と彼らの発掘現場をめぐるという企画記事も「ナショナル・ジオグラフィック」誌に掲載された。しかしバッカーの論文は結局は発表されず、ヒトのタイプ標本を作る試みは実現しなかったようだ。

　このような経過から、いまだヒトのタイプ標本は存在しない。唯一、リンネ自身の骨格が1959年にヒトの「選定基準標本（レクトタイプ標本）」として選ばれたのみである。

哺乳類の進化の歴史

　では、話をもとに戻すがヒトはどのように進化してきたのだろうか？　哺乳類の進化の流れの中でヒトはどこに位置するのか？

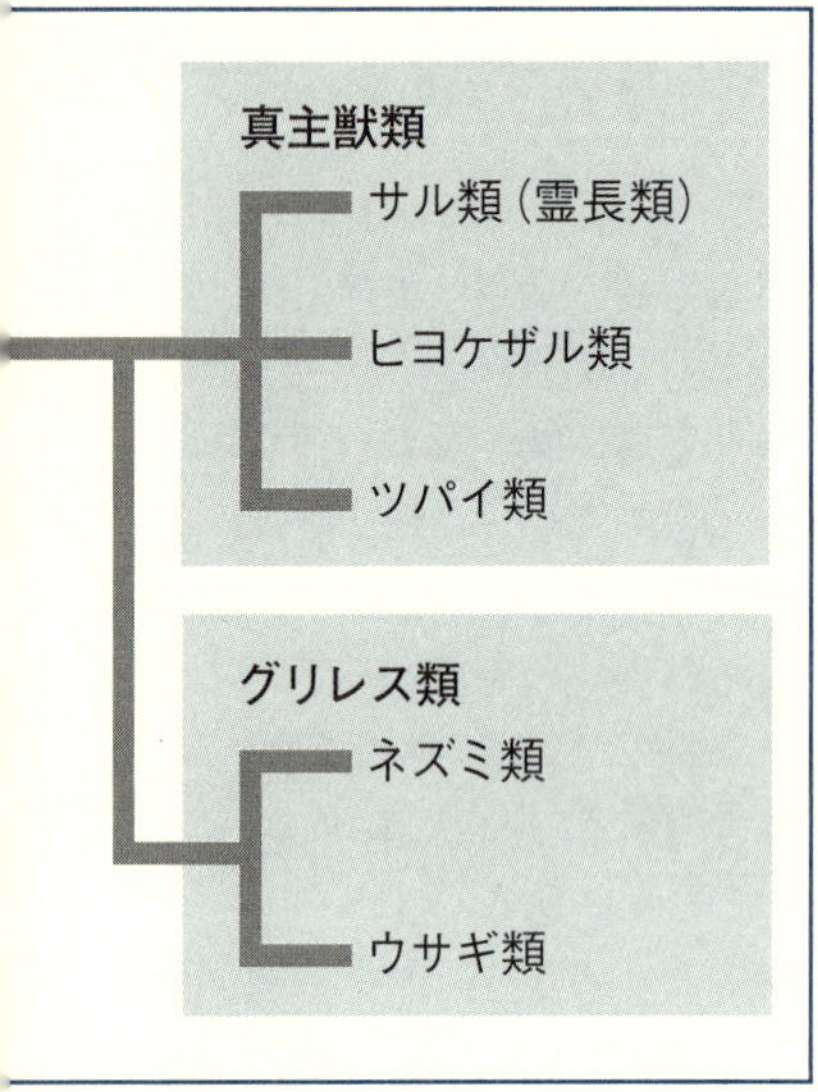

　遺伝学的研究を中心的な手法とする現在の生物系統樹は、その大枠から従来のリンネ式分類とは著しく異なっている（104ページコラム参照）。

　まず脊椎動物門という大きな分類単位がない。単に「門」という階層が消滅したのではなく、脊椎やそれに類似した構造そのものが複数の生物の系統で並行して発生したものだという

図2-5 哺乳類の系統分岐

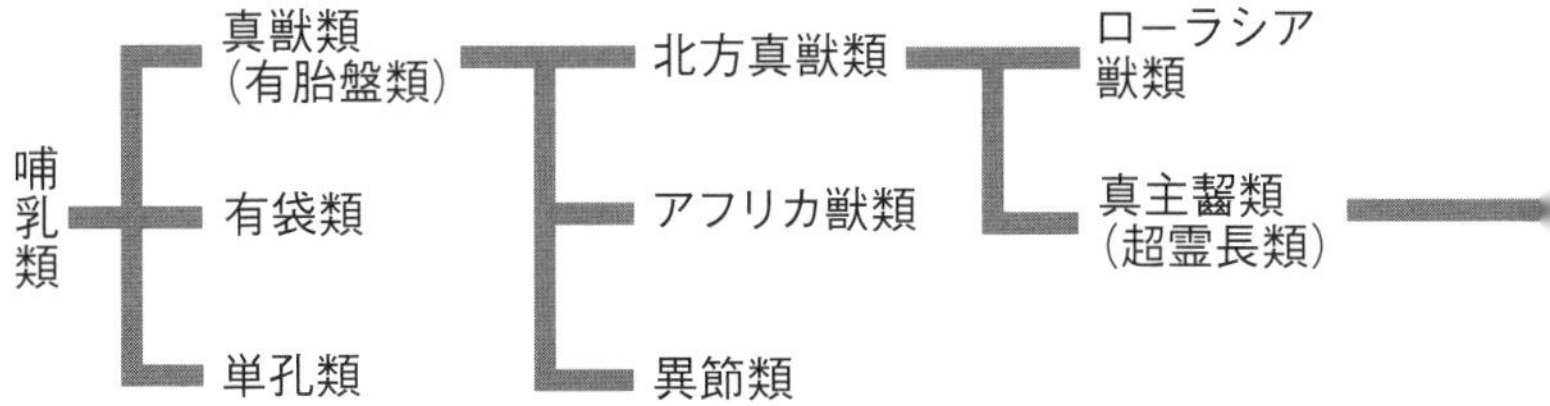

白亜紀末のアメリカに棲息したトガリネズミに似た真獣類プルガトリウス。ヒトの古い祖先とされている。イラスト／Jan Sovak/矢沢サイエンスオフィス

意見が強まったからである。

とすれば、われわれヒトと類縁関係にある骨化した脊椎をもつ生物の仲間に対しても新しい名前が与えられるべきだが、いまのところは存在しない。

われわれ人間は未命名の生物群のうちの「四肢動物」または「四足動物」に属し、これはすべての両生類、爬虫類および哺乳類を含んでいる。

四肢動物からは、個体発生時に胚を羊膜《ようまく》で包むすべての生物（有羊膜類）が分岐する。これには爬虫類と哺乳類が含まれている。

ついでここから「哺乳類」が分岐する。これは乳腺をもち、全身が毛でおおわれた恒温動物のグループである。

哺乳類からはいくつかの絶滅したグループや、「単孔類」「有袋類」などの小さなグループが分

岐するが、われわれはその中の「真獣《しんじゅう》類」に属する。これは別名「有胎盤《ゆうたいばん》類」とも呼ばれるように、胎盤をもち、卵ではなく子ども（胎児）を産むグループである。

真獣類からはさらにゾウ、ジュゴンなどを含む「アフリカ獣類」、アリクイ、ナマケモノなどを含む「異節《いせつ》類」、サル、ウシ、イヌ、ネズミなど大半の真獣類を含む「北方真獣類」の３系統が分岐する（図2-5）。

これら３系統はいつどのような順で分岐していったのか？　この問題については、従来さまざまな仮説が示されていたが、近年の遺伝子の研究では、約１億２０００万年前（白亜紀前期）にほぼ同時に分岐したという結果が得られている。

従来、哺乳類の系統は約１億５０００万年前（白亜紀初頭）に超大陸パンゲアが地球深奥部から上昇してきた巨大なマントルプルーム*4によって押し上げられ、さらに引き裂かれて大陸の分裂が起こった時代に分岐したと考えられていた。すなわち、まずパンゲアが北方のローラシア大陸と南方のゴンドワナ大陸に分裂したときに北方真獣類が分かれた。さらにゴンドワナ大陸がアフリカ大陸と南アメリカ大陸に分かれたとき、アフリカ獣類と異節類が分岐したというのである（図2-6）。

だが、最新の研究データにもとづく解析では、実はアフリカ大陸と南アメリカ大陸が分離したのは従来の説よりかなり早く、１億２０００万年前にはすでにパンゲアは３つに分裂していたことが明らかになった。これは、分子系統学が地球物理学と結びつき、たがい

＊4 マントルプルーム　地球内部のマントル層深部で、その一部の温度が周囲より高くなり膨張して生じる上昇流。プルームは英語でキノコ雲のような形を指す。地球表面には何十万、何百万年にわたって火山活動が続く場所（ホットスポット）がある。これらの地下深くにはマントルプルームが存在し、それが地殻直下まで上昇したときに地殻を融かしてマグマを作り、火山活動を生じさせる。

に相手の研究結果を補完し合って導いた結論である。
　これら3系統のうち、北方真獣類はさらに、ウシ・ウマ・クジラ・イヌ・ネコなどを含む「ローラシア獣類」と、広義のサル類およびネズミ・ウサギなどの齧《げっ》歯《し》類を含む「真主齧《しんしゅげつ》類」（またの名を「超霊長類」）に分けられる。

図2-6 大陸移動説（プレートテクトニクス）

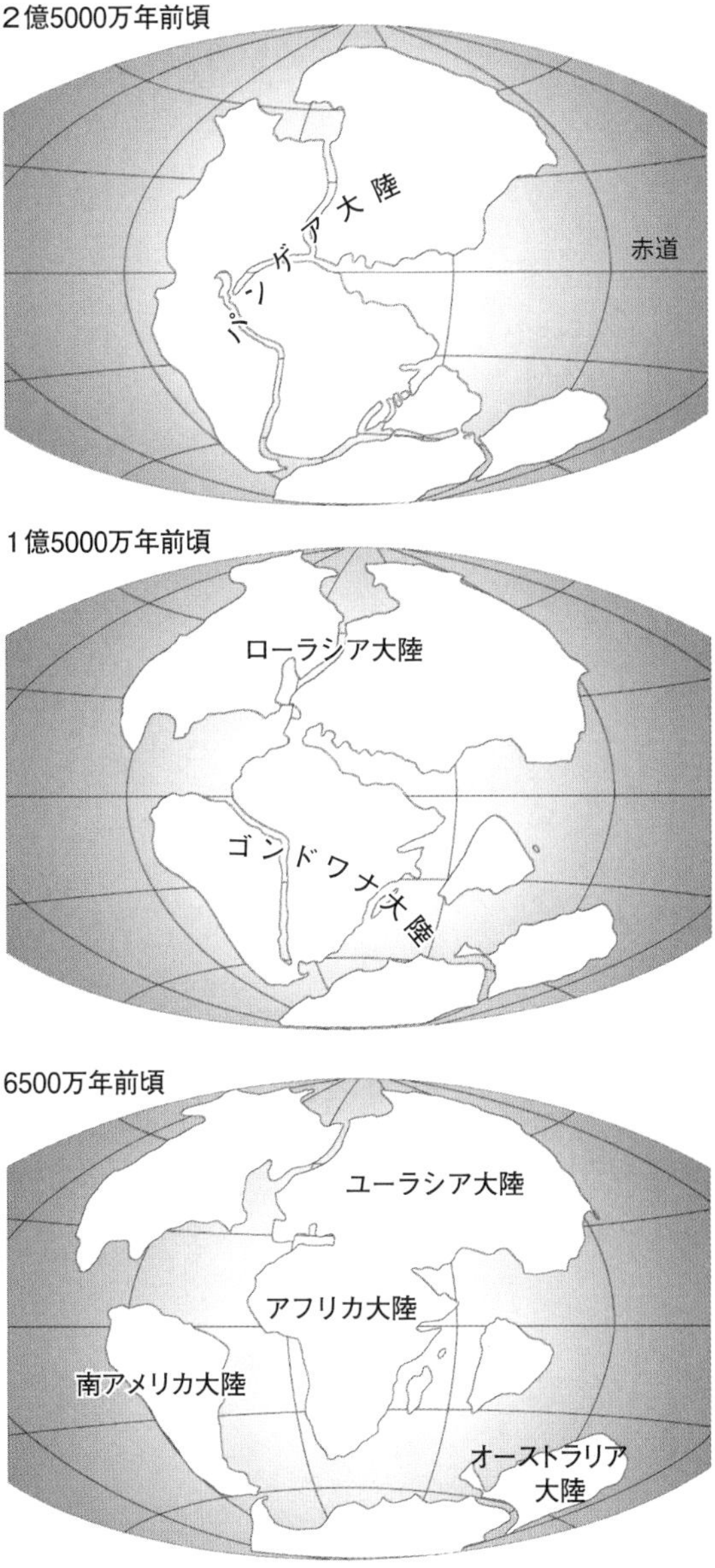

2億年以上前にひとつの超大陸パンゲアが分裂して陸地の形状や位置を変えたことが、その後の哺乳類の進化の道筋に大きく影響した。図参考資料／R.S.Dietz & J.C.Holden

そして分子系統学では、霊長類にもっとも近い動物はネズミの仲間であることが示された。これは化石記録からも明らかで、最初期の霊長類はネズミともサルとも判別しにくい姿をしている。

この真主齧類がツパイやヒヨケザル、サルを含む「真主獣類」と、ウサギ類（重歯類）とネズミ類（齧歯類）を含む「グリレス類」に分かれた。真主獣類とグリレス類の分岐がいつ起こったのかはまだはっきりしていない。最古の真主獣類（プレシアダピス類のプロノトデクテス）が北アメリカのワイオミングで6300万年前（新生代暁新世初頭）の地層から発見されていることから考えて、この分岐はおそらく白亜紀末ないし暁新世初頭に起こったと推測されている。

ここから先の分岐過程は、霊長目以下のリンネ式分類と基本的に変わりはない。リンネ式における亜目、下目、上科、科などの階層はすべて単系統群の名前と割り切って、「類」という言い方に置き換えればよい。

以上をまとめると、分岐学的なヒトの立ち位置は次のようなものになる。すなわち、脊椎動物類・四肢動物類・有羊膜類・哺乳類・真獣類・北方真獣類・真主齧類・真主獣類・霊長類・真猿類・狭鼻類・ヒト上科・ヒト科・ヒト亜科・ヒト属・ヒト。

もっとも今後この表記方法がより正確なものになるまでにはもう少し時間がかかるだろう。

本書がとりあげるのは、このうちヒト科からヒトに至るまでに存在したさまざまな〝ヒトの

Column

真猿類以降の進化

本章では、ヒトがヒトになる以前の進化の段階に注目してきた。現在の「分岐学」では、生物のある系統の段階がひとつ上がるごとに、それぞれの系統群についての共有派生形質（＝異なる生物が共通してもっている新しい進化的形質）のリストがついてくる。この形質は特定の系統群の定義ともなるので、系統群について記述するときにはこのリストを外すことはできない。

そこで以下に、本文中に収めきれなかったリストをまとめておく。

●プレシアダピス類の共有派生形質

①上下の門歯は齧歯《げっし》類に似て大きく発達し、植物食に適応する

②前部頬歯の咬合面がなくなり、その結果上下の顎のかみ合うべき歯の間に隙間ができる

③前臼歯が臼歯化する

④上顎臼歯の頬側に複数の突起が加わる

●真霊長類の共有派生形質

①左右の下顎の縫合線が融合傾向を示す

②垂直に立ったへら状の門歯

③第１門歯は第２門歯より小さい

④犬歯の咬合面がかみ合う

⑤犬歯はオスとメスで大きさが違う

⑥相対的に短い踵骨《しょうこつ》

●真猿《しんえん》類の共有派生形質

①頭蓋の前頭骨の正中縫合線が若いうちに融合する

②眼窩《がんか》の後ろが隔壁でほぼ完全にふさがれる

③耳骨の中の鐙骨《あぶみこつ》動脈と動脈溝を欠く

④涙骨《るいこつ》が眼窩の一部を構成する

⑤大脳に中心溝（運動野と頭頂野を仕切って左右の脳半球を横切る溝）が存在する

ただしこれらはいわば最大公約数的なリストであり、研究者によっては他にもさまざまな項目を付け加えることがある。

直系祖先〟および〝ヒトの傍系祖先〟である。次章以下でそれらの生物について個々にとりあげていきたい。

第3章

最初のサルと“ミッシング・リンク”

3-1
最初のサルと“ミッシング・リンク”

人類進化へのプロローグの時代

人間は無数に分かれた枝の1本

ヒトはサルから進化した――これはいまでは常識となっている。

このことはしかし、しばしば勘違いする人がいるが、現在のアフリカで生きているゴリラや東南アジアのオランウータンがわれわれの直接の祖先だという意味ではない。彼らはあくまで、遠い昔にわれわれヒトの進化の系列から枝分かれしたヒトの比較的近い親戚である。彼らを何世代にわたって動物園で飼育しても決してヒトに進化するということはない。

では、ヒトがサルから進化したとはどういうことか?

はるか昔、地球上に最初のサルが現れた。このサルはすべてのサル（真主獣類。リンネ式分類では霊長類）の共通の祖先となった。最初のサルの子孫はさまざまな環境に進出し、その環境に適応して姿形を変え、多様なサルを生み出した。それらの種のあるものは種として短命に終わり、あるものは比較的長く生き続け、その途上で一部はさらに新しい種を生み出した。

やがてその中から、樹上生活をやめて地上に生活の場を移し、直立して歩き回るものが出現した。彼らは自由になった両手と指で道具を使うようになった。それがもともと発達していた

図3-1 霊長類の系統樹

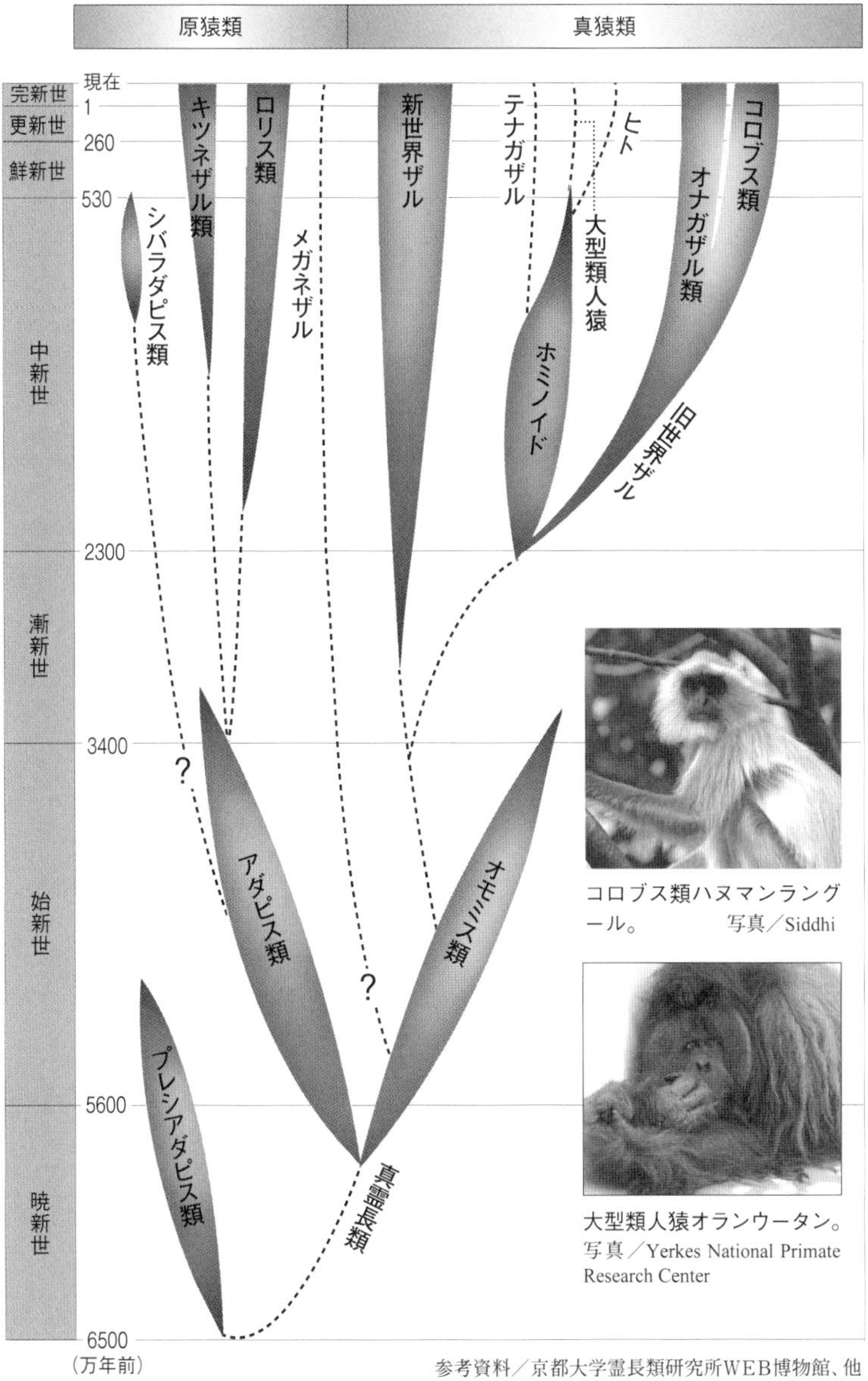

コロブス類ハヌマンラングール。　写真／Siddhi

大型類人猿オランウータン。写真／Yerkes National Primate Research Center

参考資料／京都大学霊長類研究所WEB博物館、他

脳のさらなる発達をうながし、やがて言葉を話し文字を発明した。こうして他のサルから枝分かれして進化したサルの子孫が繁栄し、文明を築き、今日のわれわれになった——これが現在の生物学的な理解である。

われわれは真主獣類の中でもっとも繁栄した種であるものの、その出自は他のすべての真主獣類と同様、最初のサルから分岐した多数の枝の1本にすぎない。分岐学的に言えば、最初のサルすなわち真主獣類から真霊長類が枝分かれし、それらはさらに真猿類、狭鼻猿類、類人猿へと進化していった。そして類人猿の子孫からヒトが出現した（図3-1）。

そこで本章では、最初のサルから類人猿までの進化、とりわけその過程で生じている〝ミッシング・リンク（失われたつながり）〟に注目したい。つまり最初の真猿類と最初の類人猿、そして最初の類人猿とヒトをつなぐ生物についての考察である。

初期の霊長類（＝人類の起源）の姿形

前述のように、真主獣類がネズミやウサギの仲間である齧歯類（グリレス類）と分かれたのは6500万年前後と推測されている。よく知られているように、これは中生代の終わり、恐竜が絶滅したとされている時代である。

分岐した当初の真主獣類は現生のリスにそっくりであり、グリレス類と異なる次のような特徴をもっていた。

①手足の親指が他の指と向き合っている。
②両目が前方を向いている。
③手にはかぎ爪ではなく平爪がある。

　これら3点以外、初期の真主獣類とグリレス類との違いはほとんどない。

　真主獣類からはツパイ類とヒヨケザル類が分岐し、残ったものが狭義の「霊長類」となった（61ページ図2－5参照）。真主獣類（および後

図3-2 プレシアダピス類

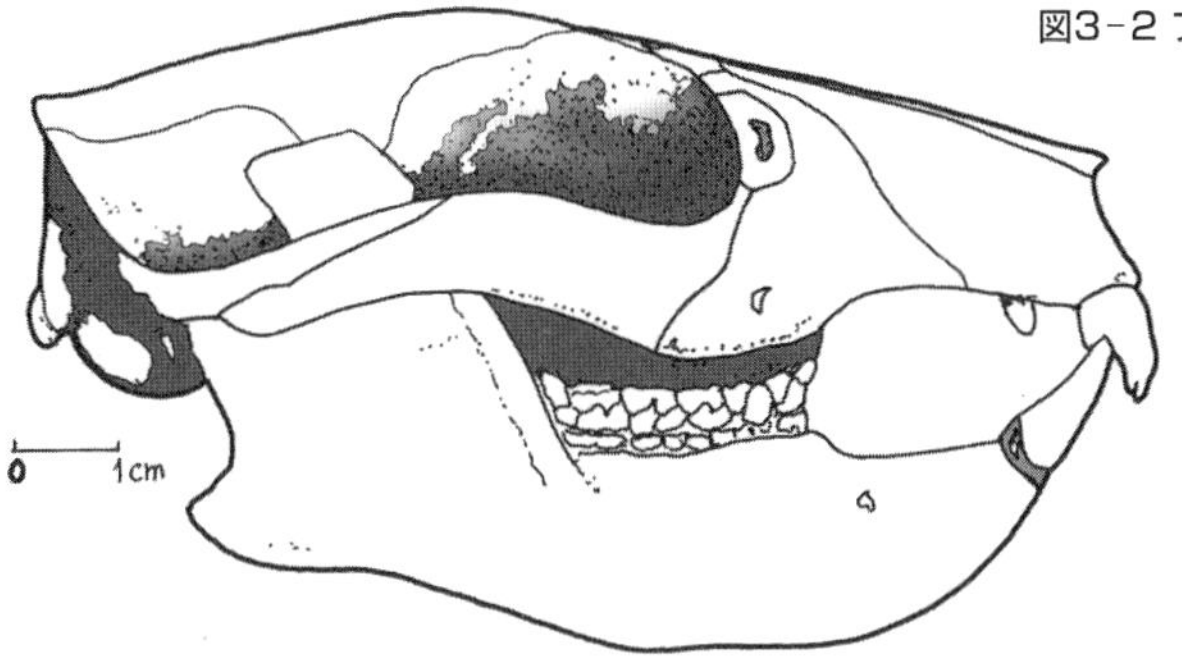

最古の霊長類の仲間プレシアダピス類はふさふさした長い尾と鼻面の長い顔をもち、現生のキツネザルに似た姿をしていた。大きさはビーバーほどだった。上はプレシアダピス類の頭骨。上図参考資料／P. D. Gingerich (1976)　下イラスト／Nobu Tamura

図3-3 メガネザル　ヒトを含む真猿類はメガネザル類の仲間から進化したとされている。写真は現生のメガネザル。　写真／Jasper Greek Golangco

の霊長類）は化石の記録からすると暁新世（６５００万～５６００万年前）の初期から中期初期には北アメリカ大陸で進化し、その後ヨーロッパ大陸を経て全世界に拡散していったと見られている。

霊長類の中でも最初期に繁栄したグループが「プレシアダピス類」（図3-2）である。このグループは６つのサブグループを含み、暁新世から始新世（５６００万～３４００万年）の前期まではおもに北アメリカと一部はヨーロッパで生きていた。

プレシアダピス類にやや遅れて、始新世に入るとより進化した霊長類である「真霊長類」が出現した。彼らは中新世（２３００万～５３０万年前）前期までヨーロッパを中心に繁栄したようであり、北アメリカでは化石はほとんど発見されていない。

真霊長類には、アダピス類とオモミス類が含まれるが、前者は後の原猿類（キツネザル類）に進化した。他方、後者は後のメガネザル類（図3-3）を経てより進化したサル「真猿類」を生み出したと考えられている。

しかし実際には、真霊長類の登場後、約４５００万～４０００万年前に真猿類が現れるまでに化石の空白期間があり、初期の霊長類からどのような過程を経て真猿類が生まれたのかは謎とされてきた。

だが最近、この問題を解決するかもしれない生物として「ダーウィニウス」と呼ばれる霊長類が大きな注目を集めた。

3-2
最初のサルと“ミッシング・リンク”

ダーウィニウスはミッシング・リンクか？

キツネザルより進化した「イーダ」？

1982年、あるアマチュアの化石コレクターがドイツのフランクフルト近郊の有名な化石産地メッセル・ピット（図3-4）で小型の動物の全身骨格の化石を発見した。メッセル・ピットには約4700万年前（始新世中期）の地層が露出する。ここの化石は無酸素状態になった湖底の堆積層の中に埋まっており、地層そのものが油母頁岩《ゆぼけつがん》と化していわば天然のタール漬けとして保存される。そのため昆虫などでは羽の色まで残るほど保存状態がよい。

コレクターが発見した動物の化石は、発見後も長い間外部に存在を知られることなくコレクターの収蔵庫に眠っていた。しかし2006年、この化石は業者の手でドイツのハンブルクで開催されたミネラル・フェアに出品された。化石を購入したノルウェーのオスロ自然史博物館の研究者たちは骨格を詳細に調べ、後足の第1指が横向きに生えていること、爪が平爪であることから、ただちにこれが霊長類の化石であることを見抜いた。

この化石は体長24センチメートル、尾まで含めた全長が58センチとネコほどの大きさである。保存状態は完璧に近く、全身の骨格の95パーセントまでが関節が接合した状態で残っており、体の周囲には体毛の痕跡、腹には消化管の内容物まで存在した（図3-5左）。

　この霊長類化石の保存状態が群を抜いてよく、しかも始新世の霊長類の全身骨格の発見は世界初であったことから、研究者たちは色めきたった。化石には、オスロ自然史博物館の研究者ヨルン・フールムの娘の名前にちなんで「イーダ」という愛称がつけられた。

　この化石はＸ線ＣＴによる詳細な分析の結果、次のような特徴が明らかになった。

　イーダは口と鼻の周辺が長く突出し、顔つきはキツネザル（原猿類）に似ている（図3-5右）。しかし、キツネザルなら必ずもつ重要な特徴、すなわち下顎の門歯の裏側に見られる「歯櫛（ししつ）」と呼ばれる平行した筋や、グルーミング・クロウと呼ばれる毛づくろい用の手のかぎ爪が見られない。さらに、原猿類では左右の下顎の縫合部は融合せずに分かれたままだが、この化石では融合している。足の距骨と踵骨（足首の骨。ヒトではかかとの部分をなす）の形態もキツネザルに特有の形ではなく、より進化した真猿類の特徴を示していた。

　これらの事実から、彼らはイーダこそ原猿類から真猿類への移行過程の中間状態を示す〝ミッシング・リンク〟に違いないと結論づけた。

　それまで知られていた最古の真猿類は、エジプトのファイユームにおいて約３５００万年前（始新世末）の地層から発見されたエジプトピテクスやプロプリオピテクス（両者が同じ属とする説もある）であった。だがもしイーダが本当にすでに真猿類の段階に入りつつある生物だとしたら、これまでに発見された化石をいっきに１２００万年もさかのぼることになる。

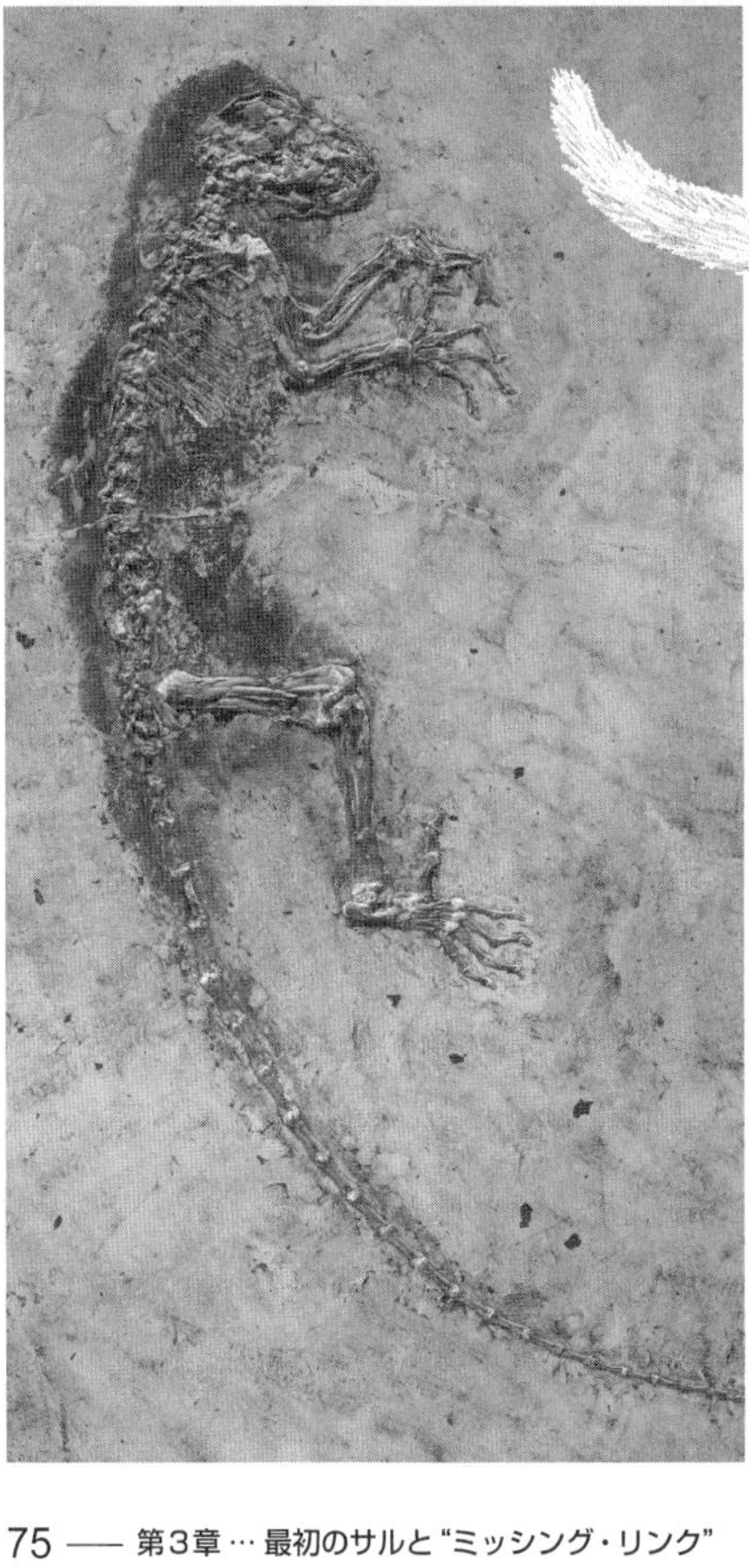

図3-4 メッセル・ピット　イーダの化石が発見されたフランクフルト近郊の採掘跡地。周辺は油母を多く含む岩石が広く堆積した場所で、これまで多くの動植物の化石が発見されており世界遺産にも登録されている。

図3-5 ダーウィニウス　約4700万年前の地層からほぼ完全に近い状態で発見された“イーダ(ダーウィニウス・マシラエ)”。上のスケッチは化石発見チームが描いたイーダの想像図。

写真・イラスト／PLoS

それだけでなく、イーダは原始的霊長類と真猿類とを結ぶミッシング・リンクであり、かつ原猿類以外のヒトを含むすべてのサルの最古の共通祖先ということにもなる。

だが、この段階でオスロ自然史博物館は少々勇み足を踏んでしまったようだ。いまだ正式に論文も発表されず、身内以外の研究者の意見を広く集めもしないうちに人類最古の祖先としてイーダを大々的に宣伝し、博物館の集客アップの目玉として利用したのである。

振り出しに戻った真猿類の起源

２００９年、すでに十分に名の売れたイーダは、フランクフルト・ゼンケンベルク自然史博物館のイェンス・フランツェンらによりようやく「ダーウィニウス・マシラエ」の名で論文に発表された。この名は〝メッセルから見つかったダーウィンの生物〟を意味していた。

ダーウィニウスという属名がつけられたのは、ひとつにはこの年がダーウィンの生誕２００周年で『種の起源』刊行１５０周年であることを記念するため、そしてもうひとつは、この化石がサルからヒトへの進化史上の重要なステップであることを示すためである。論文の発表者たちはこれこそヒトを含む真猿類の祖先であると主張したのであった。

だが、ダーウィニウスの進化史的な位置づけについては、必ずしもすべての研究者がそれを認めたわけではなかった。というよりこの化石が大々的に宣伝され始めた頃から、これをヒトの直系の祖先とすることに疑問を抱く研究者のほうが多かった。何といってもダーウィニウスはあまりにもキツネザルに似ている。これまでの仮説では真猿類はオモミス類およびメガネザルの仲間から進化したとされ、キツネザル類はそれらとは別系統のアダピス類から進化したと見られている。そして化石の研究および分子生物学もこの仮説を支持している。

２０１０年、アメリカ、デューク大学のブライザ・ウィリアムズらはこうした意見を総括する形でダーウィニウスの進化上の位置を問い直す次のような論文を発表した。

原猿類と真猿類は共通の祖先から分岐したもので、原猿類は今日のキツネザル類へと進化し、後者の真猿類はヒト、類人猿を含むその他すべてのサルへと進化した。

もしダーウィニウスが原猿類に含まれるなら、ヒトの直系の祖先ということはあり得ない。ウィリアムズらがダーウィニウスの骨格の特徴をひとつひとつ検討していったところ、この動物が真猿類の系統樹上には位置していないことは明白であるように思われた。ダーウィニウスの骨格には、眼窩《がんか》の構造や耳骨をおさめる部屋の作りなどに原猿類の特徴が見られた。

また、ダーウィニウスの顎の骨には類人猿に見られる特徴が存在するというフランツェンらの指摘についても、ウィリアムズらは否定的な見方を示した。というのも、少なくとも初期の真猿類にはダーウィニウスがもつ顎の特徴は見られないことがわかってきたからである。

こうした特徴は、霊長類全体の中のいくつもの系統で並行して生じているらしい。ほかにも門歯の特徴、歯式、四肢の特徴などをくわしく検討した結果は、ダーウィニウスが原猿類に入ることを示しているという。

どうやらダーウィニウスはミッシング・リンクとしては前評判だけで終わりそうな気配である。少なくともこの化石の発見によって始新世の霊長類、とりわけ原猿類についての知識は飛躍的に向上したものの、真猿類の起源の解明は振り出しに戻ってしまったのである。

旧世界ザルと新世界ザルの登場

ファイユームはエジプトのカイロ南西１５０キロメートルに位置する砂漠の発掘場である。その広さは１７００平方キロメートルにおよぶ。

１９０６年、アメリカ自然史博物館のグループがファイユームで発掘調査を開始した。この最初の発掘によってこの地域が４０００万〜２８００万年前（始新世後期〜漸新世前期）に生きた霊長類の化石の宝庫であることが明らかとなった。

その後現在までの間に、ここからはオリゴピテクス、アピディウム、プロプリオピテクス、エジプトピテクスなど15属にのぼる霊長類が発見された。なかでもプロプリオピテクスとエジプトピテクスは十分に検証されたものの中では最古の真猿類とされている。

真猿類では吻部（鼻や口の周辺の突き出した部分）が短くなり、脳函《のうかん》（頭蓋骨の内部）も増大して、われわれが知っているサルらしい姿形を整えている（図3-6）。

真猿類には顔だちの違う２つの大きなグループ、すなわち「狭鼻猿類」と「広鼻猿類」が存在する（図3-7）。

このうちヒトと類人猿を除く狭鼻猿類は「旧世界ザル」とも呼ばれ、アフリカ、アジア、ヨーロッパに生息している。このグループの霊長類は鼻の穴の間隔が狭く、鼻の穴は正面ないし下を向いており、現生のグループとしてはオナガザル類とコロブス類がある。最古の真猿類プ

図3-6 原猿類と真猿類の特徴

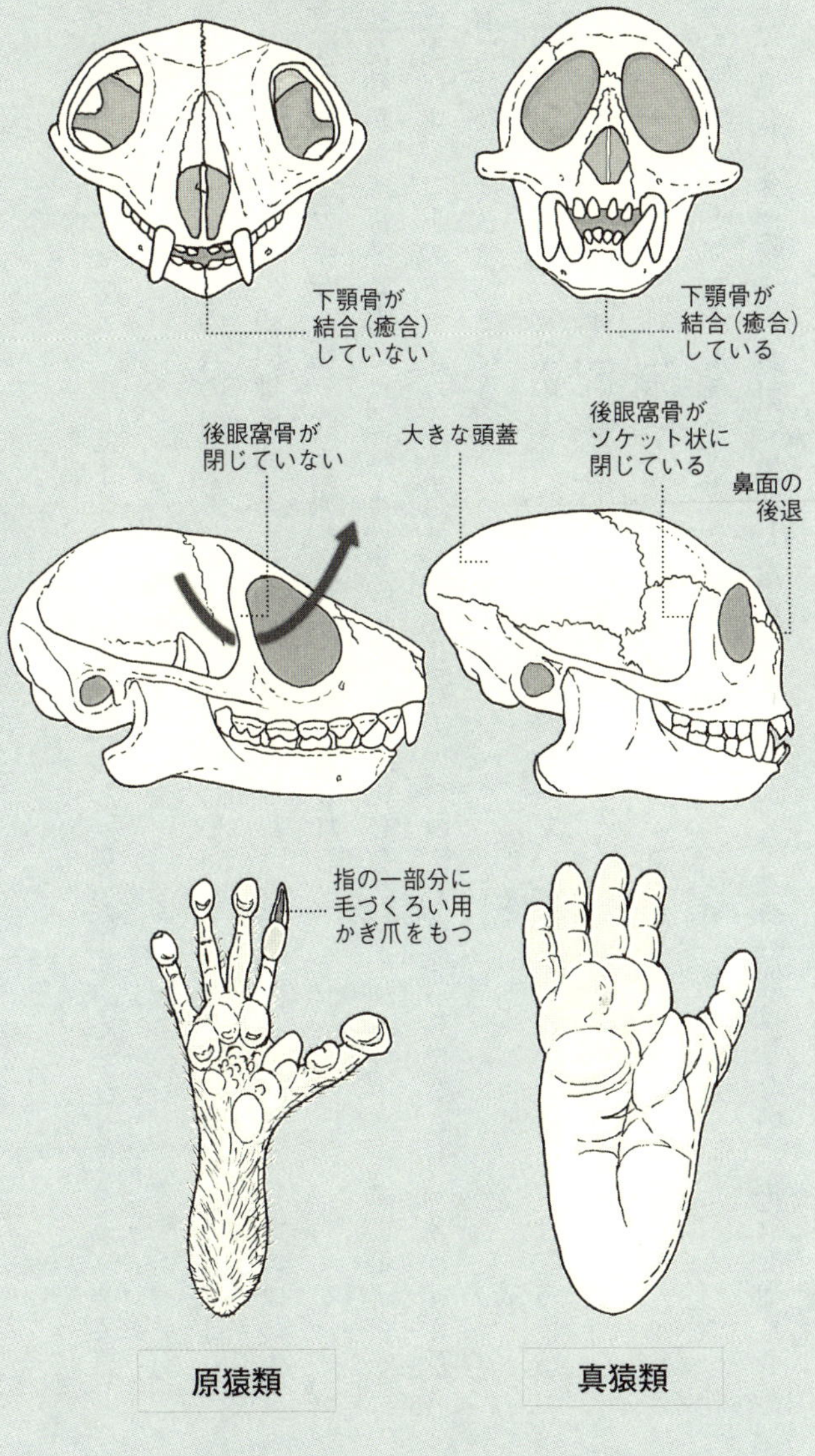

図参考資料／Rosenberger (1986) ; Jolly and Plog, Anthropology and Archaelology, McGraw-Hill (1986)

ロプリオピテクスとエジプトピテクスはともに絶滅した狭鼻猿類であるプロプリオピテクス類（科）に属する。

他方の広鼻猿類は鼻の穴の間隔が広く、穴がやや側面を向いている。このグループは中南米にのみ生息しているため旧世界ザルに対して「新世界ザル」とも呼ばれる。広鼻猿類には現生のヨザル類、オマキザル類、サキ類、クモザル類が含まれる。

狭鼻猿類も広鼻猿類もそれぞれ1種類の生物から進化したと見られ、分子進化による研究では両者はエジプトのファイユームの霊長類が生きていた時代と重なる３７００万～３５００万年前に分岐したとされている。

しかし、広鼻猿類の初期の進化については何もわかっていない。化石の記録上では広鼻猿類はおよそ１５００万年前（中新世中期）、突如として南アメリカに5属が出現する。すなわちアルゼンチンで発見されたホムンクルスとソリアセブス、コロンビアで発見されたスティルトニア、セブピテシア、そしてネオサイミリである。

この時代、すでに大陸移動で分離した南アメリカとアフリカの間はしだいに距離を増しつつあった。つまり広鼻猿類の祖先は３４００万～１２００万年前までの間にアフリカを離れたと推測されることになる。当時まだ彼ら特有の形質をほとんどそなえていなかった広鼻猿類は、たとえば大きな流木につかまって島伝いに漂流するなどといったきわめてまれな偶然や幸運により、長い時間をかけて南アメリカに漂着したのかもしれない。

こうしてひとたび南アメリカに移動した彼らは、同じ生態的地位を占める先住者がいなかった新しい環境で急速に適応放散を遂げた。以降、広鼻猿類は旧世界ザルとの交流をもつことなく今日に至ったのである。

これに対し、狭鼻猿類は陸地伝いにアフリカ全土から中近東、ヨーロッパおよびアジアへと分布を広げていき、多くの属を生み出した。そしてアフリカから中近東に定着したその一部から、ヒトの進化に関わる次の重要なステップへと踏み出すものが現れた。すなわち「類人猿」の誕生である。

図3-7 真猿類の2つのグループ

狭鼻猿類（旧世界ザル）	生息地域：アフリカ、中近東、アジア（日本、東南アジア、中国など）、ヨーロッパ 	・ニホンザルやヒヒなどよく知られたサルの多くがこの仲間。体の大きさは中型～大型。 ・鼻の幅が狭く穴の間隔も狭い。 ・尾でぶら下がったり物をつかんだりすることはできない。 ・親指対向性により広鼻猿類より把持機能が発達している。 ・雑食性もいるが多くは植物食の傾向が強い。 ・母系社会を構成する。
広鼻猿類（新世界ザル）	生息地域：中央アメリカ、南アメリカ 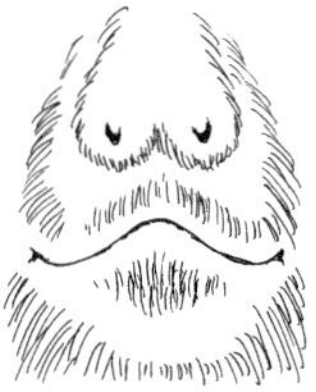	・ほとんどが小型で樹上で生活するものが多い。最小のサルのピグミー・マーモセット（体長10数センチ）もこの仲間。 ・鼻の幅が広く穴の幅も広い。 ・長い尾をもち、種類によっては木の枝などに巻き付けたり物をつかんだりできる。 ・親指対向性ではないので指の把持機能は発達していない。 ・一部を除いて２色型色覚（旧世界ザルは類人猿やヒトと同じ３色型）。 ・一夫一婦の生活形態。

図参考資料／デビッド・ランバート『Prehistoric Man 図説人類の進化』平凡社

ヒトに近い「類人猿」が姿を現した場所と時代

類人猿はいつ姿を現したか?

類人猿はその名のとおり、あらゆるサルの中でももっともヒトに近い姿をした大型のサルの総称である。リンネ式分類では、ヒトと類人猿を合わせて「ヒト上科」と呼んでいる。また、ヒト上科以外の狭鼻猿類は「オナガザル上科」と名付けられている。

類人猿の中には、現生のものとしてはテナガザル類（科）のテナガザル、オランウータン類のオランウータン、そしてヒト類（科）のゴリラ、チンパンジー、ヒトが含まれる。もちろん、過去にはこれらのほかに本書のテーマである数多くの絶滅した属が存在した。

類人猿の外見上の最大の特徴——それは尻尾がないことである。しかしそれ以外にも、以下に代表される多くの形質を共有している。

①肩甲骨が背面にある。
②個々の腰椎が短い。
③足の親指は大きく、ものを握る力をもつ。

類人猿が狭鼻猿類から進化したのはたしかであるが、それがいつ頃どこで起こったのかについてはいまのところ明確でない。一般的には、アフリカ－アラブ地域で２８００万～１２００万年前（漸新世後期から中新世前期）に最初の類人猿が登場したと考えられているが、実は類人猿の系統はもっとはるかに古い時期までさかのぼるという説もある。たとえば約４５００万～４０００万年前に生き

Column

最古の類人猿？

エオシミアス。図参考資料／Nancy Perkins, Carnegie Museum of Natural History

1999年、中国で発見されたエオシミアスは人の手のひらに乗るほど小型の原始的霊長類である。この生物は4500万～4000万年前（始新世中期）にアジアで生きていた。

ノーザン・イリノイ大学のダニエル・ジェボらはエオシミアスが最古の類人猿かもしれないと考えている。その足の構造が真猿類の段階を飛び越えて類人猿のレベルまで特殊化していたためだ。

同じく1999年にタイ南部で約4000万年前（始新世後期）の地層から発見されたシャモピテクスも最古の類人猿の候補にあげられている。タイ鉱物資源局のヤオワラク・チャイマニーらはこの化石には顎に原始的な特徴も見られるものの、歯に類人猿の特徴が見られると述べた。

発見された化石はいずれも断片的で検証は難しいが、これらの見方が正しければ4500万～4000万年前にアジアで類人猿への進化が始まったことになり、類人猿の進化についての定説を見直す必要が生じる。

ていたエオシミアスやシャモピテクスなどである（前ページコラム）。

もしこの見方が正しければ、真猿類が出現したと見られる時代——まだそこから狭鼻猿類と広鼻猿類が分岐する以前——に類人猿が他のサルから分岐しつつあったことになる。

しかしこの見方は従来の仮説からすると時代的に早すぎる。しかも発見された化石はいずれも断片的であり、包括的な検証にはほど遠い。とりわけエオシミアスについては顎や歯が原始的であり、類人猿とは言えないとする意見も強い。

狭鼻猿類と類人猿をつなぐ生物の可能性が高いのが、約２８００万年前に生きていた「サーダニウス」である。２００９年、アメリカ、ミシガン大学のイヴァド・ザルムートらはサウジアラビア西部のアル・ヒジャズ県で約２８００万年前の地層から霊長類の化石を発見し、サーダニウスと名付けた。

ザルムートらによると、この化石は狭鼻猿類から霊長類（類人猿）への進化がこの生物が生きていた時代以降に起こったことを示唆しているという。

この化石もいまのところ不完全な下顎と頭蓋しか見つかっていない。しかし化石に残されていた内耳の構造を調べてみたところ、管状になった外鼓状骨が見つかった。これは類人猿に固有の形質である。だがそれ以外には、ヒト上科、オナガザル上科どちらの特徴も認められない。そのためサーダニウスは両者が分岐する以前のものと考えられるという。とすると、ヒト類とオナガザル類は約２８００万年前より後に分岐したことになる。

サーダニウスの骨格も不完全ではあるものの、この化石は他の同時代の化石と形態的な矛盾がなく、また分子生物学から見積もられたヒト上科とオナガザル上科の分岐年代（３０００万年前〜）ともさして矛盾しない。

これをもって類人猿の誕生の時期を２８００万年前以降と言い切れるだろうか？

研究者たちはまだそう断定するには早すぎるとしている。もしかすると類人猿の進化は実際にはもっと早期に起こっていたかもしれない。あるいはアジアとアフリカで同様の現象が並行して起こっていた可能性も残っている。こうしたことを踏まえて考えるなら、類人猿は２８００万年前以降に出現したと考えるのが妥当ではなかろうか。

最初の類人猿プロコンスル

では、いまの時点で最初の類人猿と見られている動物は何か？　それは「プロコンスル」である。

プロコンスルの化石は１９０９年、アフリカ、ケニア西部のキスム近郊で金の探鉱者によってはじめて発見された。しかし当時この化石の重要性は認識されず、大きな注目を集めるには至らなかった。

１９２７年、ケニアに住むイギリス人古生物学者H・L・ゴードンがやはりケニア西部の石灰岩採石場で化石を発見し、大英博物館に送った。同博物館のアーサー・ティンデル・ホプウッドは送られてきた化石を研究し、これをチンパンジーの祖先のものと推測して「プロコンスル」と名付けた。当時イギリスでは〝コンスル〟――古代ローマの執政官で形式上の元首――という名の芸達者なチンパンジーが人気を博しており、その名前に〝以前の〟を意味する接頭語プロをつけて、新発見の化石生物の名としたのである。

古生物学者のアラン・ウォーカーによればホプウッドは背の高い寡黙な人物で、戸外で発掘するよりは博物館の片隅で研究することを好んだが、このときばかりはプロコンスルのさらなる化石を発見したいという熱意にかられてケニアに向かうことにした。

ケニアでホプウッドとその協力者たちは、プロコンスルのものを含めて９個の類人猿の骨によく似た化石を発見することができた。そしてプロコンスルは当時知られていたものの中では最古の類人猿（ヒト上科）の化石として脚光をあびた。

その後、１９４８年に有名な古人類学者ルイス・リーキーと妻のメアリー・リーキーは、ヴィクトリア湖のケニア側東岸に近いルジンガ島において約１８００万年前の地層から多数の化石を収集した（リーキー一家については１６２ページコラム参照）。以降もこの島やその周辺一帯から化石の発見が相次ぎ、プロコンスルは初期類人猿の中ではもっともよく化石がそろい、よく研究された動物となった。

現在ではこれにやはり同時代の近縁の属であるデンドロピテクス、ミクロピテクス、ディオニソピテクスなどを加えたプロコンスル類（科）が、ヒト上科の最古のメンバーとして設立さ

図3-8 プロコンスル

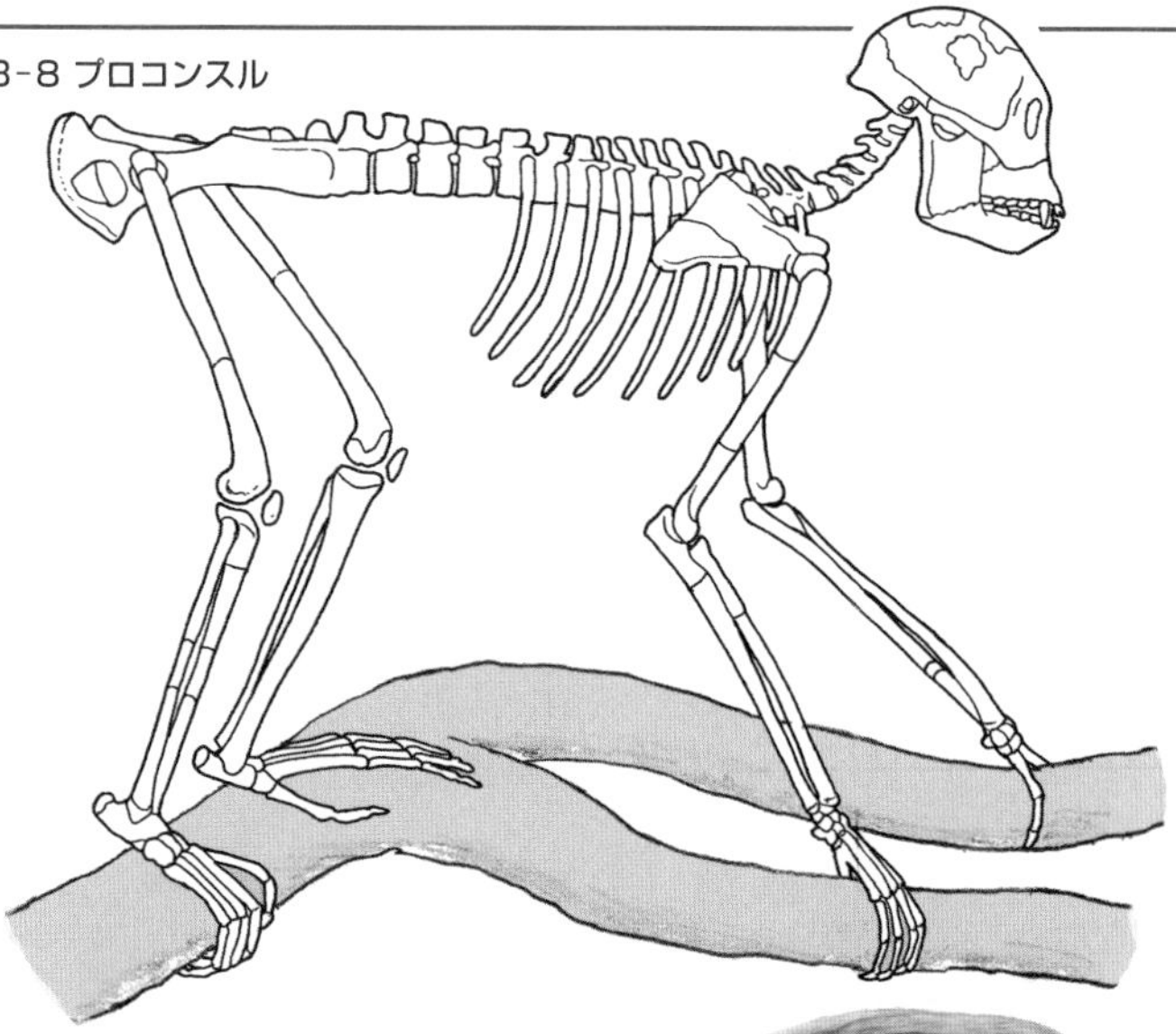

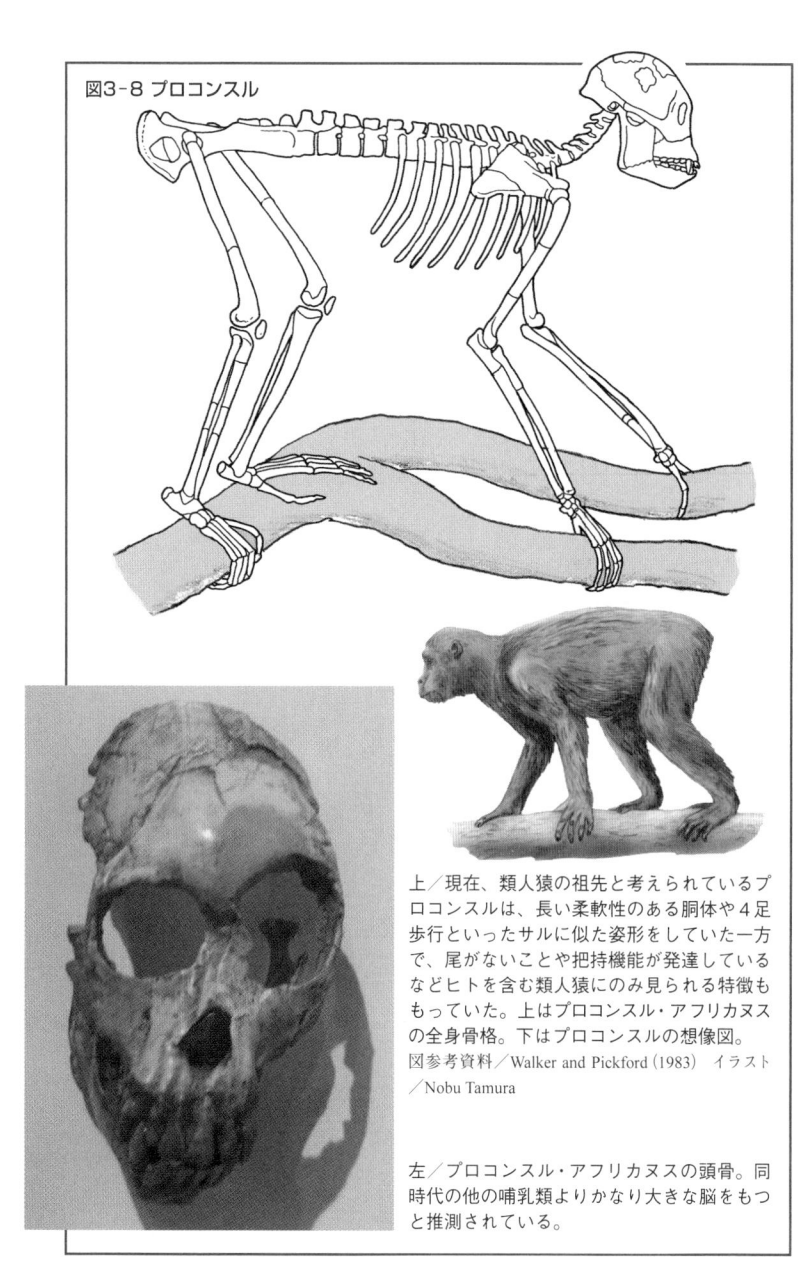

上／現在、類人猿の祖先と考えられているプロコンスルは、長い柔軟性のある胴体や4足歩行といったサルに似た姿形をしていた一方で、尾がないことや把持機能が発達しているなどヒトを含む類人猿にのみ見られる特徴ももっていた。上はプロコンスル・アフリカヌスの全身骨格。下はプロコンスルの想像図。

図参考資料／Walker and Pickford (1983)　イラスト／Nobu Tamura

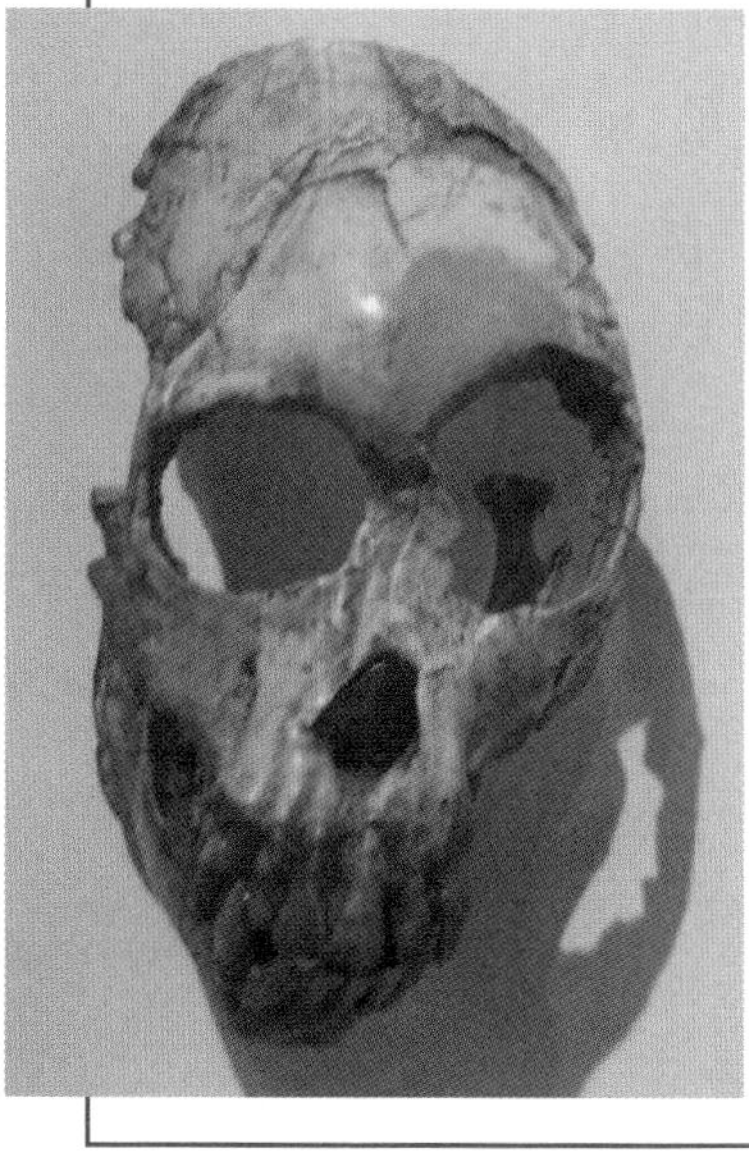

左／プロコンスル・アフリカヌスの頭骨。同時代の他の哺乳類よりかなり大きな脳をもつと推測されている。

れている。

プロコンスルにはこれまでに4種類が知られており、そのうち最大種のプロコンスル・ニャンゼはオスの体重が80キログラムほどと推定されている。

想像されるように、プロコンスルにはその後出現する類人猿やヒト科のさまざまな形質がモザイク状に入り混じっている。そして重要なことは、それらの特徴の多くがヒトを含む類人猿（ヒト上科）のみに存在し、他の霊長類には認められない点である。

たとえばプロコンスル・アフリカヌス種の唯一の比較的良好な頭蓋から脳容積を見積もると、１５４〜１８０立方センチメートルになる。この種の推定体重は最大でも20キログラムにすぎないので、プロコンスルの脳と体重の比は他の同時代のあらゆる哺乳類に比べてとび抜けて大きいといえる。

またこの頭蓋には、ヒト上科の中でもヒトとアフリカ型類人猿のみに見られる前頭洞《ぜんとうどう》（前頭骨内部の空洞）がすでに存在する。また腰にはヒトと同じくらいの尾骶骨《びていこつ》しかなく、明らかな尾はない。さらに、類人猿に見られるように足の親指も太く頑丈である。他方、手首の構造は原始的で、上腕の尺骨の末端が手首側の豆状骨《とうじょうこつ》と三角骨からなる関節にはまり込んでいる（図3-8）。

このように進化した形質と原始的形質が入り混じってはいるが、現時点の理解ではプロコンスルこそが類人猿の共通祖先にもっとも近い動物と言えるだろう。

3-4
最初のサルと“ミッシング・リンク”

１８００万年前の地球は〝猿の惑星〟

ユーラシアで起こった類人猿の分岐

類人猿の初期の進化は少なくともいまから１８００万年前（中新世前期）には始まっていたらしい。プロコンスル類の一部は中東（現在のパキスタン）で発見されているものの、発見される化石の圧倒的な量からして、アフリカこそ狭鼻猿類が類人猿に進化したおもな舞台と考えられている。

その後、類人猿はアフリカからユーラシアへ急速に広がり、１８００万年前以降その生息域はアラビアを起点に西はヨーロッパ、東は中国までユーラシア全域に及んだ。ユーラシアでは１００属を超える多様な類人猿が繁栄を謳歌し、中新世の地球を〝猿の惑星〟と呼ぶ研究者もあるほどだ。他方で約９００万年前に至るまでの間にアフリカ大陸から大型類人猿の姿は絶えたようである。

この間にユーラシアではヒトへと至る進化の次のステップが踏み出された。類人猿の中での分岐が進み、現生の類人猿の各グループ、そしてヒト類（科）へと続くグループが姿を現したのである。

その一番手となったのが、すでに第1章に登場したラマピテクスである。ラマピテクスの最初の化石は1932年にインド北部のシワリク高地のティナウ河岸で発見された。同年にアメリカ、イェール大学のC・エドワード・スミスはこの化石生物を「ラマピテクス・ブレヴィロストリス」と名付けた。

第1章で述べたようにラマピテクスの発見によってヒトの起源論争に大きな混乱が生じた。発見されたのは下顎と上顎の一部のみだったが、当初スミスはこの化石を最初のヒト、すなわちヒトの直系の祖先で直立歩行を行う生物だと考えた。この化石に見られる突出していない吻部や小さな犬歯、厚いエナメル質をもつ歯などがヒト亜科（直立歩行する霊長類）の特徴と一致したからである。しかしこの化石が発見されたのは1200万年前（中新世中期）の地層であり、ヒトの直系の祖先としては早すぎるようにも思われた。

その後、アフリカの東北部（エチオピア、エルトリア）に棲息する典型的な狭鼻猿類であるゲラダヒヒも歯に厚いエナメル質をもち、またインドネシアのボルネオ島とスマトラ島に分布するオランウータンにも同様の特徴が見られることが指摘された。これによって、ラマピテクス＝ヒトの祖先説は少しずつ揺らぎだした。歯の厚いエナメル質は木の実や固い植物を食べる動物に並行して現れる収斂進化の結果と見られた。ラマピテクスもまた同様の適応を遂げた生物かもしれない。

この問題は1982年に解決に至った。大英自然史博物館のピーター・アンドリュースは、ラマピテクスと類人猿シヴァピテクスの化石には属を分けるほどの明確な違いはないと指摘した。シヴァピテクスは19世紀から断片的に化石が発見されていたことから、命名規約上ラマピテクスはより古い名前であるシヴァピテクスに統一すべきであるとアンドリュースは主張したのである。

実はその2年前にイェール大学のデヴィッド・ピルビームがシヴァピテクスについて重要な報告をしていた。彼はパキスタンのポットワール高地で約１２００万年前の地層から発見されたシヴァピテクスについて研究し、口蓋の形や、副鼻腔の一種である前頭洞がないこと、左右の眼の間隔が狭いことなどの点がオランウータンに類似していると指摘した。これによってシヴァピテクスはオランウータンの直接の祖先だと見られるようになった。

こうしてラマピテクス（＝シヴァピテクス）はヒトやアフリカ類人猿の直接の祖先ではなく、オランウータンの祖先とみなされることになったのである。

ドリオピテクスはヒトの遠い祖先か？

ではどんな霊長類が後のアフリカの類人猿やヒトを生み出したのか？

これについてはさまざまな考え方があるが、いまのところ多くの研究者たちはドリオピテクスを最有力候補にあげている。

ヨーロッパで絶滅した霊長類の化石が発見されたのはドリオピテクスが最初であった。

１８５６年、フランスのオートガロンヌ県サンゴードン村で約１２００万年前（中新世中期）の地層からその化石は発見された。このとき見つかったのは顎の断片と複数の歯のみだったが、フランスの古生物学者エドゥアルド・ラルテは研究の結果、この化石を新属・新種とみなし、「ドリオピテクス・フォンタニ」と名付けた（図３－９）。この属名はギリシア神話のカシの木の精〝ドリアド（ドライアド、ドリュアス）〟にちなんでいる。ドリオピテクスが発見された地層からカシの葉の化石が見つかったためである。

その後19世紀末から20世紀前半にかけてヨーロッパ全土からドリオピテクスの化石が次々に発見された。だが多くは歯や断片的な骨格で、それぞれが別な名前を与えられたため、同じドリオピテクスであることには誰も気づかず研究も進まなかった。

ドリオピテクスが注目を集めるようになったのは、１９６５年、イェール大学のアーウィン・サイモンズとデヴィッド・ピルビームがこれらの化石を再検討してからのことである。彼らは、複数の化石がすべてドリオピテクスであることを見抜き、さらにこの化石はヒトにつながる類人猿のもつきわめて重要な特徴をそなえていることを指摘したのであった。

これらの化石は１２００万年前～９００万年前（中新世中期から後期）の地層から発見されており、これまでに5種が見つかっている。体長はいずれも推定60センチメートル前後で、このドリオピテクスがヒト上科（ヒトを含む類人猿）の最初期の生物であるとされるようになった。

ドリオピテクスでもっとも注目される解剖学的な特徴は、下顎の大臼歯にとがった部分（咬頭）が5個存在することである。読者が口を開けて自分の歯をよく観察すると、大臼歯にY字型の溝があり、とがった部分が5個あることがわかるだろう（図3-10）。これはアフリカの類人猿とヒトのみがもつ特徴であり、「Y5パターン」または「ドリオピテクス・パターン」と呼ばれている。これに対してオナガザル類では大臼歯のとがった部分は4個だけである。この点からドリオピテクスはその後のヒトにつながる類人猿の最古の直系祖先と見られるようになったのである。

しかし、この見解に対して異論を唱える研究者も少なくない。たしかにドリオピテクスの眼窩の間が開いた顔面、狭い鼻、大臼歯の形状などの特徴は、アフリカ類人猿からヒトに進化する生物たちとの近縁関係をうかがわせる。しかし、頬部が平

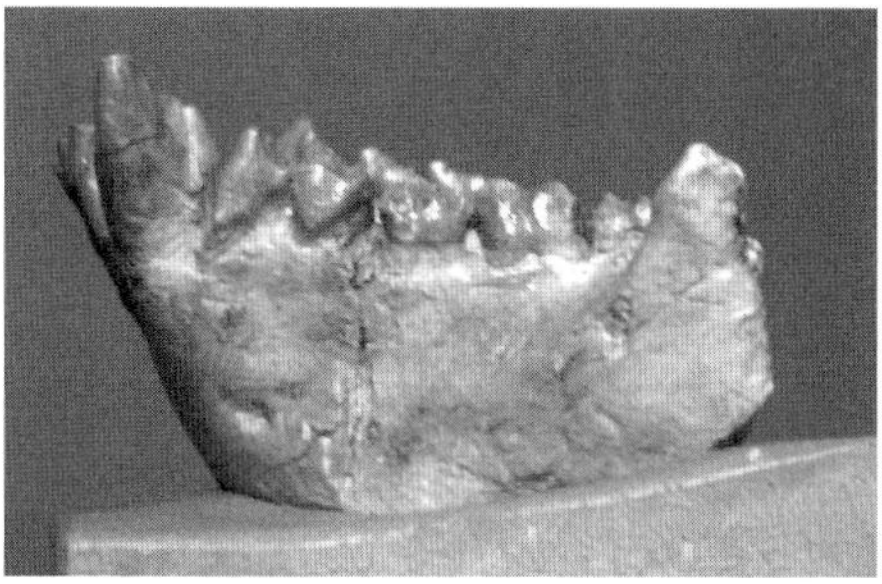

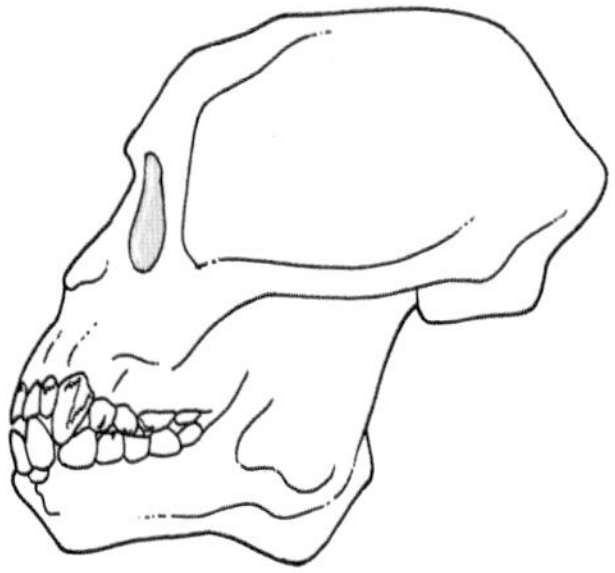

図3-9 ドリオピテクス 19世紀半ばに発見された顎の一部と歯（上）。その後見つかった頭骨にヒト科とオランウータン科両方の特徴が見られたことから、この化石の位置づけははっきりしていない。

図3-10
大臼歯のY5パターン

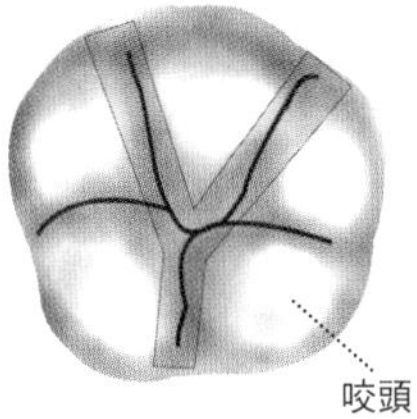

大臼歯の5個の咬頭とY字型の溝はゴリラ、チンパンジー、ボノボそれにヒトにのみ見られる特徴である。

らで正面を向いている点はシヴァピテクスからオランウータンに進化した生物たちに似ている。これまでに発見されたドリオピテクスのもっとも良好な頭骨の化石には、ヒト科とオランウータン科の特徴が入り混じっている。

そのため、ドリオピテクスをヒト科の直系の祖先と断定するのは早すぎるという意見も根強い。この立場に立つ研究者たちは、ドリオピテクスをその後系統が途絶えてしまった絶滅したグループの一部と位置づけている。そして、プロコンスル以降、最初のヒト科までの間は空白のままに置いておくのが科学的態度であるとしている。

ドリオピテクスの系統上の位置が明確になるまでには、しばらく時間がかかるかもしれない。

第4章

最初の直立者たち

アフリカの2つの化石、どれが〝最初のヒト〟か？

約９００万年前（中新世後期）にはすべての類人猿は森林の樹上で過ごしていたと考えられている。彼らは自由度の高い股関節、物を握ることのできる足、長い指で枝をつかみやすい手をもっていた。

ところが、７００万年前頃すなわち中新世末期になると、新しい移動方法をとる類人猿が出現した。彼らは樹上から地上に降り、常時あるいは生活のかなりの時間を直立2足歩行で過ごすようになった。直立2足歩行はヒトとサルを分ける最大の特徴といってよい。こうして類人猿が地上で歩き出したとき、最初のヒトが誕生したのである。

サヘラントロプスの発見

最古の2足歩行者の候補、つまり最初のヒトかもしれない生物はアフリカ中央部のチャド（図4－1右）に住んでいた。２００１年、フランスの調査隊はチャドのジュラブ砂漠北部で霊長類の頭骨を発掘した。２００２年にフランスのポワチエ大学のミシェル・ブルネらはこの化石生物を「サヘラントロプス・チャデンシス」（図4－1左）と名付けた。

サヘラン（〝サヘルの〟）の語源であるサヘルはサハラ砂漠の南に広がる半砂漠地帯を意味する

現地語である。この化石は「トゥーマイ（現地語で〝生命の希望〟の意味）」のニックネームでも知られており、日本では「トゥーマイ猿人」と呼ばれることもある。

同じ地層から発見される化石から、サヘラントロプスが生息していたのは熱帯雨林ではなく、樹木がまばらに育つ林のある開けた水辺であることがわかった。この地層からは、サバンナに住む動物た

図4-1 サヘラントロプス（トゥーマイ）

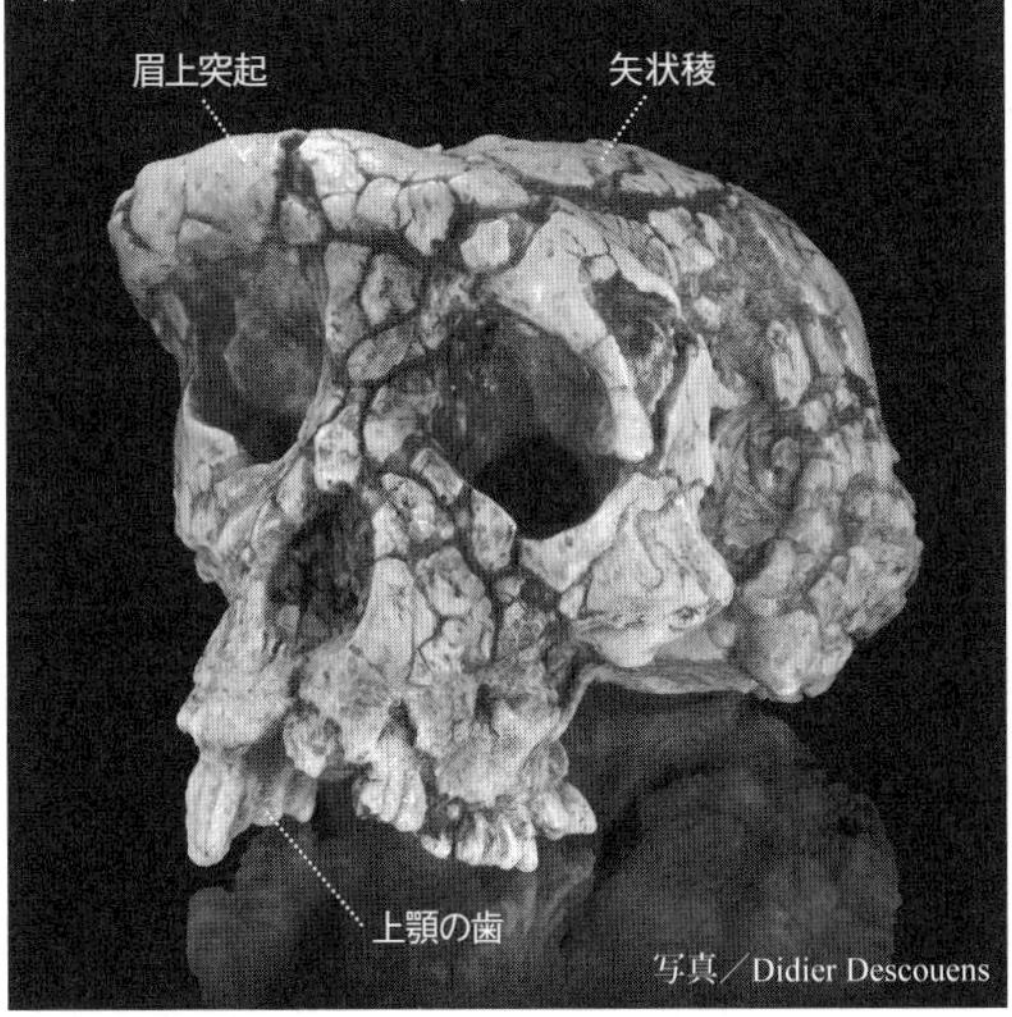

写真／Didier Descouens

2001年に発見されたサヘラントロプスは類人猿とヒトの両方の特徴をもっていた。彼らが最初の直立2足歩行者だったのだろうか？

●サヘラントロプスの特徴

1 顔面（上顎部）が前方にそれほど突出していない。

2 脳函《のうかん》（脳を収めている空間）は類人猿程度で小さい。

3 脳の底部は狭くて細長い。

4 大後頭孔《だいこうとうこう》（神経束が通る穴）が頭骨の底面中央にある。

5 顔面は上部では幅広いが中ほどになると狭くなり、下部になると前後も短い。

6 上顎の歯はU字型に並んでおり幅は狭い。

7 2つの眼窩《がんか》の間は離れ、その上に連続した厚い眉上《びじょう》突起がある。

8 矢状稜《しじょうりょう》（顎の筋肉が付着する隆起）が小さく、後方にある。

9 犬歯が小さい。

10 後頭窩《か》（後頭部の小脳が入る凹《へこ》み）が小さい。

ちの化石も出土している。

発見されたサヘラントロプスの化石は、初期人類のものとしては奇跡的と言ってよいほど完全に保存された頭骨1個のみであった。さらに２００５年、やはりブルネらによって顎骨と何本かの歯が発見されたが、胴体と腕や脚などの骨はいまのところ見つかっていない。

トゥーマイは現生のゴリラよりも頭部が小さいにもかかわらず、眉の上の隆起（眉上《びじょう》突起）がきわめて分厚く発達していた。ブルネらはこの点から見てトゥーマイは男性と推測した。というのも、類人猿の眉上突起は一般にオスでは大きくメスでは小さいという性的二型性を示すからである。

サヘラントロプスは前ページ表に示したような特徴をそなえている。

この化石の脳容積は３００立方センチメートル前後しかなく、チンパンジーと同等かより小さい。また現生の類人猿と同様、顔面に対して眼窩《がんか》が相対的に大きい。

しかしブルネは、それらの特徴の中でも大後頭孔《だいこうとうこう》が頭骨の底面にある点に注目した。大後頭孔は脳から脊髄に向かう神経の通路であり、これが頭骨の真下にあるということは、彼らが通常2本脚で直立していたことを示唆する。もしサヘラントロプスが本当に直立していたなら、彼らは類人猿ではなくもはやヒトである。

ブルネらは歯の特徴にも注目した。サヘラントロプスの臼歯は大きく、歯のエナメル質は厚いが犬歯は小さい。これらはいずれもヒトの重要な特徴である。この犬歯は下顎の第1臼歯

（小臼歯）とこすれ合い、犬歯はつねに鋭く研がれるようになっている。現生のヒト科（アフリカ類人猿＋ヒト）の中で犬歯が小さいのはヒトだけである。

眉上突起がこれほど発達したものはプロコンスル以降の霊長類には見られないが、これはサヘラントロプスの性的二型性の現れと解釈すべきだという。

彼らがヒトの祖先ではない理由？

しかし2002年、サヘラントロプスの研究が発表されるとすぐにアメリカのミシガン大学のミルフォード・ウォルポフらがブルネらの主張に異議を唱えた。

ウォルポフらによれば、犬歯が小さいのはトゥーマイがメスだからだという。たしかにトゥーマイの犬歯の長さはヒトなみに短いが幅はチンパンジー（雌雄とも）やメスのゴリラに匹敵する。さらにトゥーマイの臼歯は歯冠が低く、歯根の形態が単純という点も類人猿に近い。

ウォルポフらは眉上突起もヒトにしては大きすぎると指摘する。眉上突起の形と大きさは、メスが突起の大きいオスを選んで伴侶にするといった「性選択」のみによって進化するものではない。眉上突起は前歯にかかる力が大きいほど発達するというのである。アフリカの類人猿に見られるように、歯にかかる力は眉上突起と顎の筋肉がつく部分（後頭部の矢状稜《しじょうりょう》）の大きさと明らかに相関している。

さらに、大後頭孔が頭蓋の底部にあっても必ずしも彼らが常時直立2足歩行をしていたわけではないという。現生のチンパンジーでも、その大後頭孔は頭骨底面の中央よりやや後方に位置する。オランウータンの祖先とされるシヴァピテクスの頭骨の大後頭孔も底面中央に開いていた。

ウォルポフらはこれらを根拠に、サヘラントロプスはヒトの直系祖先ではなく、ゴリラと同様にかたい木の実を食べて生活する類人猿であり、ゴリラやチンパンジーの祖先により近いと見ている。この反論には説得力があるものの、現時点ではどちらかの陣営が正しいと判断するには化石が乏しすぎ、大多数の研究者は意見を決めかねている。

また、サヘラントロプスが最初のヒトとすると、古人類学はひとつの前提を放棄しなければならない。それはすでに触れたように、分子時計によって見積もられたヒトと類人猿の分岐年代である。最初のヒトかもしれないサヘラントロプスは約700万年前に生息していたが、分子時計ではヒトと類人猿の分岐時期は約500万年前と見積もられているのである（104ページコラム参照）。

分子時計が正しければ、700万年前に生きていたサヘラントロプスはヒトではないことになる。もしかすると直立2足歩行は生物進化の歴史上ヒトにのみ現れたものではなく、いくつもの類人猿の系統において並行して進化したのかもしれない。その場合、われわれはサヘラントロプスよりも後に直立し、たまたま運よく生き延びた類人猿の子孫ということになる。

あるいはウォルポフらの指摘が正しく、実はサヘラントロプスは直立して歩いておらず、ヒトではなかったという見方もある。

今後サヘラントロプスのより完全な骨格が発見されれば、彼らが直立2足歩行していたかどうかが明らかになるだろう。もしそれが本当に直立するヒト型の生物であれば、ヒトの起源に関するわれわれの常識はいったん白紙に戻さざるを得ない。

オロリンこそが人類の直系祖先？

サヘラントロプスと並んで大きな物議をかもしている〝ヒト〟が「オロリン」である。

この生物の化石は、ケニア西部バリンゴ県カプソミンのトゥゲン丘陵付近（図4－2右）において600万年前（中新世後期）の地層から発見された。2001年、フランスのパリ国立自然史博物館のブリジット・セニュとイヴ・コパンらはこの生物を「オ

図4-2 オロリン

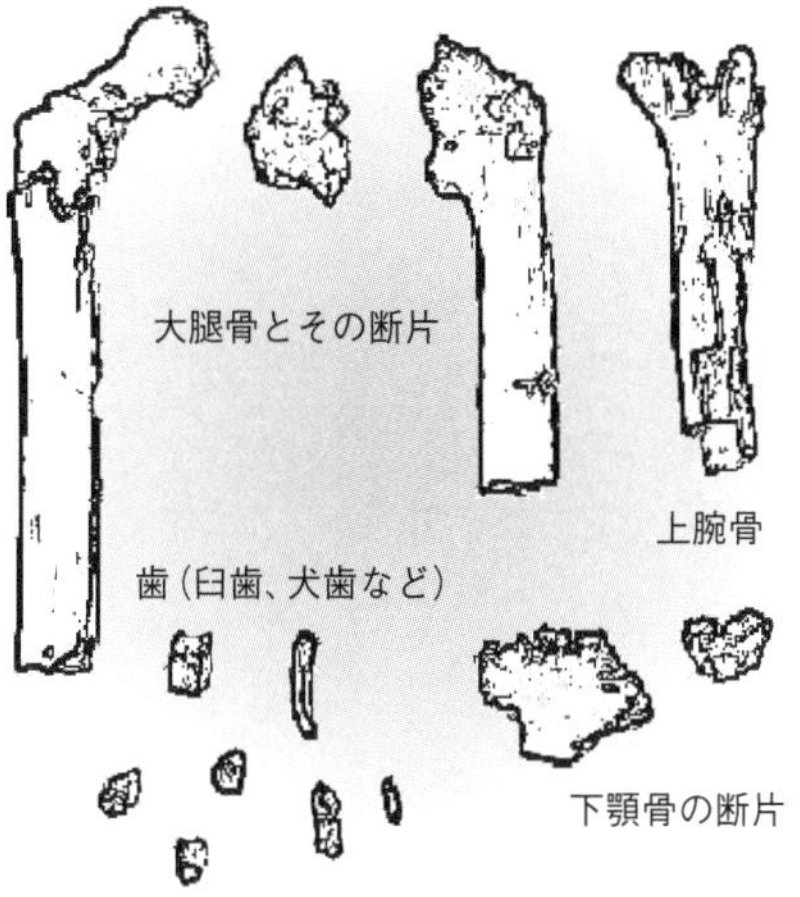

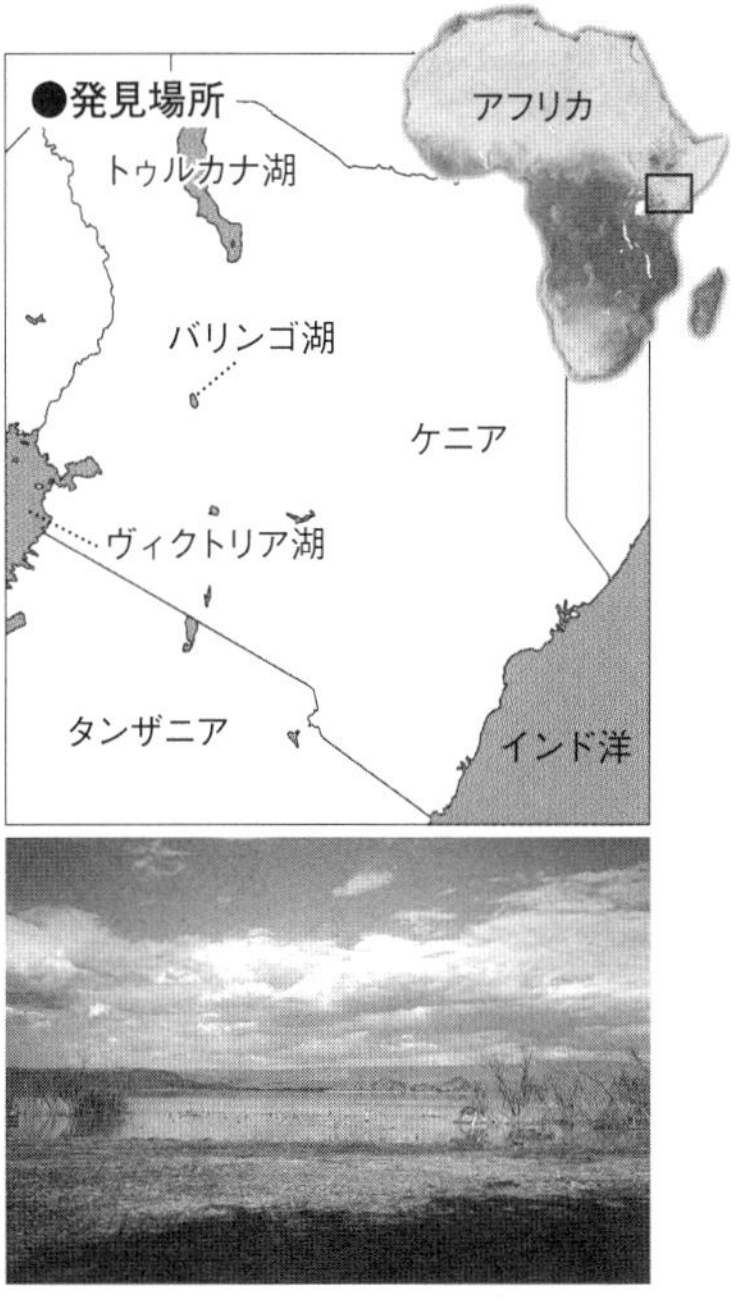

上／オロリンの大腿骨の特徴がヒトに特有のものであることから直立歩行をしていたと考えられている。　図／Lucius

右／ケニア西部バリンゴ湖（写真）近くのトゥゲン丘陵でオロリンは発見された。　写真／Doron

ロリン・トゥゲネンシス」と名付けた。オロリンは現地語で〝始原の人〟を意味し、トゥゲネンシスは発見地にちなむ。

オロリンの化石はトゥゲン丘陵一帯の4カ所の発掘地からばらばらに発見された。これまでのところ、歯のついた左右の顎骨の断片が1つずつ、不完全な大腿骨が3本、上腕骨の断片、さらに若干の指骨のみしか見つかっていない（図4－2左）。初期人類の中でもこれは化石資料としてはかなり乏しいといえる。

しかし、オロリンが直立歩行をしていたかどうかを判別するうえで貴重な手がかりとなる大腿骨が3本見つかっている。うち2本は推定体重50キログラム以下で成体にはなりきっていない個体の骨、残りの1本はより大型の成体のものと見られている。幸いなことに3本のうち2本には完全な股関節部分も残っていた。この大腿骨について研究者たちの論争が続いている。コレージュ・ド・フランスのマーティン・ピックフォード、ブリジット・セニュらは化石を調べた結果、オロリンは直立2足歩行を行っており、現生人類の直系の祖先と見られると発表した。

彼らがオロリンの大腿骨を調べたところ、骨盤との接続部に近いくびれている部分（大腿骨の頸部）が細長く、その後面すなわち臀部《でんぶ》側に溝（外閉鎖筋溝《がいへいさきんこう》）があることがわかった。これらはヒト固有の特徴で、チンパンジーなどの類人猿には見られない。大腿骨の長い頸部は直立したときに姿勢をより安定させ、その溝に直立歩行をサポートする筋肉が付着する。骨盤と接続している大腿骨頭はアウストラロピテクスより丸くて大きく、直立でもスムーズに歩行できると考えられている。

　ピックフォードらはそのほか数多くの特徴から総合的に見て、オロリンはより時代の新しいアルディピテクスやアウストラロピテクスよりも2足歩行に適応していたとしている。研究者の多くも、オロリンが完全に2足歩行していたか、少なくとも2足歩行をひんぱんに行っていたことを認めている。

　ピックフォードらは、オロリンの研究をもとに人類の新しい進化理論を提出した。そしてオロリンこそヒトの直系の祖先だと主張した。人類の祖先となる霊長類は９５０万年前（中新世後期）にケニアに生息していたサンブルピテクスであり、それはオロリンへ、そして現生人類へと進化していったというのである。

　オロリンは2足歩行に適応していただけなく、その臼歯は小さくてエナメル質が厚い。これはヒトの祖先的形質と言える。これに対して、ヒトの祖先とされてきたアルディピテクスの臼歯の特徴はむしろ彼らがチンパンジーの祖先であることを示しているとピックフォードらは主張した。

　さらに彼らは、アウストラロピテクスをひとまとめにするのは誤りだとした。大半のアウストラロピテクスは絶滅し、その子孫を生み出すことはできなかった。だが、アウストラロピテクスの一部（アファレンシスとアナメンシスの一部）はオロリンもしくはその近縁種から進化し、現生人類へと進化していったと見られる。そこで、これらを新たに「プレアントロプス（先行するヒト）」と名付けるべきだというのである。

要するにピックフォードらは、オロリンを軸にこれまでのヒトの進化系統を全面的に書き換えようとしたのであった。ピックフォードらの仮説は古人類学界に大きな波紋を呼んだ。だが、ほとんどの研究者はこれに対して否定的な見解を示した。

分子時計で見る人類の誕生時期

分子時計法とは、体の特徴ではなく、生物が共通してもつ分子（遺伝子DNAやたんぱく質など）の違いによって生物の種どうしの関係を明らかにする手法である。

共通の祖先から2つの生物種、たとえばヒトとチンパンジーが長い時間をかけて進化したとする。その間には共通祖先から受け継いだ特定のたんぱく質やその遺伝子にも変化が生じ、それが蓄積していくと考えられる。

そこで、複数の生物種が共通してもつ↘たんぱく質（チトクロームC、ヘモグロビンなど）や遺伝子を比較すれば、分子構造がどの程度違うかによって生物種どうしがどのくらい近縁にあるかを推測することができる。

また古生物学的なデータ、すなわち骨格の比較や化石の年代測定を用いて一定の時間に分子が変化する割合を突き止めれば、分子の変異の大きさを時計に見立てて、2種類の生物の系統がいつ頃分岐したかを見積もることも可能になる。このような手法で生物の進化

＊a **免疫系**　体内に外部から異物が侵入したときに体を防護するシステムで、リンパ球、単球、好塩基球など一連の白血球の連携作用からなる。

Column

の流れとその分岐年代を突き止める研究は「分子系統学」と呼ばれている。

分子系統学の始まりは20世紀初頭にさかのぼる。1901年、アメリカ出身の細菌学者ジョージ・ナトールは、「ヒトの最近縁はアフリカの類人猿」とするダーウィンの仮説を確認するための実験を試みた。

彼はウサギの免疫系[*a]を利用し、特定のサルのたんぱく質に反応する血清を作成した。この血清にヒトの血を加えると血清はヒトの血中のたんぱく質に反応して濁った。血清が濁るほどそのサルとヒトとは近縁にあたる。

ナトールは複数の種類のサルについて同じ実験をくり返し、血清の濁り方を比較した。そして、類人猿やオナガザルなどの狭鼻猿《きょうびえん》類のほうがクモザルやリスザルなどの広鼻猿《こうびえん》類よりヒトに近いという結論を得た。

ナトールの手法は個々の生物のもつたん

分子時計による霊長類の系統樹

過去数十年間に作られた霊長類の分子時計(種の分化の時代)を2001年に新しい知見をもとに修正したもの(太線は誤差を示す)。

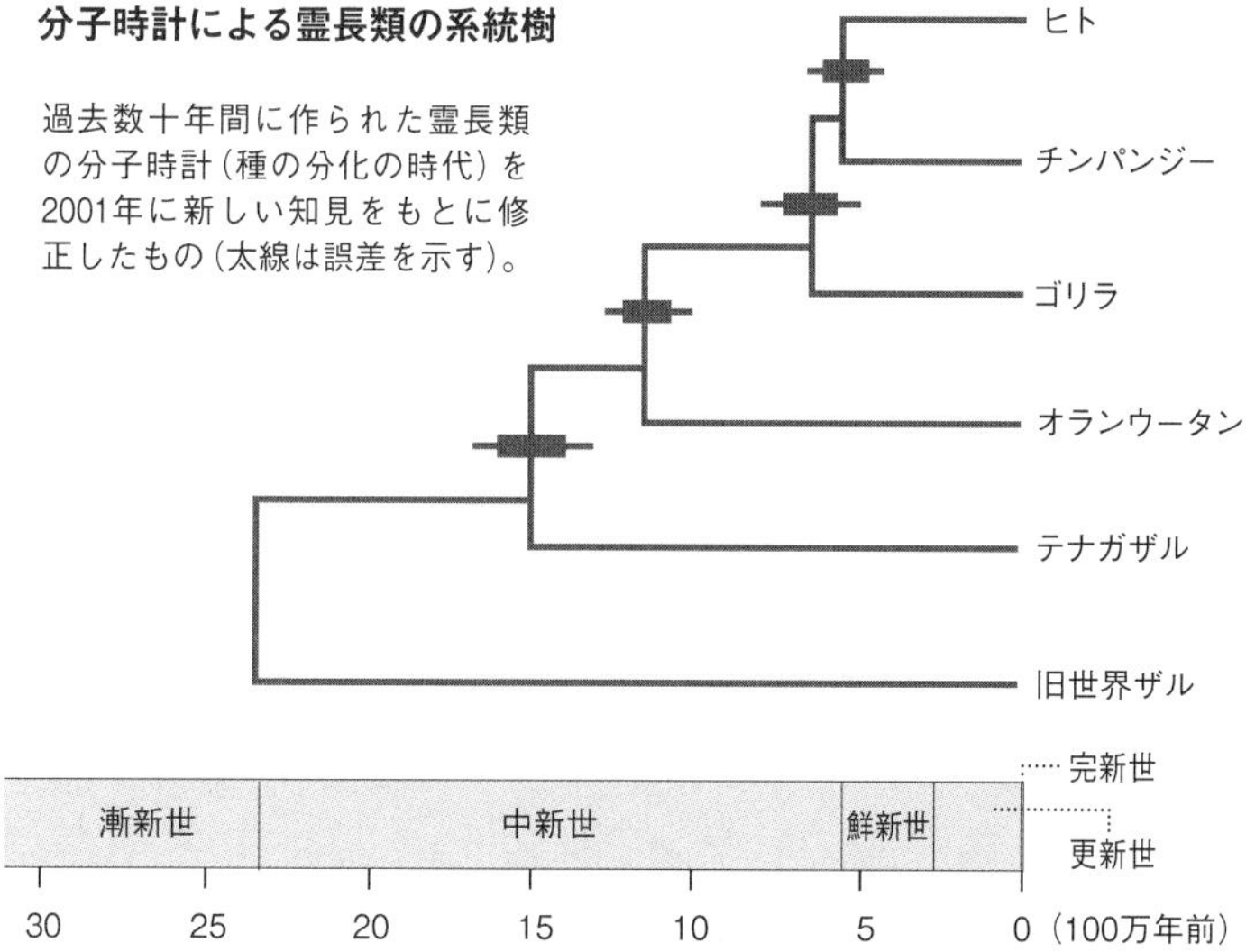

参考資料/R. L. Stauffer, et al., Journal of Heredity, Vol. 92 (2001) 469-474

Column

ぱく質の性質の違いを利用した間接的方法であった。一方1955年、アメリカのライナス・ポーリングとエミール・ツッカーカンドルが、たんぱく質や遺伝子などの分子上の変異の数は生物進化の時間的指標になると指摘した。だが1980年代後半までの遺伝子工学では遺伝子の塩基配列を解読するには膨大な時間がかかり、実際の研究はなかなか進まなかった。

1967年、アメリカのヴィンセント・サリッチとアラン・ウィルソンは、たんぱく質を用いた免疫学的手法とDNAハイブリッド形成法[*b]を併用し、チンパンジーとヒトとの分岐年代を導き出した。古生物学的な研究では狭鼻猿類と広鼻猿類は3800万〜3500万年前に分岐したとされている。しかしこの値を基準にすると、免疫学的手法でもDNAハイブリッド形成法でも、ヒトの直系祖先がオランウータンと分岐したのは1100万〜900万年前、またチンパンジーやゴリラと分岐したのはいまから500万〜400万年前とする結果が出た。

当時は1000万年以上前に生きていたラマピテクスが人類の直系の祖先とされていた。そのためウィルソンらの推定値はあまりにも小さいとして大きな議論が巻き起こった。だが、その後の遺伝子工学の進歩によって新たに求められた分子時計による分岐年代も、サリッチとウィルソンの出した値とそれほど違いがなかった。

現在、分子生物学の研究者たちは、チンパンジーとヒトの分岐は最大限さかのぼっても600万〜550万年前とする見方でほぼ一致している。

＊b DNAハイブリッド形成法　さまざまな生物から集めた遺伝子のDNAの一重らせんどうしを組み合わせたハイブリッドDNAを作り、その熱的安定性を測ることで系統的な距離を求める方法。

4-2
最初の直立者たち

「アルディピテクス」こそが最初の人類？

100年に1回の発見

サヘラントロプスおよびオロリンについては現在（2010年）もなお進化上の位置づけについての議論が続いているが、これらをヒトの直系祖先と認める研究者のほうがむしろ少ない。

では多くの研究者がいまの段階で最初のヒトと見ているのはどの種なのか――それは、約440万年前（鮮新世前期）に生きていたと見られる「アルディピテクス」である。

1992年、東京大学の諏訪元はカリフォルニア大学バークレー校のティム・ホワイトを中心とする国際研究グループに加わり、エチオピア中央部のアファール低地を流れるアワシュ川の中流域（ミドルアワシュ。図4－3）を訪れていた。

12月17日、研究グループのひとりが露出した古い地層でサルの化石を見つけたため、諏訪がそこに近づいていくと1本の臼歯が

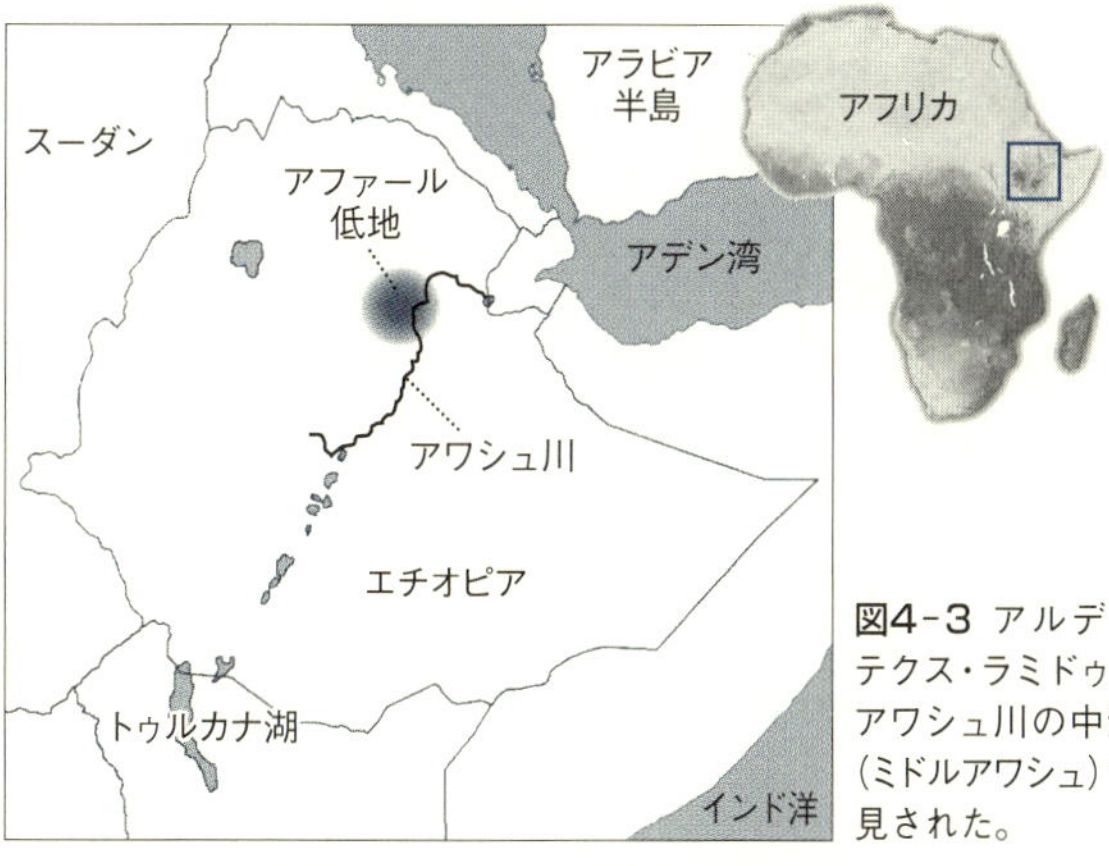

図4-3 アルディピテクス・ラミドゥスはアワシュ川の中流域（ミドルアワシュ）で発見された。

目に入った。諏訪はすぐに、それがヒトに近い生物の臼歯だと確信した。そして研究グループはその周囲の発掘を開始した。

このとき見つかったのは子どものものと思われる右の上顎の断片、数本の歯、上腕骨の断片など10点だけであった。アメリカ科学振興協会によるティム・ホワイトのインタビューによれば、それは野球帽ひとつに収まるくらい少なかったという。翌年の発掘でさらにもう7点が追加された。

発掘現場はそれまでで最古の初期人類アウストラロピテクス・アファレンシスが発見された場所に近い。新たに発見された化石はアファレンシスからいっきに１００万年も時代をさかのぼるものの、アウストラロピテクス属のより原始的な種と考えられた。

そこで１９９４年、ティム・ホワイトらはこの化石を「アウストラロピテクス・ラミドゥス」と名付けた。ラミドは現地語で〝根〟を意味する。ラミドゥスは当時としては最古のヒトの化石と推測されたため、諏訪はひそかに、これは１００年に1回か2回しかない発見だと考えたという。だがそれからすぐにオロリン、サヘラントロプスと次々に大きな発見が続き、アフリカは化石発掘ラッシュとなった。

その後さらにラミドゥスの化石が収集されると、ラミドゥスにはアウストラロピテクスとは異なる点が多いことが明らかになった。そのため１９９５年にはホワイトらはこの生物を新しい属とみなし、改めて「アルディピテクス・ラミドゥス」と名付け直した。属名のアルディは現地語で〝地面〟の意味である。

アルディピテクスがアウストラロピテクス属として発表されたときには、111ページの表のような特徴が指摘された。

メスの「アルディ」の発見でわかったこと

1994年、同じミドルアワシュ地域で前出のティム・ホワイトらの国際研究グループがアルディピテクスの手の骨を発見した。周囲の発掘を進めると、骨格の一部とともに砕けた細かい骨も多数埋まっていることがわかった。

彼らは、砕けた化石をいったん石膏で包んで2年がかりで発掘し、さらに長い時間をかけてクリーニングと復元作業を行った。足りない部分を求めてふたたび発掘現場に戻ることもあった。

最終的には、砕けてはいたがほぼ完全に顔の右半分が残った頭骨と歯、左右の腕の肘から先（上腕骨と左の尺骨《しゃっこつ》を欠く）、仙椎を除く骨盤の左半分と右側の一部、右大腿骨のシャフト部分と膝から下、左足の中足骨から先の部分が発見された。

脊椎は2個のみ発見され、肩帯、肋骨は見つかっていない。しかし骨格の大部分については体の左右どちらかの骨が発見されているため、これだけでも相当にそろった全身骨格の復元が可能であった（図4-5）。化石はメスと見られ、「アルディ」という名が与えられた。ラミドゥ

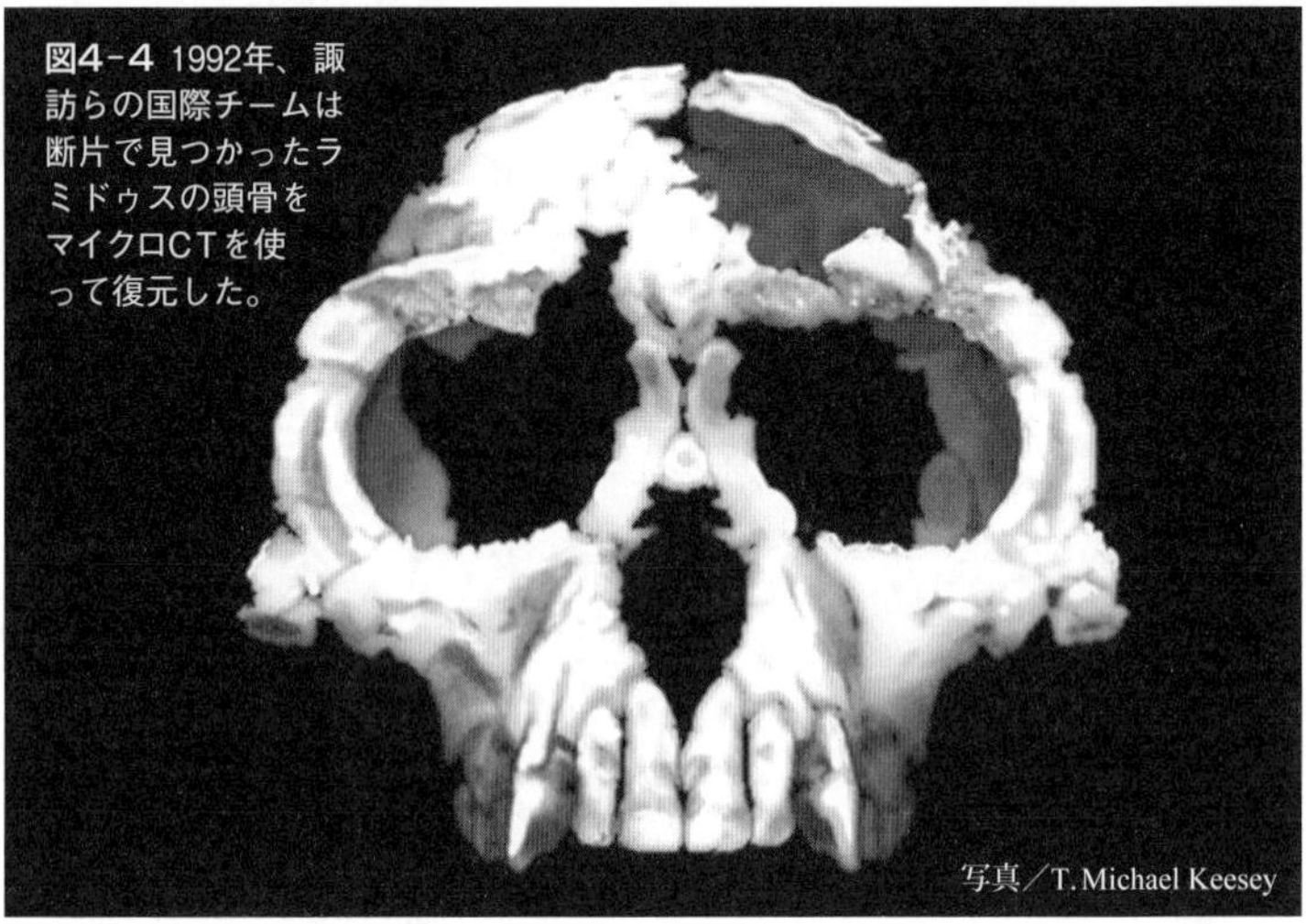

図4-4 1992年、諏訪らの国際チームは断片で見つかったラミドゥスの頭骨をマイクロCTを使って復元した。

写真／T. Michael Keesey

スの化石はアルディを含めて少なくとも36体が発見されており、初期人類の中でも研究が進んでいる種となっている。

アルディピテクスの犬歯は小さくてとがっておらず、とりわけアルディの犬歯はこれまでに発見されたアルディピテクスの21本の犬歯の中でもっとも小さい。アルディの推定される身長は１２０センチメートル、体重は50キログラムであり、脳容積は最大で５００立方センチメートル前後と見積もられた。

アルディの体には、樹上生活者の特徴と地上生活者の特徴が複雑に入り交じっている。たとえば腕が非常に長い。脛骨《けいこつ》（膝から足首までの骨）に対する橈骨《とうこつ》（手首から肘までの骨）の長さの比は０・９５に達する。これはアカゲザルやプロコンスルに匹敵し、枝の上を4足で歩くのに適しているとされている。

図4-5 アルディピテクス・ラミドゥス

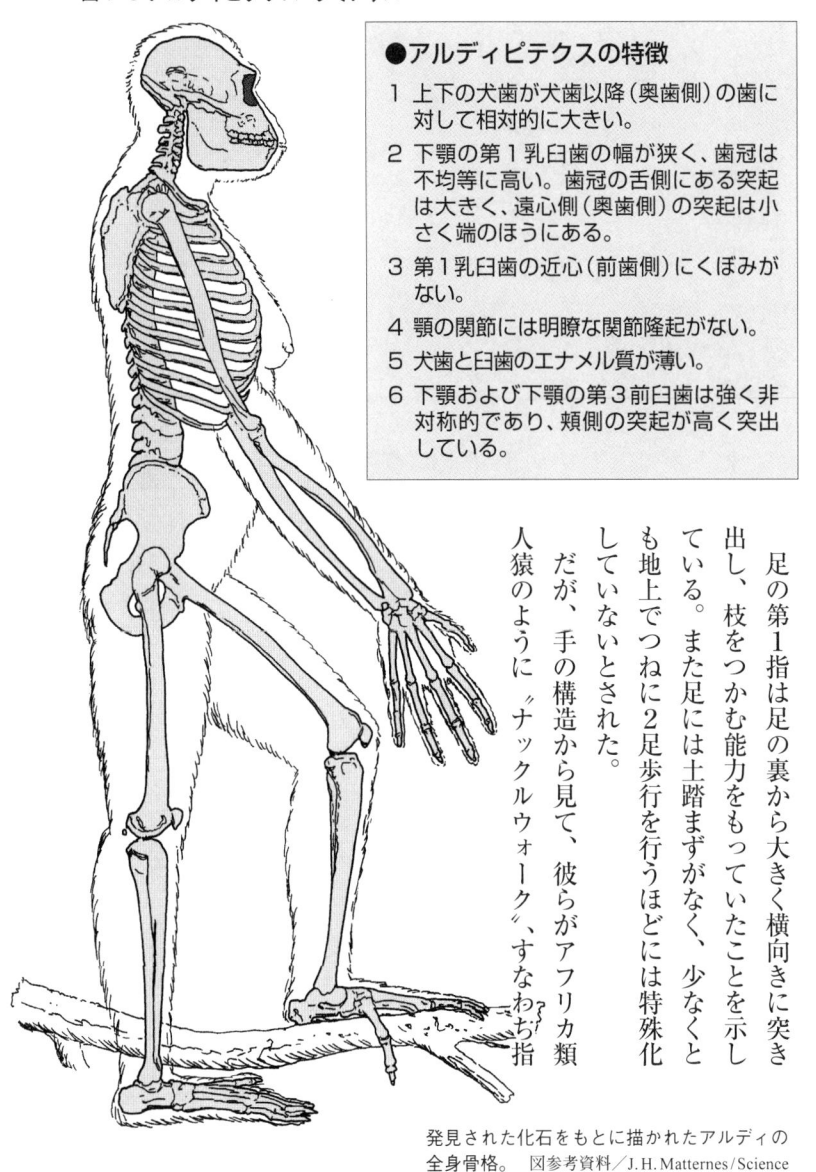

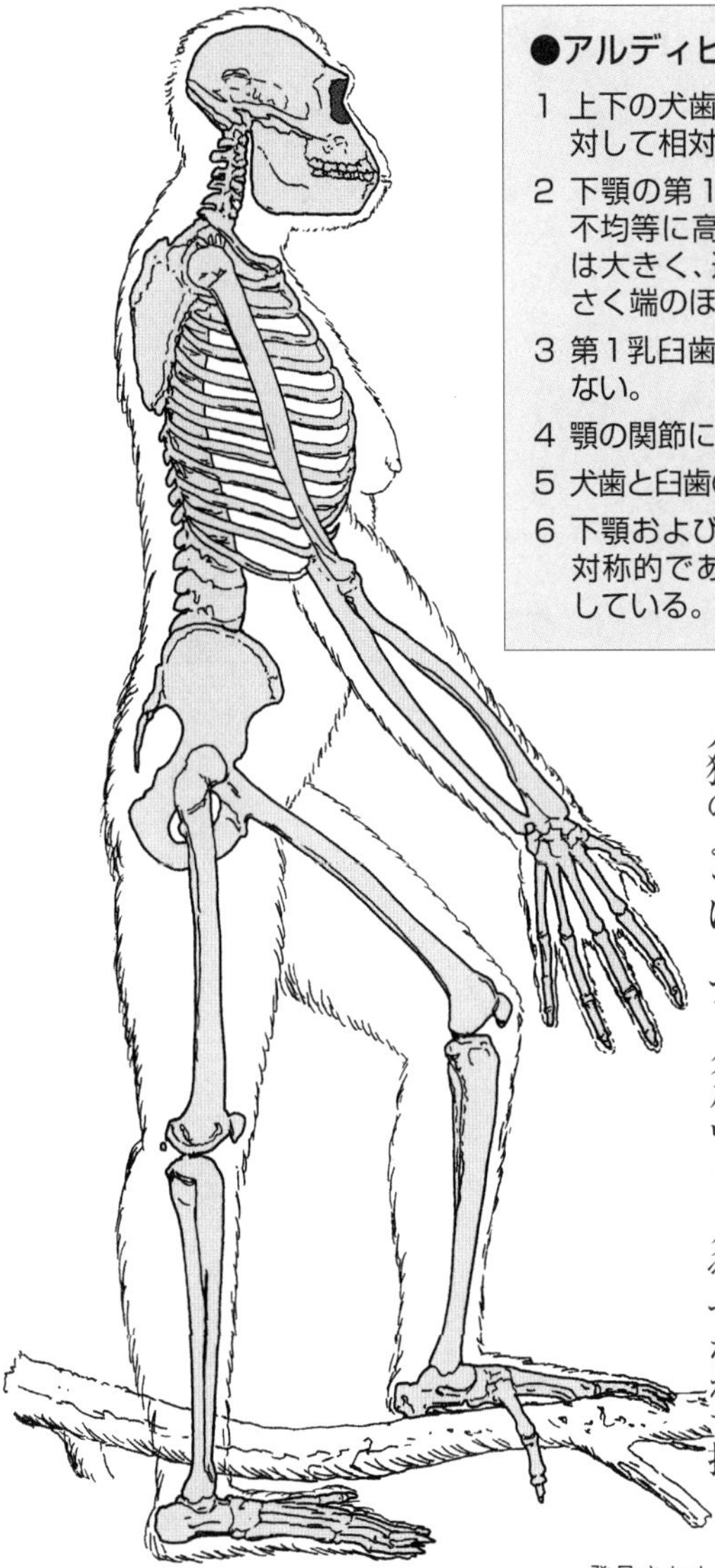

●アルディピテクスの特徴

1 上下の犬歯が犬歯以降（奥歯側）の歯に対して相対的に大きい。

2 下顎の第1乳臼歯の幅が狭く、歯冠は不均等に高い。歯冠の舌側にある突起は大きく、遠心側（奥歯側）の突起は小さく端のほうにある。

3 第1乳臼歯の近心（前歯側）にくぼみがない。

4 顎の関節には明瞭な関節隆起がない。

5 犬歯と臼歯のエナメル質が薄い。

6 下顎および下顎の第3前臼歯は強く非対称的であり、頬側の突起が高く突出している。

発見された化石をもとに描かれたアルディの全身骨格。 図参考資料／J. H. Matternes／Science

足の第1指は足の裏から大きく横向きに突き出し、枝をつかむ能力をもっていたことを示している。また足には土踏まずがなく、少なくとも地上でつねに2足歩行を行うほどには特殊化していないとされた。

だが、手の構造から見て、彼らがアフリカ類人猿のように〝ナックルウォーク〟、すなわち指を軽く握り、指関節の外側を地面につけて歩くといった4足歩行を行っていたとは考えられないという。また彼らの骨盤は大腿骨と接続している部分（寛骨臼《かんこつきゅう》）から上が短い。これはヒトとその直系祖先（ヒト亜科）に共通する特徴であり、直立歩行への典型的な適応とされている。

ミドルアワシュはアフリカ大陸東部を南北に走る大地溝帯（後述）の中に位置するが、同じ地層から発見される他の生物の化石から見て、アルディが熱帯雨林の中に生息していたことは間違いないと見られている。とすれば、ヒトは森林生活時代にすでに直立2足歩行を始めていたことになる。

なおミドルアワシュでは１９９７年にラミドゥスよりさらに古い５８０万年前（中新世末期）の地層から「アルディピテクス・カダバ」も発見されている。

アルディピテクスを現生人類の直系の祖先とみなす意見には異論もある。現在では、ヒトにつながる生物が類人猿と分岐する時代には類人猿とヒトの特徴が混在した生物が複数生きていたと考えられるようになった。その中でアルディピテクスがヒトに続く系統上に存在したという証拠はいまのところない。ホワイトや諏訪らも、これまでの分析から見るかぎりアルディピテクスはアウストラロピテクスの姉妹群ではあり得ても直系の祖先ではないという結論を出している。

しかし、少なくともアルディの発見によって、直立し始めた霊長類がどのような生物であったかについては答えが出たのである。

4-3
最初の直立者たち

イーストサイド物語とは何か?

ヒトはなぜ直立2足歩行を始めたか?

では、ここで少々話を本質的な部分に立ち戻らせてみよう。そもそもわれわれ人間の祖先はなぜ立ち上がって歩くようになったのだろうか?

それまで類人猿は長い間樹上生活を送っていた。だがあるとき彼らの一部がどのような理由からか危険な地上に下りて生活し始めた。彼らは直立2足歩行という動物の世界ではほとんど類を見ない奇妙な移動方法を採用し、結果として体の構造までが変化していった。いったいなぜ地上を後肢すなわち2本の足で立ち上がって歩く必要があったのか? この問題は長年にわたりヒトの進化における最大の謎のひとつとされてきた。

この問題に対して最初に多くの研究者の賛同を集める仮説を提唱したのは、フランスの古生物学者イヴ・コパンであった。コパンはオロリンを研究したひとりでもある。

1981年、コパンは当時知られていた最古の直立歩行者アウストラロピテクス・アファレンシスやその子孫の化石が、いずれも地理的にごく限られたアフリカの東側(エチオピア、ケニア東部、タンザニア東部など)で集中的に発見されていることに注目した。

これらの化石産地はすべて、「アフリカ大地溝帯（グレート・リフトバレー）」の内部ないしは東側にある。アフリカ大地溝帯とは地球の地殻の巨大な裂け目であり、全長7000キロメートル、最大幅100キロメートルと陸地上では最大の谷である。それは構造的には紅海も含み、エチオピア北岸で南へ折れ、ケニア、タンザニアを通ってさらに南へと抜けていく（図4-6）。大地のこの裂け目は地球内部の巨大なマントルの上昇流「アフリカ・スーパープルーム」がアフリカ大陸に作用して生じたとされており、現在も少しずつ幅が広がっている。大地溝帯がこのまま成長するなら、いずれここには海水が侵入し、地溝帯の東側は孤立した島になると考えられている。

1000万〜800万年ほど前（中新世後期）まで、アフリカ大陸の赤道部は一面に続く熱帯雨林におおわれ、狭鼻猿類や類人猿にとって天国のような生活環境だった。ところが、スーパープルームの活動がこの頃から活発化し始めた。そして、大陸東部を南北に走る巨大な谷（大地溝帯）とその西側をふさぐ山脈が形成されていった。

大地溝帯によって西側と分断された東側の気候はしだいに、しかし大きく変化することになった。西側では熱帯雨林がそのまま保存されたが、東側では大気の循環サイクルが変わって乾燥化が進み、森林が消滅して、開けたサバンナが出現したのである。

そこに生きる動物たちも徐々に様変わりし、おもにサバンナに適応した動物たちが生息するようになった。大地溝帯およびその東側では、約800万年前の地層から樹上性の類人猿や森

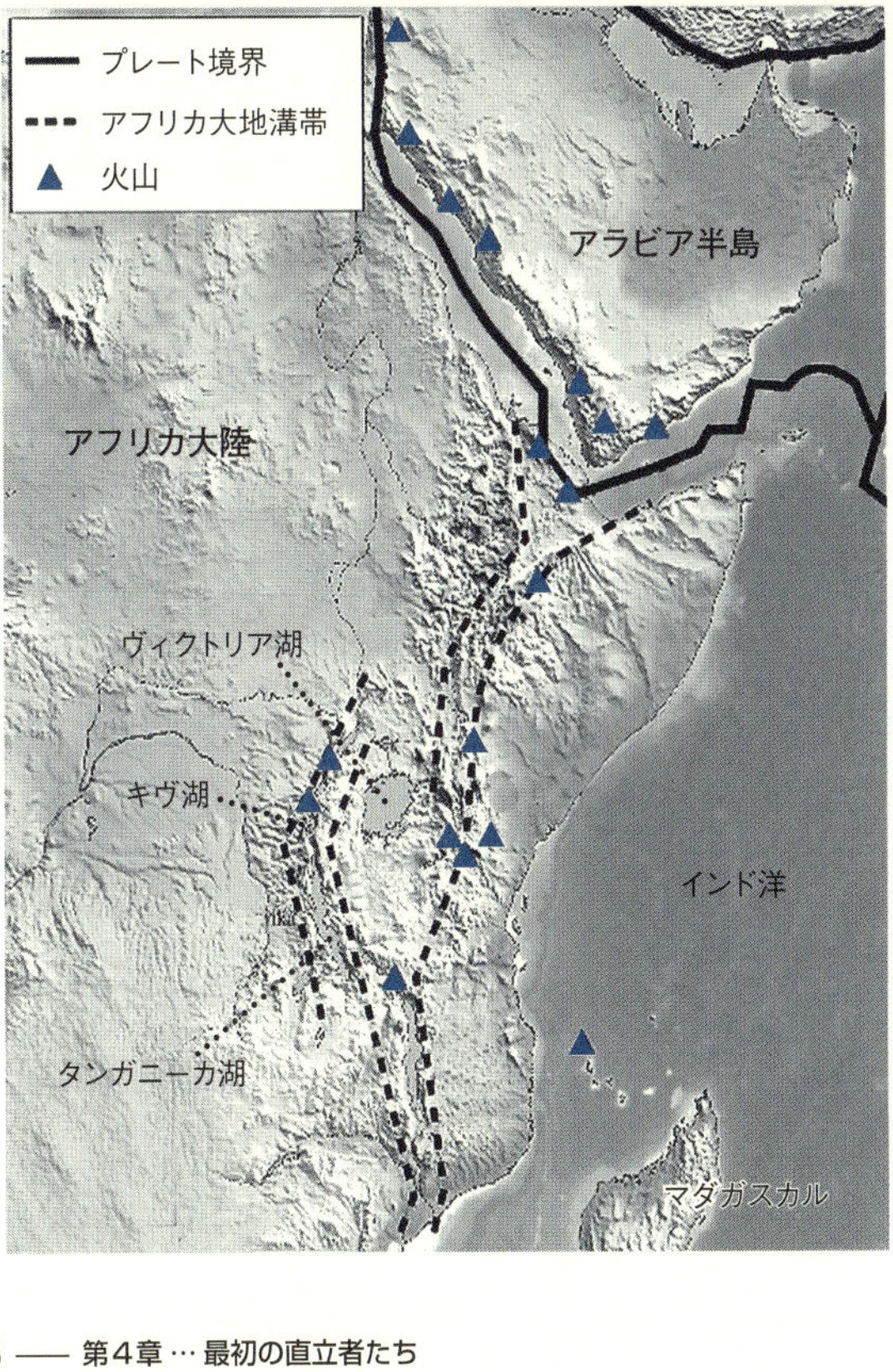

図4-6 アフリカ大地溝帯 アフリカ大陸の東部を縦断する広大な大峡谷「大地溝帯(グレート・リフトバレー)」。この一帯で多くのヒトの祖先の化石が発見されている。写真/Clem23 図/NASA

林性のゾウの仲間（長鼻《ちょうび》類ゴンフォテリウム）などの化石が見つかっている。草原性の動物は相対的に少なかったが、６００万年前（中新世後期）になると、地表の植物を食べるシロサイ、イノシシ類のニャンザコエルス、ハイエナ類、ネコ科の大型捕食者マカイロドゥス、ガゼル類などが増え、環境の変化が見てとれる。そしてこのような環境の中でアウストラロピテクスは進化し、直立歩行へと移行していったのである。

　そこでコパンはこのように考えた。大地溝帯が形成されると、その東側にはアフリカ類人猿の一部が取り残されたはずだ。彼らはしだいに乾燥化して森林が消滅していく環境の中でいやおうなく森を出て、サバンナでの生き方に適応していかざるを得なかった。しかしサバンナは草におおわれており、それまでのような4足歩行（チンパンジーやゴリラはナックルウォークで4足歩行を行う。図4-7）では、草に隠れて忍び寄る捕食者を見つけることができない。そのため彼らは後脚だけで立ち上がり、周囲を見渡して警戒しながら移動することを強いられた。いったん後脚で立つと、ヒトの祖先となる生物は両手が自由に使えるようになった。これが道具の使用をうながし、道具を使うことによって脳が刺激されて発達していった。こうしてヒトは加速度的に進化していった――コパンはこのような仮説を提唱したのである。そしてヒトがアフリカ東部で進化したとするこの仮説は、有名なミュージカル「ウエストサイド物語」をもじって〝イーストサイド物語〟とも呼ばれるようになった。

　この仮説は、少なくとも１９９０年代までは発見された化石の地理的・時間的な分布とも矛盾がなく、合理的とみなされた。そのため、ヒトの直立歩行の起源に関する定説として広く一般にも知られるようになっていた。

ところが、前述したようにエチオピアで４４０万年前の地層からアルディピテクス・ラミドゥスの化石が発見されると、にわかにイーストサイド物語の信憑性はゆらぎ始めた。アルディピテクスは直立２足歩行していたと見られたが、同じ地層から発見された動物の化石は、彼らが森林で生きていたらしいことを示していたためだ。

さらに、より古い時代に生きていた前記のオロリンも同様に森林生活者であることがわかった。こうしてイーストサイド物語の根拠が失われていったのである。さらに、やはり直立２足歩行していた可能性をもつサヘラントロプスが大地溝帯からはるか西に２５００キロメートルも離れたチャドで発見された（ただしこの生物は開けた水辺に住んでいた）。

こうしたことから、古生物学者たちはイーストサイド物語をいったん捨てて、いま新しい仮説を考案し始めているのである。

伴侶を得るための戦術

現在では多くの研究者が、生息環境がサバンナに変わったことはヒトの直立にとってそれほど重要な要因ではなかったと見ている。つまり、イーストサイド物語はもはや通用しない。かといって、これまでの広範囲の発見を矛盾なく説明する仮説もいまのところ見当たらない。

イーストサイド物語が一世を風靡する以前には、類人猿が行う腕を使った枝渡り（ブラキエーション）が直立歩行の起源ではないかと考えられたこともあった。テナガザルのように腕だけで枝から枝を渡っていけば、体は垂直に下向きにぶら下がる。この姿勢をそのまま地面に置けば直立した姿勢となるからである。

　とはいえ、直立歩行が枝渡りより有利でなければ、直立歩行を推し進める正の選択圧がはたらくことはなく、直立したとしてもそれは一瞬の出来事にすぎないだろう。そもそもアルディピテクスは腕こそ比較的長いものの、その手には枝渡りに有利な構造は何も見られない。

　となると、まったく視点を変えたほうがいいかもしれない。アルディピテクスの歯はエナメル質が薄いことから、かたい植物や木の実を主食にしていたのではなく、雑食性で柔らかい果実や動物質の餌も食べていたと見られている。彼らはおもに森林で暮らしながらも、より広い範囲へ、つまりサバンナや水辺などへ積極的に出ていってさまざまな餌を探す開拓者型の食性をもっていたと推測されている。

　そこで最近、イギリスのケント州立大学の人類学者Ｃ・オーウェン・ラブジョイが１９８１年に最初に提唱した次のような仮説が注目されている。

　イーストサイド物語の登場とほぼ同時期に発表されたラブジョイの説では、ヒトの祖先は環境の変化によってやむなくサバンナへ出ていったのではない。彼らは餌を求めて積極的に新たな環境へ進出したのであり、これは伴侶を探すオスがメスのもとに餌を運ぶ習性をもっていたためだという。

このときオスの中に、より多くの餌を運ぶため前脚を自由にして後脚だけで歩くものが現れた。このような特質をもつオスは他のオスよりメスを獲得しやすく、より多くの子孫を残したであろう。そしてこれが正の選択圧となり、ヒトの祖先では直立歩行が一般的になったというのである。実際、前脚で物をもち後脚だけで歩く行動は現生のチンパンジーの仲間であるボノボ（図4－8）でも確認されている。

またラブジョイは、アルディピテクスの犬歯が小さいのは、伴侶を得る競争がオスどうしの闘争ではなく餌によってメスの関心を得る方向に変化した証拠だとしている。

この仮説は一時期、イーストサイド物語に押されて姿を消していた。しかし、オロリンやサ

図4-7 ナックルウォーク 前肢（前脚）のこぶしで体を支えて移動する“ナックルウォーク”から２足歩行になったのはなぜか。
写真／Cburnett

図4-8 食べ物をもち歩くボノボ。
写真／Aaron Logan

ヘラントロプスの登場以降、ふたたび表舞台で真剣な検討の対象となっている。

とはいえこれはあくまでもアルディピテクスの生態に関するひとつの復元モデルにすぎず、化石などの物的証拠を得られる仮説ではない。ヒトの祖先がなぜ直立したのかはいまのところ謎に包まれたままである。

第5章

アウストラロピテクスの系譜

5-1 アウストラロピテクスの系譜

姿を現した〝華奢な〟直系祖先 アウストラロピテクス

偶然が作り出した〝タウング・ベイビー〟の脳

前章で見たアルディピテクスはおそらく地上と樹上を行ったりきたりして生活していた。もし彼らが2本脚で歩いた地上の痕跡だけが見つかったのなら、たいていの古生物学者はボノボのようなサルがたまたま地上で短距離だけ立ち上がって歩いた足跡と考えるだろう。アルディピテクスの足は親指が他の指と向き合って物をつかめるようになっており、足跡だけから判断すればふだんは樹上で生活していたように思えるからである。

だがアウストラロピテクスはつねに地上で生活し、体の構造も直立2足歩行に特殊化した最初の霊長類である。もしヒトとサルの境界線を直立歩行の一点にのみ求めるなら、最初のヒトはいまなおアウストラロピテクスであり、さらに細かくいえばアウストラロピテクス・アファレンシスということになる。

アウストラロピテクスが研究者の世界にはじめて登場したのは１９２４年であった。この年、南アフリカのキンバリー近郊タウングにおいて石灰岩の石切り場から霊長類の頭骨の化石が発見された。ヨハネスバーグにあるウィットウォーターズランド大学の解剖学教授レイモンド・

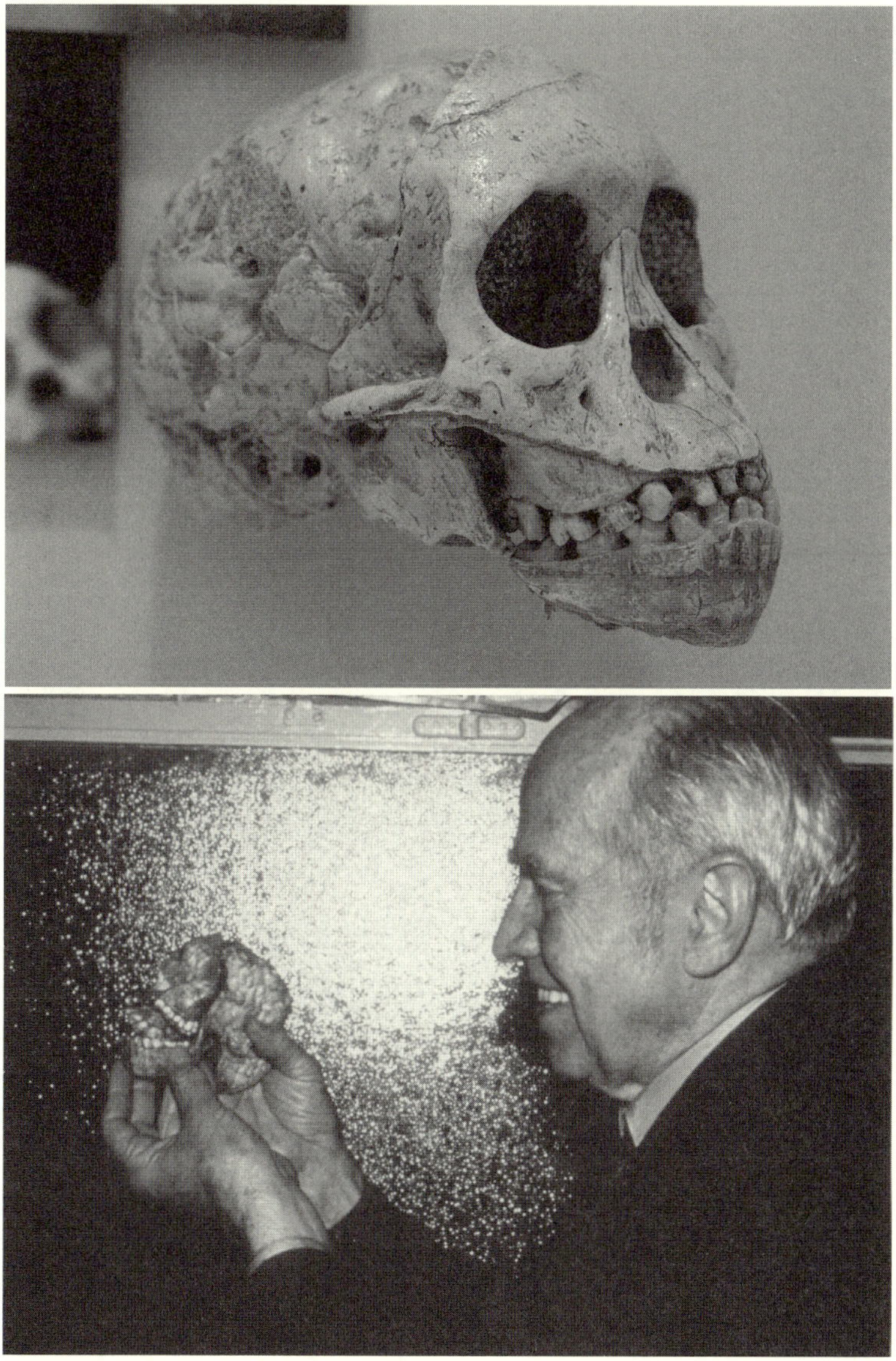

図5-1 上／“タウング・ベイビー”の名で知られるアウストラロピテクス・アフリカヌスの幼児の頭骨。下／タウング・ベイビーを手にする発見者レイモンド・ダート。この化石は人類アフリカ起源説を後押しする重要な発見となった。

上撮影／金子隆一/Transvaal Museum　下写真／Friedemann Schrenk/矢沢サイエンスオフィス

ダート（図5－1下）はこの化石生物をヒトの祖先と考え、「アウストラロピテクス・アフリカヌス」と名付けた。

当時、進化論はまだ一般社会には浸透しておらず、神が生物を創造したとする見方が一般的であったため、新しく見つかった化石生物をヒトの直系の祖先とするダートのもとには多くの非難の手紙が集まった。人類がアフリカで誕生したとする見方は当時の学界でも主流ではなく、研究者たちもこの発見に対して冷淡であった。化石の価値が見直されるまでにはそれから20年以上の歳月を要したのである。

〝タウング・チャイルド〟と呼ばれるこの化石は、顔面と顎が完全な形で残されていた（図5－1上）。その歯の特徴から当初は7歳くらいの子どもと考えられたが、後に推定年齢が3歳に修正されてタウング・ベイビーとも呼ばれるようになった。眼窩《がんか》の傷から見て、子どもはワシに襲われて食べられたと考えられた。近くに残っていた卵の殻やネズミ類やトカゲなどの骨の断片もワシが食べた痕跡と見られ、この推測を裏付けた。

タウング・ベイビーの化石には頭蓋が欠けていたが、頭蓋の内部に流れ込んだ砂が固まって成型され、天然の脳の雄型《おがた》が形成されていた。この脳の形は現生のヒトのものによく似ていた。

ダートはさらに、脳から脊髄への神経の通路となる穴（大後頭孔《だいこうとうこう》）が頭蓋の底部の中央寄りに開いていることに注目した。これは、（第4章でも述べたように）この化石の生物が2本脚で直立して歩いたことを示唆している。また犬歯も他の類人猿に比べて小型であった。ダートはこれらのことから、タウング・ベイビーはヒトの直系の祖先と考えたのである。

脳が小さすぎる?

しかし当時の古生物学者は、タウング・ベイビーの脳容積は相対的に小さすぎると考えた。というのも彼らは、ヒトの進化の歴史においてはまず脳の巨大化が先行し、それからサル的な要素が消えていったと見ていたからである。

折しもこの頃、人類学の世界では「ピルトダウン人」なる化石が学界を騒がせていた。これは１９０９～11年にかけ、イギリスのイースト・サセックス州ピルトダウンにおいて石器とともに発見された初期のヒトのものと言われた頭蓋と顎の化石であった。この化石は頭蓋が現代人のように丸くて大きかったが、顎だけは類人猿のように原始的だった。このような特徴からピルトダウン人には一時「エオアントロプス（曙人）」なる学名も与えられた。

だが実は、ピルトダウン人の化石は、現代人の頭蓋にオランウータンの顎を組み合わせて作った真っ赤な偽物であった。顎に並ぶ歯には加工が施され、ヒトのように見せかけられていた。研究者の中には頭蓋と顎はそれぞれ別の生物のものと指摘するものもいたが、当時の研究者の大半はこの化石が本物と信じていた。

このピルトダウン人の呪縛にとらわれた研究者たちの多くは、脳の小さいアウストラロピテクスをヒトの祖先として認めることができなくなった。たとえばピルトダウン人の存在を認めていたイギリス人類学界の大御所サー・アーサー・キースらは、タウング・チャイルドはまだ成体の特徴が強く現れていない霊長類、おそらくはゴリラの幼児だと推測した。

だが１９３０～40年代にかけ、前記のレイモンド・ダートと彼の協力者ロバート・ブルームはさらにアフリカヌスの２つの個体の化石を入手した。また１９３８年にはスタークフォンテン（図５－２）で新たに発見された頭骨の脳の模型を調べ、その容積は４８５立方センチメートルとごく小さいことを明らかにした。

そして、１９４７年に同じくスタークフォンテンで発見された頭骨は、明らかに成人のものでありながら脳容積はやはり５００立方センチメートル弱しかなかった。この化石は当初中年女性のものと考えられ、〝ミセス・プレス〟と呼ばれたが、後に男性のものと考えられるように

図5-2 スタークフォンテン洞窟　南アフリカ最大の都市ヨハネスバーグの北50キロにあるスタークフォンテン、スワートクランズ、クロムドライ周辺地域は、人類化石が多数発見されている遺跡群である。写真はこの洞窟の入り口。

写真／Anrie

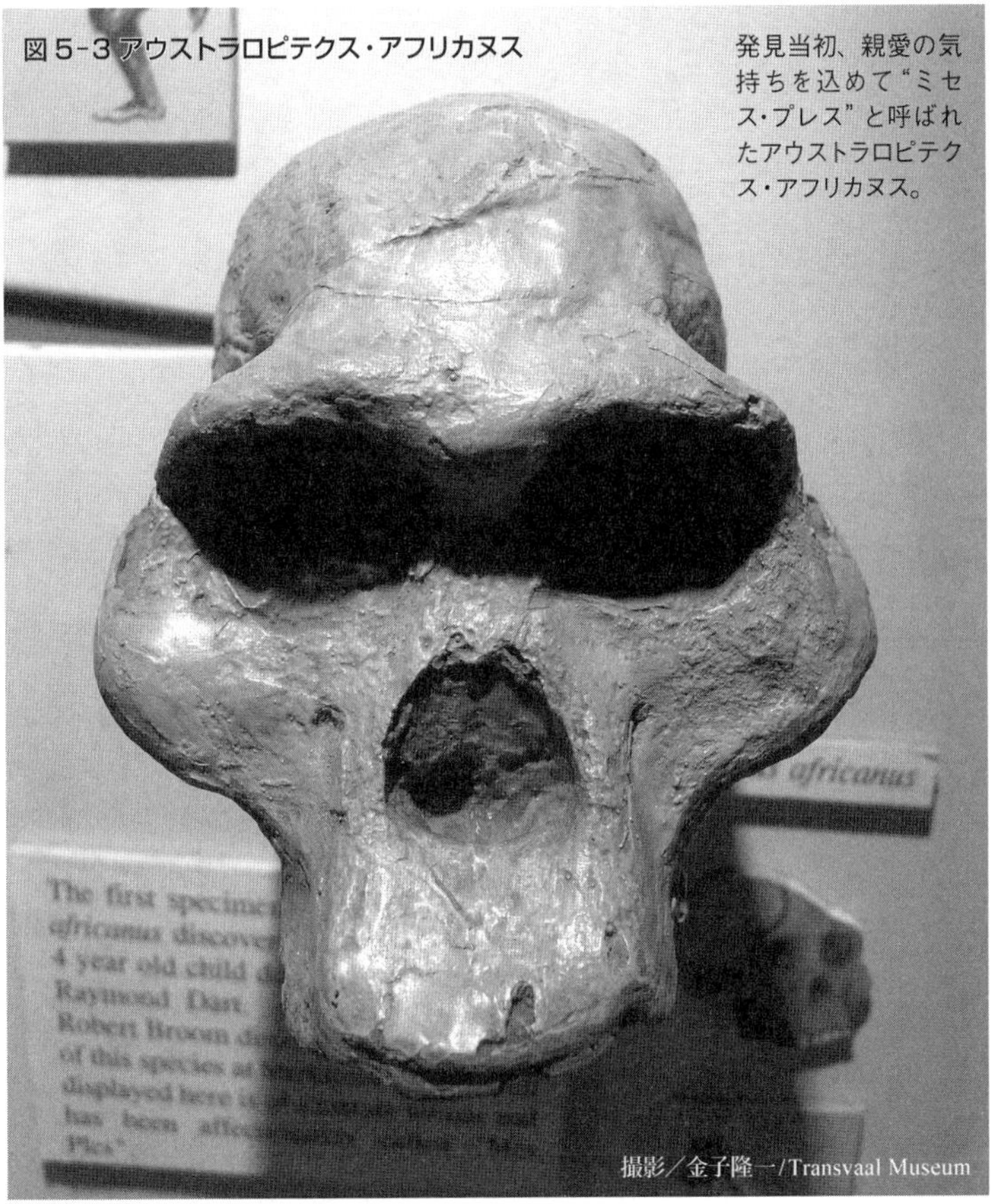

図5-3 アウストラロピテクス・アフリカヌス

発見当初、親愛の気持ちを込めて“ミセス・プレス”と呼ばれたアウストラロピテクス・アフリカヌス。

撮影／金子隆一/Transvaal Museum

●アウストラロピテクス・アフリカヌスの特徴

1 腸骨翼《ちょうこつよく》が短く幅広い。
2 座骨切痕《せっこん》がよく発達している。
3 下前腸骨棘《かぜんちょうこつきょく》がよく発達している。
4 上前《じょうぜん》腸骨棘が前方に突き出している。
5 座骨の関節面がごく小さい。
6 腸骨翼が外向きに広がっている。

注／4～6は現生のヒトとは異なっている。

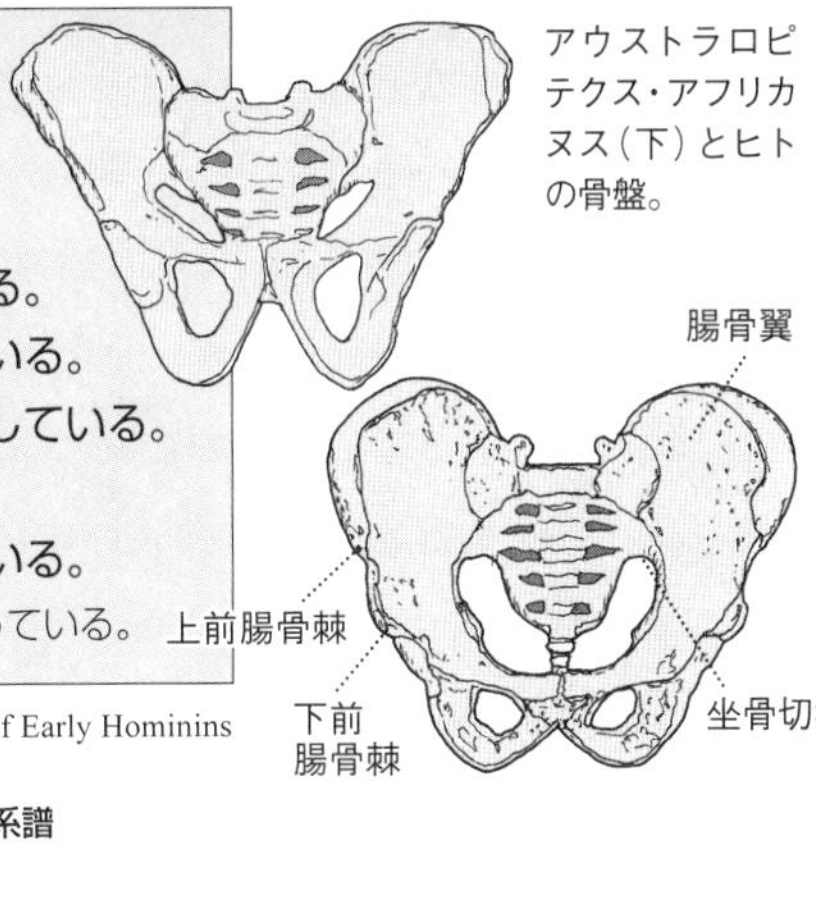

アウストラロピテクス・アフリカヌス（下）とヒトの骨盤。

右図参考資料／Dennis O'Neil, Analysis of Early Hominins

なった。この化石は類人猿に比べて顎が突出しておらず、顔はヒト的だった（図5－3）。

これらの発見は、ヒトは小さい脳のまま直立し始めたというダートの当初の推測を裏付ける形となった。結局、アウストラロピテクスの発見から20年後、アーサー・キースは前言を撤回し、ダートが正しく自分は間違っていたとの声明を発表した。

ちなみに１９５０年にはピルトダウン人の化石に対する精密な年代測定が行われて偽造であることが判明し、科学史上に残る捏造事件としてその名を残すこととなった。だがピルトダウン人の化石を誰が何の目的で作ったのかは、偽造が明らかになる前に当時の関係者のほとんどが死んでいたこともあり、いまだに明らかになってはいない。

アフリカヌスの生息年代は今日では２９０万～２４０万年前（鮮新世後期）であったとされている。その化石のほとんどはスタークフォンテンの第２～第４層の地層から集中して発掘されている。これまでに肩甲骨や四肢の多数の骨（中手骨、手根骨、中足骨、足根骨、指骨など）が見つかっており、なかでも「ＳＴＳ14」と呼ばれる標本には、６個の腰椎（現生のヒトは５個）がついた状態の骨盤および脊椎がまとまった状態で存在する。これらからアフリカヌスの体つきについてはさまざまな情報が得られた。

アウストラロピテクス・アフリカヌスの骨盤には現生のヒトとは異なる点もあるものの、直立2足歩行に適した条件がいくつも存在すると指摘されている（前ページ表）。彼らはかなり巧みな2足歩行者であったようである。

5-2 アウストラロピテクスの系譜

家族を作り道具を使った最初のヒト

高度な2足歩行者〝ルーシー〟の発見

アフリカヌスより時代的には古いが、すでに常時2足歩行を行っていたと考えられるのがアウストラロピテクス・アファレンシスである。

１９７４年、前出の古人類学者メアリー・リーキーらは、中央アフリカ東部のタンザニアのラエトリで約３６０万年前（鮮新世前期と後期の境界）の地層から９本の歯のついた下顎の化石を発見した。これは世界ではじめて見つかったアウストラロピテクス・アファレンシスであったが、リーキーらはこの化石に対してすぐには名前を与えなかった。「ＬＨ４」と呼ばれるこの標本は、直立するヒトの祖先としては最古のものと推測された。

同年、アメリカ、ケース・ウエスタン・リザーブ大学（当時）の古人類学者ドナルド・ジョハンソンと彼の学生トム・グレイは、エチオピアのミドルアワシュで発掘中、約３４０万年前の地層の露頭から頭蓋の一部、脊椎、骨盤、大腿骨の断片などを発見した。その前年の１９７３年にジョハンセンはこの近くで、ヒト亜科（ヒトおよびヒトの祖先で直立する霊長類）のものと思われる膝関節部分の化石を発見しており、これらは同じ種のものと見られた。

彼らは１９７４～75年にかけて付近を徹底的に調査し、最終的に１個体の骨格の40パーセント分に相当する化石を収集することができた（図５－４）。これは、初期人類の骨格としてはいまなおアルディピテクスと並ぶほどそろっている。骨格は女性のものであり、彼らはそれを〝ルーシー〟と呼んだ。発掘グループのキャンプでいつもビートルズのヒット曲「ルーシー・イン・ザ・スカイ・ウィズ・ダイアモンド」のテープがかかっていたためである。

ジョハンソンとティム・ホワイトはこの化石とリーキーらがラエトリで発見した顎の化石を研究し、１９７８年にアウストラロピテクス属の新種として「アウストラロピテクス・アファレンシス」と名付けた。種名はミドルアワシュがあるエチオピアの地方名アファールにちなむ。種の比較対象基準として用いられるタイプ標本は先に見つかったラエトリの化石となった。

復元されたルーシーの身長は１・１メートル、推定体重は約30キログラムと見られた。脳の容積は４００立方センチメートルで、現生のメスのチンパンジーと大差はない。アファレンシスには固有の特徴が数多く見られるが、それらは彼らが地上においてふだんから直立2足歩行を行っていたことを雄弁に物語っている。

たとえばルーシーの骨格で最初に発見された大腿骨と脛骨《けいこつ》（膝から足首までの骨）の関節部分は、それだ

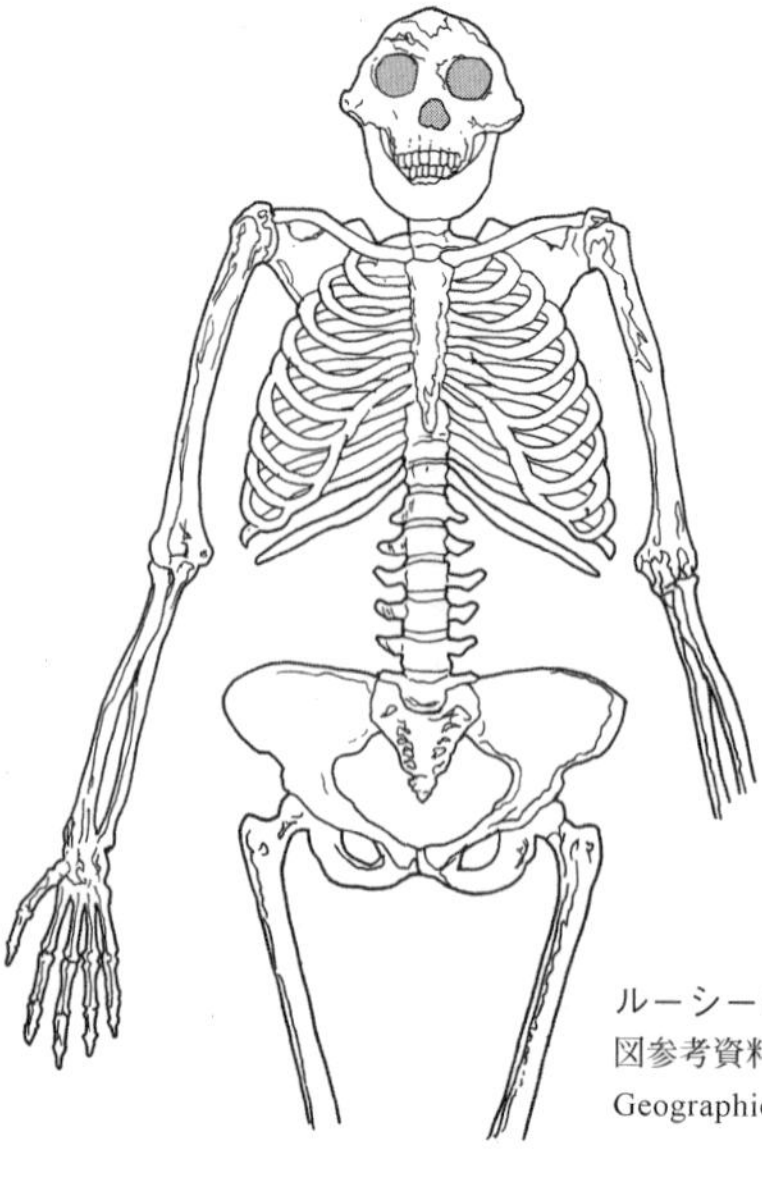

ルーシーの骨格（想像図）。
図参考資料／Greg Harlin/National Geographic, Feb.（2009）

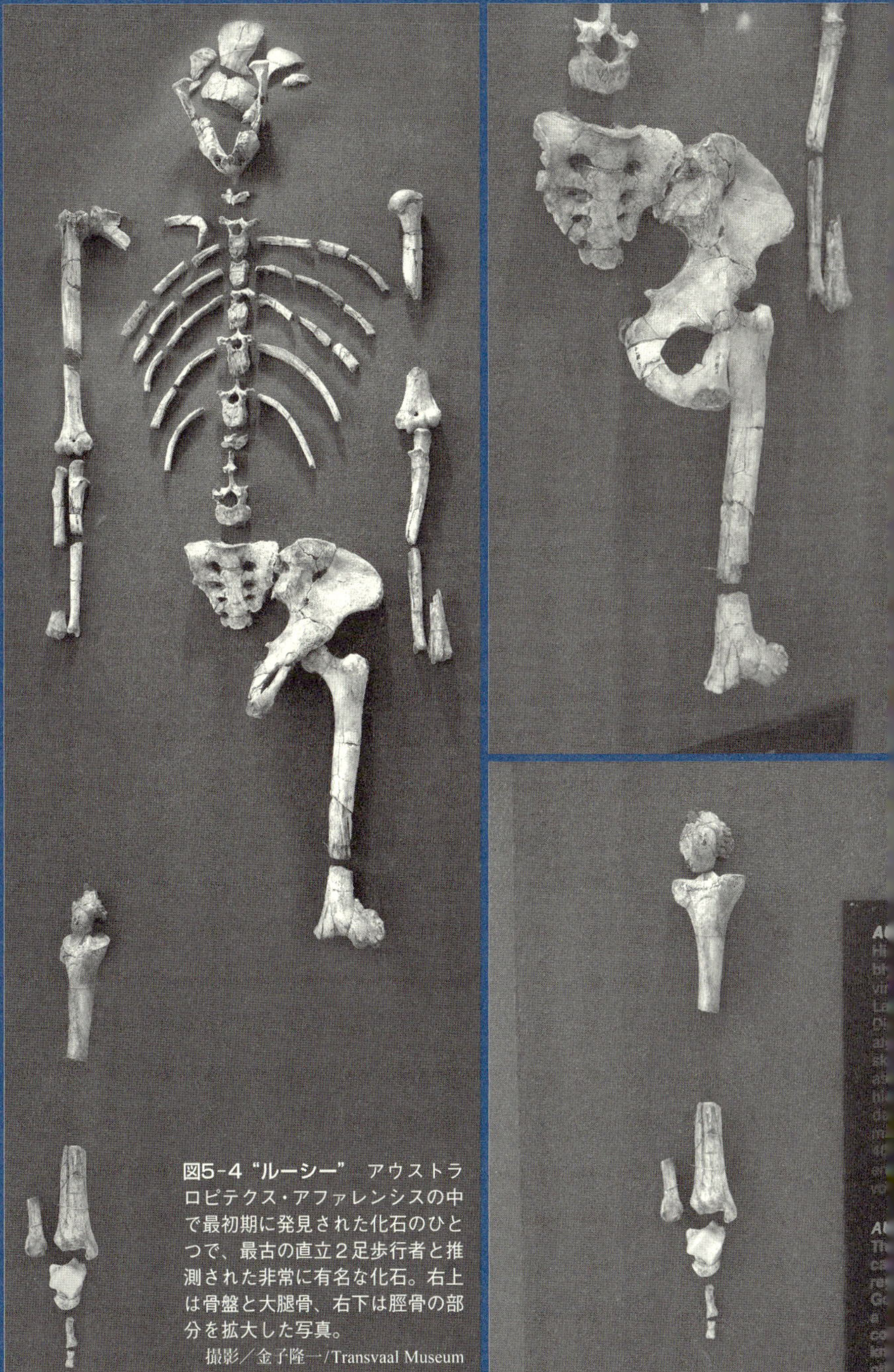

図5-4 “ルーシー”　アウストラロピテクス・アファレンシスの中で最初期に発見された化石のひとつで、最古の直立２足歩行者と推測された非常に有名な化石。右上は骨盤と大腿骨、右下は脛骨の部分を拡大した写真。

撮影／金子隆一/Transvaal Museum

けで彼らが高度な2足歩行に適応している証拠となった。

チンパンジーやゴリラでは、大腿骨と脛骨は前面から見ると垂直につながっており、その関節面は地面と平行になっている。これに対してヒトの大腿骨は体の中心線に向かって内側に傾いており、そこで脛骨につながっている（図5－5）。その結果、膝の関節は地面に対して斜めになっており、ヒトが歩くときには自然と内またになる。

チンパンジーでは膝関節の構造から左右の足跡がある程度の幅をもって平行に並ぶが、ヒトでは左右の足跡が直線に近い形で並ぶ。ヒトの歩き方のほうが重心の左右へのぶれが少なくて効率がよいが、アファレンシスの膝関節はすでにヒト型であった。

大腿骨のくびれた部分の内部は、チンパンジーでは骨の外側の緻密質が分厚く、樹上で跳躍する際にかかる力に耐えられるようになっている。これに対してヒトとアファレンシスでは、おもに垂直方向の加重に耐えればよいため、骨の緻密質《ちみつしつ》は薄く内部のスポンジ質の部分が拡大している（図5－6）。

アファレンシスの足は湾曲して土踏まずを作っており、直立したときに足の裏の3点で体重を支えられるようになっている。これも2足歩行にとって重要な適応である。ただし親指は、アルディピテクスほど顕著ではないにしてもまだ他の4本の指から離れており、樹上生活の名残りをとどめている。こうしたことから彼らは木登りが下手ではなかったと考えられている。

その骨盤の形も現生のヒトやアフリカヌスに似て骨盤の上部が短くなり、左右および前方に

図5-5 膝の関節の構造

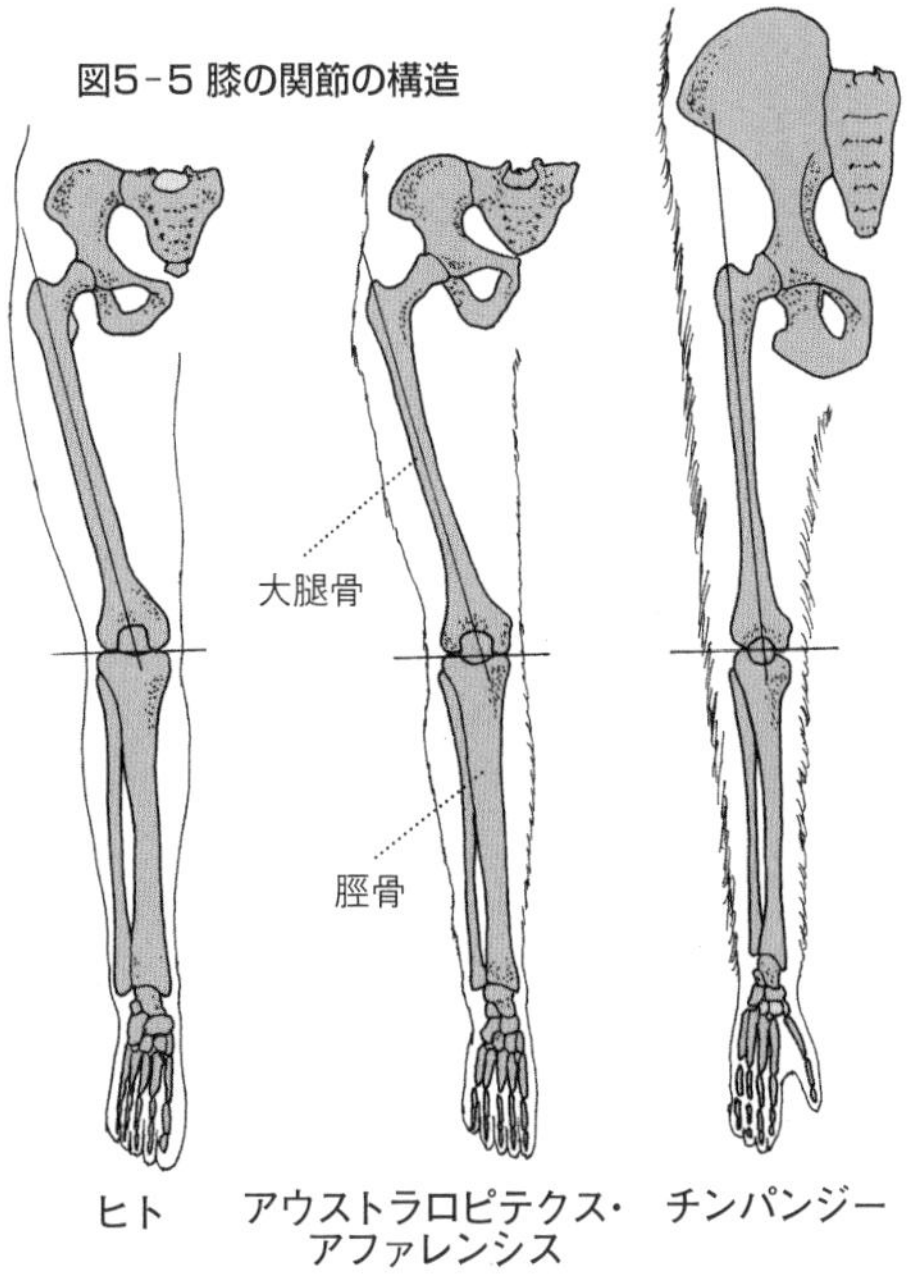

アウストラロピテクス・アファレンシスの大腿骨と脛骨はヒトのそれと似ている。
図参考資料／R. Klein, The Human Career, 2nd ed. (1999)

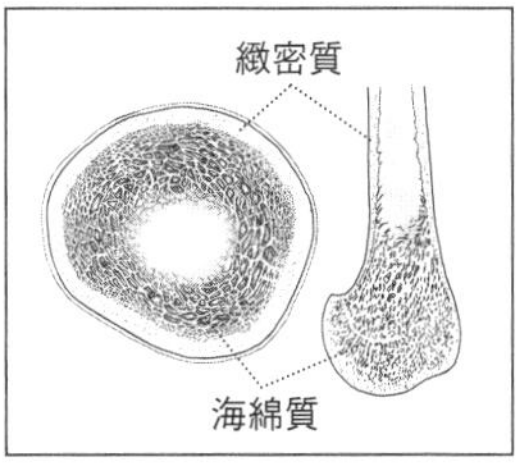

図5-6 骨の緻密質 緻密質は海綿質の外側にあり骨の強度を保っている。アファレンシスはヒト（図）と同様、緻密質がチンパンジーより薄い。

張り出している。これによって尻の筋肉の付着面が広くなるため、歩行して止まったときに慣性で上体が前へつんのめらずにすみ、同時に片脚で立つときのバランスがとりやすくなる。また、骨盤の高さが小さくなることによって重心が下がって体が安定した。

これらの骨格上の特徴に加え、アファレンシ

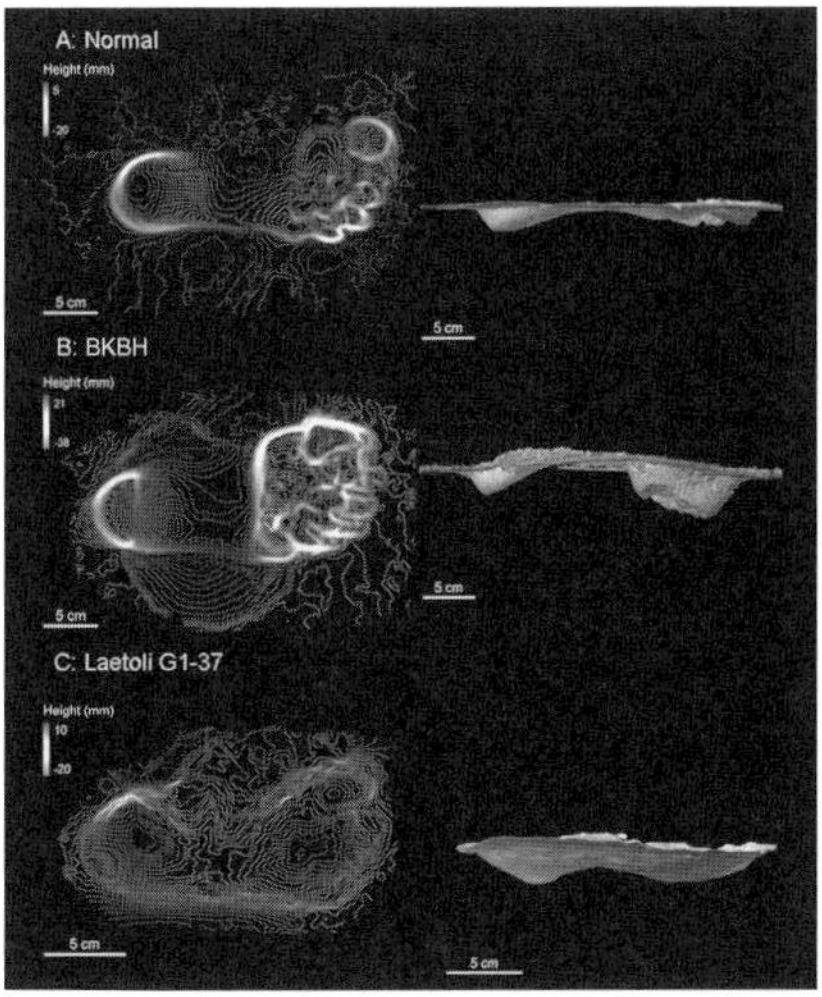

図5-7 ラエトリの足跡 足跡のくぼみの深さを等高線で示したもので、上は現代人の通常歩行時、中は現代人がサルのように膝と腰を曲げて歩いたとき、下はラエトリ。ラエトリの足跡は現代人のそれと似ている。
写真／D. A. Raichlen, A. D. Gordon, W. E. H. Harcourt-Smith, A. D. Foster and W. R. Haas Jr.

スが地上を歩いていたことを示す証拠が1978〜79年に発見された。アファレンシスの骨格が発見されたタンザニアのラエトリの360万〜340万年前の火山性堆積物の上に、27メートルにわたって3組の足跡が70個も残されていたのである。2組は大型の大人のものと見られ、もう1組の足跡はやや小さく、子どもか大人の一歩手前の子どものものと推測された。この足跡に平行して原始的なウマであるヒッパリオンの足跡も見つかった。

これらの足跡の主たちはどういう関係にあったのか？　親子かもしれないし血族かもしれない。はっきりしているのは彼らが現代人と変わらない歩き方をしていたことである。これらの足跡のかかとが深くめり込んでいることから彼らが十分に足に重心をのせていることがわかる。また連続した足跡が左右に離れていないことから、スムーズに重心移動していたことも推測できる（図5－7）。

しかしながら、これらの足跡の主がアウストラロピテクス・アファレンシスだと言い切ることはできない。もしかすると同じ時代の同じ場所に彼らとは別の直立歩行できる種がいた可能性もないとはいえない。いずれにせよ、350万年も前の地球上にヒトのもっとも重要な特徴をそなえた生物が存在したことは確かなようである。

災害で集団死した家族？

アウストラロピテクス・アファレンシスは2足歩行がうまかったとはいえ、あらゆる点でヒト的だったわけではない。

彼らの腕は直立したときに手の先端が膝までとどくほど長く、腕と脚の長さの比は0・85に達する。手の指の骨は湾曲しており、手首の関節はヒトよりも自由に動く。肩の関節もヒトのように横向きではなく上を向いている。これらはいずれも樹上生活の名残りと見られている。犬歯もヒトに比べて大きく、歯列には犬歯をおさめるための隙間がある（図5-8）。脳も小さく、顔は顎が突き出して眉上突起が発達しており、一見したところチンパンジーと大差はない。

しかし見かけはどうあれ、彼らはすでに文化的なレベルにおいてはヒトの段階に踏み込んでいた。たとえばアファレンシスにはすでに〝家族〟という概念が存在していたと見られている。

ルーシーの発見から1年後の1975年、ジョハンソンの学生マイケル・ブッシュは、ミドルアワシ

図5-8 アウストラロピテクス・アファレンシスの歯列

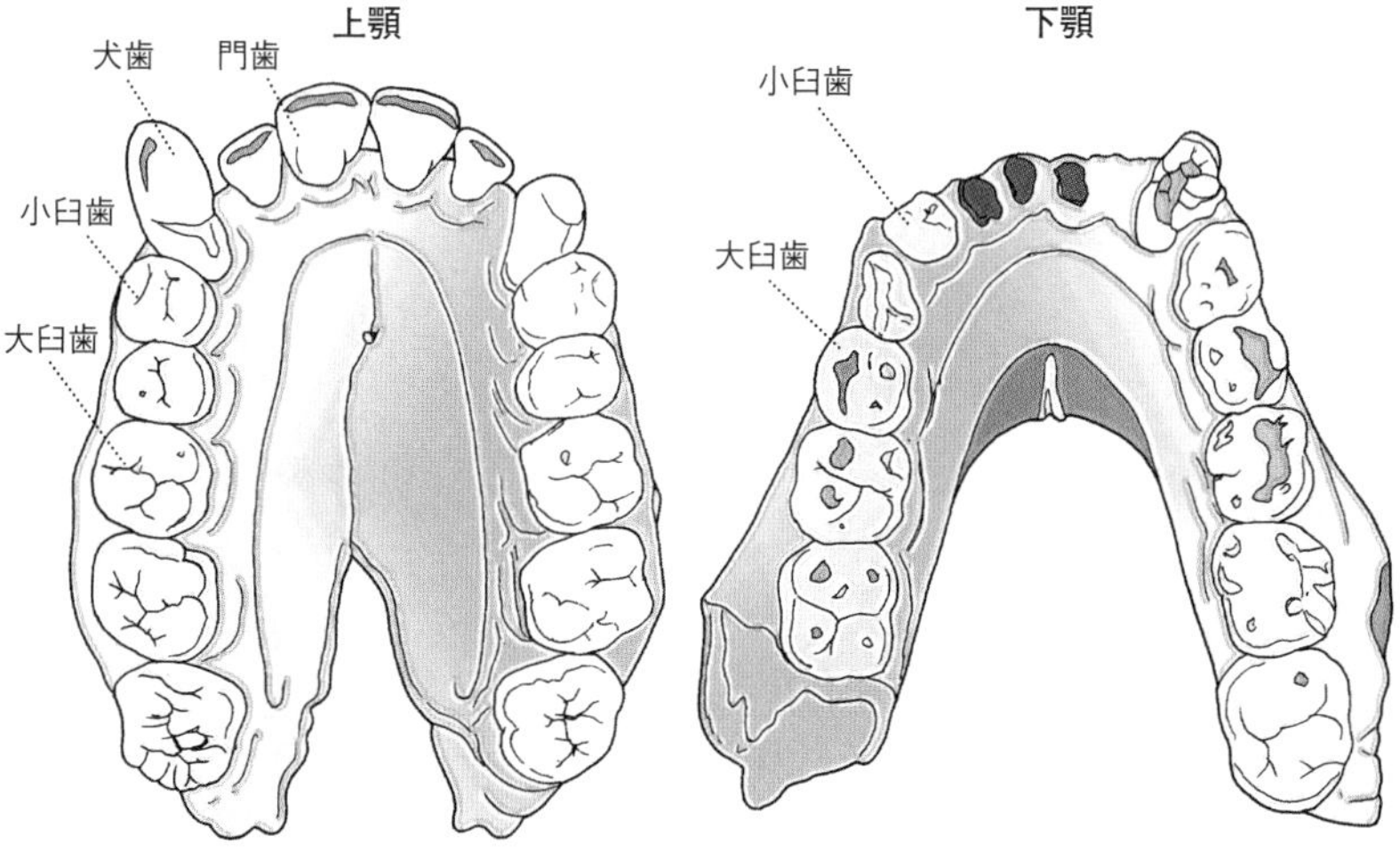

彼らの犬歯は大きく、それをおさめる隙間が下顎にある。図の上下の顎はそれぞれ別の場所で発見されたもの。　図参考資料／White et al.（1979）/ White（1977b）

ュにある丘の斜面の狭い範囲で密集した化石の骨を発見した。その反対側の斜面はかつてルーシーが発見された発掘現場であった。

化石はいずれもアウストラロピテクス・アファレンシスの成体のものであった。その後付近一帯を綿密に調査した結果、ここからは全部で333個の化石が見つかり、この発掘現場は「サイト333」と呼ばれ、またここで収集された化石にはまとめて「AL333」の標本番号が与えられることになった。

AL333には成体の骨格13人分の骨が含まれていた。ジョハンソンは、おそらくあるときアファレンシスの集団が暮らしていた生活場所に洪水などの自然災害が襲い、大勢がいっぺんに死亡したのではないかと考えた。子どもの骨が1体も含まれていなかったのは、死後子どもたちの遺骸が肉食動物に食べられたためかもしれない。

そしてジョハンソンは、現生の類人猿の群れの構成から類推し、この集団は大柄な1頭のオス——というより1人の男性——に率いられた血縁グループすなわち家族であると考え、〝最初の家族〟と呼んだ。

哺乳類の中でも、特定のオスとメスのペアがずっと連れ添い、オスが餌を探してメスのもとに持ち帰ることによって子育てに協力するという行動をとるものはごく少ない。また、オスとメスおよびその子どもだけで構成された家族という単位が生活形態として固定されているのもヒトの重要な特徴である。

樹上から地上へと生活の基盤を移して積極的に新しい環境へと適応しようとした初期の人類にとり、血縁集団が結束して生活単位を作ることはなかば必然的な選択であったろう。ＡＬ３３３は、ヒトの進化の歴史で家族制度が成立していく過程を具体的に見せてくれた例かもしれない。

ＡＬ３３３の中には、個体の大きさを推測する手がかりとなる四肢の骨が多数含まれていた（腕の骨が31点、脚の骨が30点）。１９９８年、カリフォルニア大学デーヴィス校のヘンリー・マクヘンリーらは、ルーシーの骨格データを基準にし、発見された四肢の骨からその体格を推測した。

それによると、腕の長さを基準にして求めた体重は45キログラム前後に分布し、脚の長さにもとづいて推測した体重は40キロ前後に分布していた。これからすると、体重が30キロほどであったルーシーはメスの中でも小柄なほうか、若い個体だったのかもしれない。

群れの中には大型の個体もあり、推定体重は67キログラムに達した。とすると、この個体がジョハンソンの推測する家長かもしれない。ただし、ＡＬ３３３が群れの構成員をすべて含んでいたかどうか確かではない。

３４０万年前の道具

アウストラロピテクス・アファレンシスは家族として暮らしただけでなく、ヒトの条件のひとつである道具を使い始めたと見られている。

今日では、多くの鳥類や霊長類が道具を使うことで知られている。だが、道具を加工し、さらに加工用の道具を使うのはヒトのみである。初期の人類は、打撃用の石を用いて、硬くて割れ目が刃になりやすい種類の石を割ることによって旧石器を作っていた。一説によれば、こうして一定の手順にそって石を選んで加工する工程を他の個体に伝授する必要性が生じたことが、ひとつの音がひとつのことを意味する鳴き声ではなく、文法をもつ「統語的言語」の誕生をうながしたであろうという。

このように、道具を恒常的に製作して使用していたことはヒトにとってきわめて重要な意味をもつ。だが、いったいいつの時点で道具作りが始まったのかを知ることは難しい。道具を用いていた直接的な証拠としては、石器そのものやその加工の跡としての石の割れ屑があげられる。

さらに、石器を使用した痕跡として、骨から肉をはがすときに骨が傷ついてできた「カットマーク」と呼ばれる特有の傷痕も石器を用いていた重要な証拠となる。このようなヒトが道具を使った証拠を入手するには、初期人類の化石というより住居の跡を探さねばならない。

最近まで、２５０万年前のものが道具の使用跡の最古の例とされていた。これは１９９９年にティム・ホワイトらが、ミドルアワシュのハタ層（鮮新世中期）と呼ばれる地層から新種のアウストラロピテクス属の骨格（アウストラロピテクス・ガルヒ）とともに発見したものである。

ここには、カットマークおよび打撃の痕跡が見られるウシ科動物の骨が数点埋まっていた。ホワイトらは、発見場所は動物を石器で解体する場所であったと推測した。

ところが２０１０年、ホワイトらの発見をいっきに90万年もさかのぼる報告が提出された。ドイツのマックス・プランク研究所のシャノン・マクファーレンらが、３４０万年前の骨に石器の使用跡を発見したと報告したのである。

マクファーレンらのグループは、同じくミドルアワシュのシディ・ハコマ層と呼ばれる地層を発掘中、明瞭なカットマークのついた大型の有蹄《ゆうてい》類の骨2点を発見した。その場所の地層について放射性元素（アルゴン40）による精密な年代測定を行った結果、この骨は３４２万～３２４万年前のものと見積もられた。

この時代はまさにアウストラロピテクス・アファレンシスの全盛期である。骨の発見場所のすぐ近くからは、ルーシーについで有名なアファレンシスの少女の全身骨格〝セラム〟が見つかっている。そのため、マクファーレンらは、骨にカットマークをつけたのはアファレンシスに違いないとしている。ただし、カットマークに似た跡は骨が動物に踏まれたりかみつかれたりしても容易につくため、この骨に残った傷は石器によるものではないとする見方も強い。

だが、もし直立して2本足で歩いただけでなく、家族で暮らし、石器を使っていたとすれば、アファレンシスはヒトの直系祖先と認めるに足るのではなかろうか。

5-3 アウストラロピテクスの系譜

200万年以上存続したアウストラロピテクス

アウストラロピテクスの多様な種

アウストラロピテクス属は、これまでに述べたアフリカヌス種とアファレンシス種のほかにもいくつかの種が発見されている。

１９６５年、アメリカの古生物学者ブライアン・パターソンらはケニア北部トゥルカナ湖南西のカナポイにおいて、初期の人類のものと見られる腕の骨を１本発見した。しかしそれ以上の骨は発見されなかったため、パターソンらはこの段階で何の骨か推定することを断念した。

だが１９９４年、ケニアのミーヴ・リーキー（ルイス・リーキーの息子の妻）らは、パターソンが腕を発見した場所から多数の骨と骨の断片を発見した。彼女らはこれらの骨の持ち主を「アウストラロピテクス・アナメンシス」（アナムはトゥルカナ語で〝湖〟の意味）と名付けた。１キロメートルほど離れた場所からもさらにこの種のものと見られる骨が発見された。

アナメンシスは、他のアウストラロピテクスに比べると外耳道が狭くて楕円形をしている。また顎の骨の外形や歯列はＵの字形をしており、犬歯の歯根はきわめて長く太い。何より重要なのは、これらの化石が４２０万～３９０万年前の地層から発見されたことである。つまり、アルディピテクスが生きた時代から20万～50万年後にアナメンシスは生きていたことになる。これはいまのところ最古のアウストラロピテクスとされている。

１９９３年には、チャドのバーレルガザル峡谷でフランスのミシェル・ブルネらが顎の骨を発見した。彼はこの骨をマラリアで亡くなった同僚アベル・ブリアンショーの名をとって〝アベル〟と呼んだ。化石はアファレンシスの年代よりやや古く、３６０万年前のものと考えられ、「アウストラロピテクス・バーレルガザリ」と正式に名付けられた。発見された峡谷は大地溝帯から２５００キロメートル西に離れており、初期人類の化石としてはめずらしい（第４章で述べたようにほとんどの化石は大地溝帯の東で発見されている）。しかし顎と歯はアファレンシスのものに似ており、違いは単なる個体差とする見方も強い。

アファレンシスが発見されたミドルアワシュでは先述したようにアウストラロピテクス・ガルヒの化石も発見されている。ガルヒは２５０万年前に生息し、他のどの種より臼歯が巨大化している。

９歳の少年が発見した化石

アウストラロピテクスの中でもっとも最近見つかり、しかも年代的にも新しい仲間は「アウストラロピテクス・セディバ」ある。

２００８年、アメリカの古人類学者リー・バーガーは、南アフリカのヨハネスバーグ北方のマラパ自然保護区で化石を発掘していた。ここは〝人類のゆりかご〟として知られる地域であり、近くにはアウストラロピテクス・アフリカヌスの発見されたスタークフォンテン洞窟がある。バーガーはコンピューター上の詳細な地図（グーグルアース）を利用してこの付近の化石が見つかりそうな洞窟の目星をつけていた。

　バーガーは発掘調査に9歳の息子マシューとタウという名のイヌをともなっていた。マシューがいくつかの取材に応じた内容によると、調査が開始されてまもなく、調査場所の近くにいたマシューは駆け出したタウを追って行った先で岩から突き出ている骨を発見した（図5－9）。彼ははじめアンテロープ（レイヨウ）の骨かと思ったが、「化石を見つけたよ！」と父親を呼んだ。

　息子に近づきながら父はぶつぶつと呪いの言葉をはいていたのでマシューは不安になったという。だが父はマシューが手にしている骨を一目見るや驚愕しながらこう言った――「おまえはヒトの化石を発見したんだ！」

　化石は偶然にもマシューと同年代かやや年上の少年（8～13歳）の鎖骨であった。この化石から1メートルも離れていない場所からさらに成人女性のものと見られる化石が発見された。バーガーらによれば、この古いヒトの仲間の少年と女性はほぼ同じときに次々に亡くなったものと推測でき、おそらくは親子ではないかという。

　2体の化石は地表に露出した洞窟群のひとつから見つかり、同じ洞窟からは巨大な牙をもつネコの仲間サーベルタイガーやイヌ、マングース、アンテロープなどの化石も発見された。これらの動物や新たに発見されたヒトは、干魃《かんばつ》期に水の匂いにひかれて洞窟に近づき地下に落下したのではないか――こう推測するバーガーらはこの化石の主を「アウストラロピテクス・セディバ」と名付けた。セディバは現地のソト語で〝泉〟や〝井戸〟を意味する。

最初に見つかった少年の化石は、ほぼ完全な頭蓋、脊椎および骨盤の一部、不完全な左腕、脚の一部を含んでいた。この種はアウストラロピテクスの中では脳が比較的大きく、発見された頭蓋の脳容積は成長しきっていない状態で420立方センチメートルであった。

顎は小さく、歯も他の種に比べるとずっと華奢で、これだけを見るとホモ属に分類されても不思議ではない。しかし歯冠の形状はアウストラロピテクス的だという。

セディバは195万~178万年前（更新世初期）の地層から発見されており、アウストラロピテクスの中ではもっとも新しい。この発見によって、アウストラロピテクス属は420万年前頃から200万年以上も属として生き続けた多様性の高いグループであったことが明らかとなったのである。

図5-9 アウストラロピテクス・セディバ　マラパで化石（セディバ）を発見したときのリー・バーガーの息子マシュー。　写真／Lee R. Berger

5-4 アウストラロピテクスの系譜

アウストラロピテクスよりがっしりした猿人パラントロプス

肉食獣に食べられた人々

第5章でこれまでに登場した太古のヒトについては、一部に議論の余地があるにしても、大多数の研究者がアウストラロピテクス属に含めることに賛同している。

だが、この系列とは別に、アウストラロピテクス属として扱うべきか別の種類の生物とみなすべきかいまなお議論が続いているグループが存在する。いわゆる「頑丈型アウストラロピテクス」または「パラントロプス」である。

彼らの化石の存在がはじめて知られたのは１９３８年だった。この年、レイモンド・ダートの共同研究者でもあった南アフリカのトランスヴァール博物館の古生物学者ロバート・ブルームは、石灰岩の採掘業者から上顎の断片を購入した。この化石の歯にはアウストラロピテクスに似た特徴があったが、それはずっと大型であり、顎も頑丈だった。

ブルームは化石の発見者の少年を学校で探し当てた。少年は石灰岩の洞窟（鍾乳洞）で休日に観光客のガイドをしていたのである。ブルームは少年のクラスでこのあたりの洞窟について講義し、その後、少年に発見場所に連れていってもらった。それはスタークフォンテンか

図5-10 クロムドライ　スタークフォンテンとごく近い距離にある発掘場で、この一帯は人類化石の宝庫といわれる。
写真／Lee R. Berger

ら1・5キロメートルしか離れておらず、現在〝人類のゆりかご〟として世界遺産に登録されているクロムドライの洞窟であった（図5－10）。

こうして彼は、頭蓋の左半分や少し欠けた右顎骨などを新たに入手した。これらの骨にはやはりアウストラロピテクスとよく似ている点が多く認められた（当時知られていた初期人類はアウストラロピテクス・アフリカヌスだけだった）。しかし、復元された頭骨はアウストラロピテクスに比べてかなり頑丈なつくりをしていたため、彼はこの化石を「パラントロプス・ロブストゥス」（147ページ図5－11）と命名した。この属名は〝並立するヒト〟を、種名は〝頑丈〟を意味する。

その後さらに、最初の発見場所に近いスワートクランズの石灰洞窟から実に150体以上（大半がロブストゥスと見られる）もの化石が発掘された。それらのほとんどは頭部の骨であり、他の骨は発見されていない。しかも見つかっているのは子どもの頭骨が中心である。そのためこれらは肉食獣がロブストゥスを襲ってはここに運び込み、食べた跡ではないかと推測された。

ロブストゥスの化石はいまのところ南アフリカ国内でしか発見されておらず、生息年代は230万〜120万年前とされている。

〝頑丈型〟の一族

ロブストゥスの次に発見された頑丈型の猿人は、第1章ですでに触れたジンジャントロプス・ボイセイ（図5-12）である。

1959年、ルイスおよびメアリー・リーキーの率いる発掘グループは、タンザニアのオルドヴァイ峡谷で発掘調査を行っていたとき、臼歯のついた顎を発見した。ルイスは地面からのぞく臼歯を一目見たとき、アウストラロピテクスの大臼歯に違いないと考えた。ところが、掘り出してみるとそれは大臼歯ではなく小臼歯であり、顎と歯はロブストゥス以上に巨大で、まるでゴリラのもののようであった。

この化石は175万年前（更新世前期）の地層で発見されたが、そこから数十センチしか離れていない場所からはすでに非常に原始的な石器が多数見つかっていた。

ゴリラのような頑丈さをもつとはいえ、道具を使う以上、この顎の持ち主はヒトとみなすべ

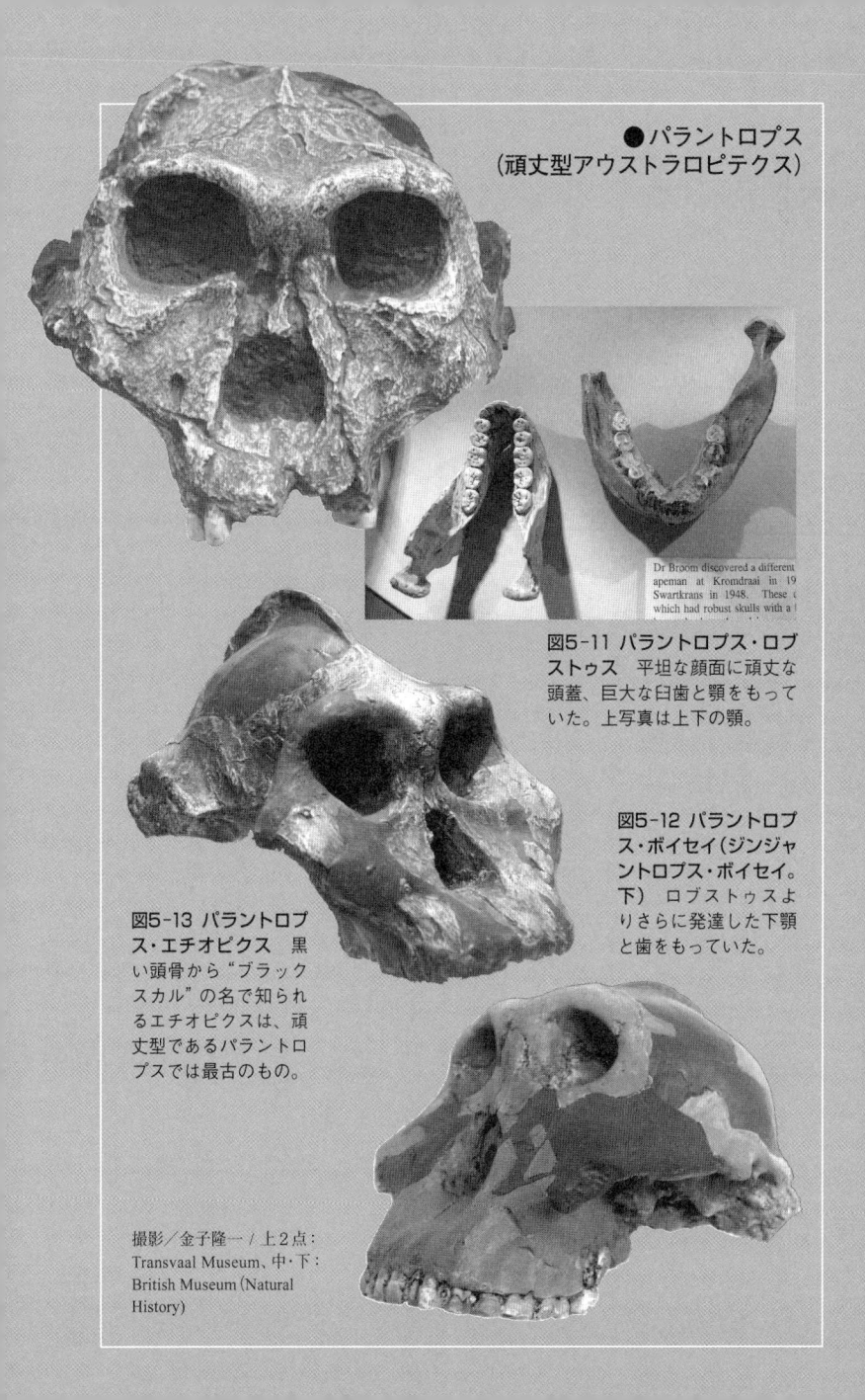

●パラントロプス
(頑丈型アウストラロピテクス)

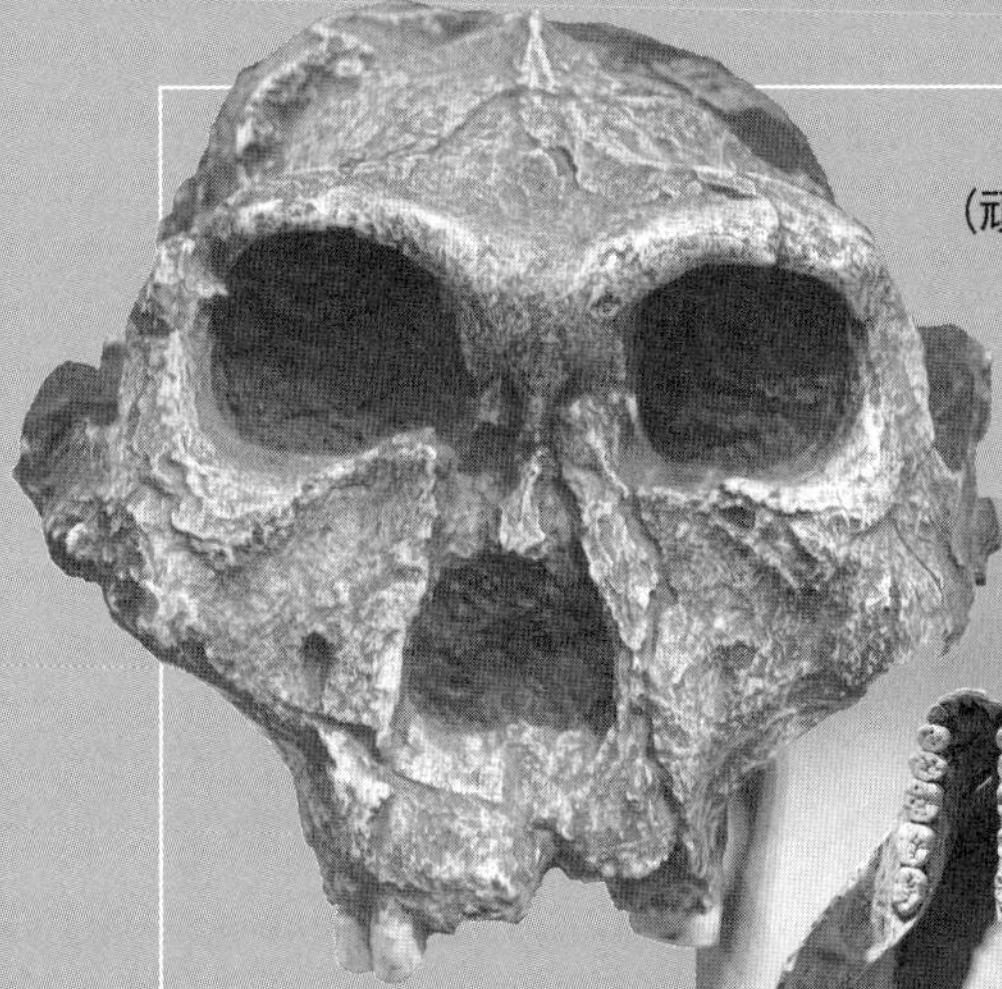

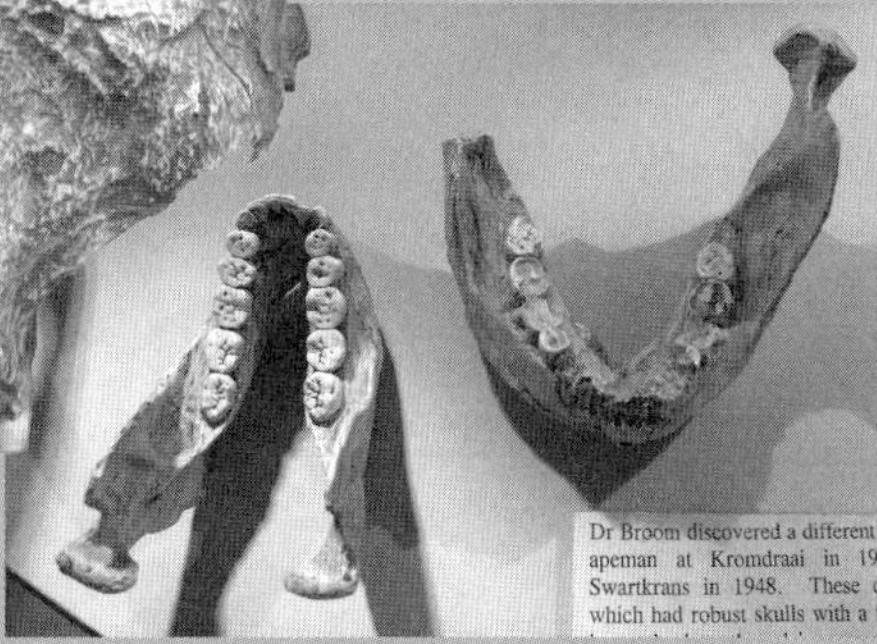

図5-11 パラントロプス・ロブストゥス　平坦な顔面に頑丈な頭蓋、巨大な臼歯と顎をもっていた。上写真は上下の顎。

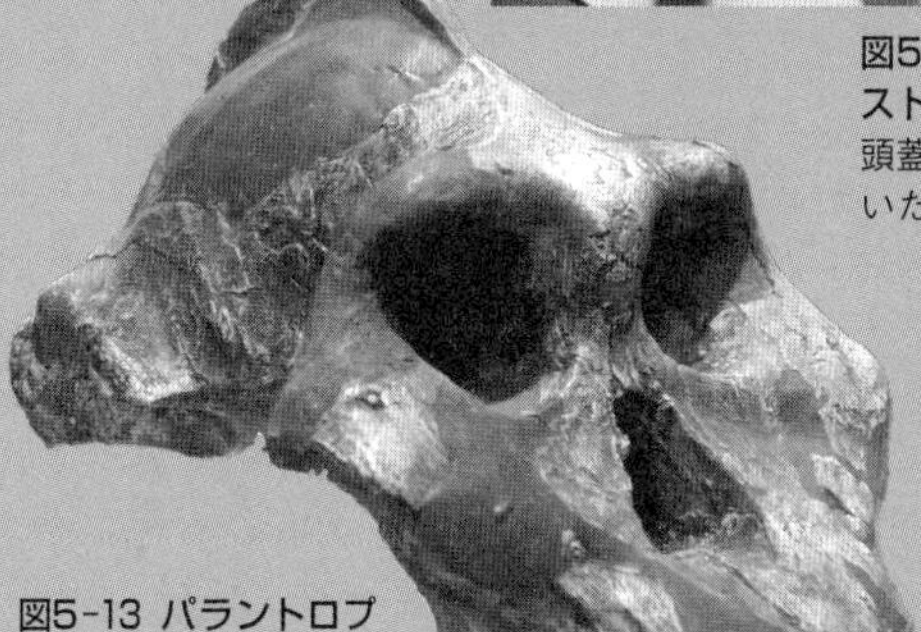

図5-12 パラントロプス・ボイセイ(ジンジャントロプス・ボイセイ。下)　ロブストゥスよりさらに発達した下顎と歯をもっていた。

図5-13 パラントロプス・エチオピクス　黒い頭骨から"ブラックスカル"の名で知られるエチオピクスは、頑丈型であるパラントロプスでは最古のもの。

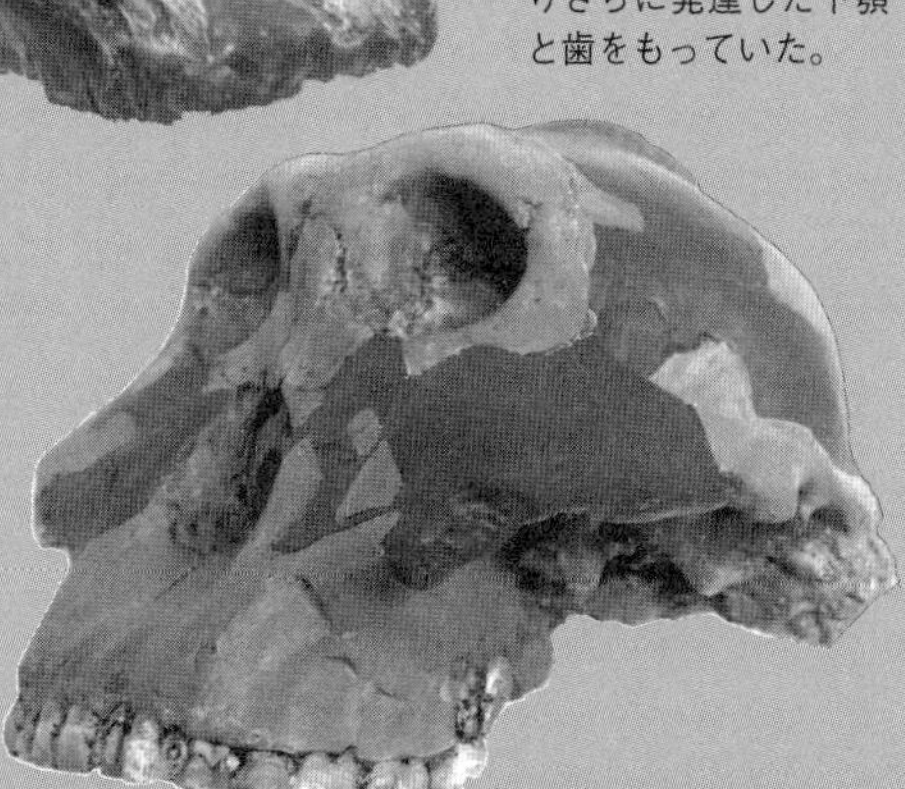

撮影/金子隆一 / 上2点：Transvaal Museum、中・下：British Museum (Natural History)

きだと考えられた。そこでリーキーらは、当初は新しく発見された化石生物を「ティタノホモ（巨大ヒト）」という名前で呼ぶつもりでいた。

だがその歯は、ベテラン研究者である彼らがはじめは見間違えたほどアウストラロピテクス――この時点ではアフリカヌスのみが知られていた――に似た特徴をもっていた。

当時ルイス・リーキーは、アウストラロピテクスをヒトの直系祖先とする仮説を受け入れていなかった。もし新たな化石生物をヒトとみなせば、アウストラロピテクスをヒトの祖先とする仮説を認めることにもなりかねない。そこでリーキーらはティタノホモという名をあきらめ、化石生物をジンジャントロプス・ボイセイと名付けたのである。ジンジャンは東アフリカの現地名であるザンジにちなみ、種名は調査隊のメンバーにして出資者チャールズ・ボイスの名をとった。

だがまもなく、ジンジャントロプスはアウストラロピテクスか頑丈な猿人であるパラントロプスに分類するべきではないかという意見が出された。

その後、ボイセイの化石はタンザニアやケニアからも発見された。１９９７年には東京大学の諏訪元（前出）らが、顔面は欠けていたものの、はじめて完全な顎と頭蓋のそろった化石をオルドヴァイ峡谷で発見した。

いまのところボイセイの化石は東アフリカでしか発掘されていない。この猿人は時代的には２６０万～１２０万年前に生息していたと見られている。

湖岸で発見された黒い頭骨

１９８７年、頑丈型の猿人に3番目の種「エチオピクス」が加わった。

エチオピクスの発見は古く、１９６７年、前述のイヴ・コパンらによってエチオピア南部のオモ峡谷で歯のない顎の断片が発見されたのが最初である。その顎はアウストラロピテクスの顎を頑丈にしたものに見えたため、コパンらはその持ち主を「パルアウストラロピテクス・エチオピクス」と名付けた。パルアウストラロピテクスとは〝アウストラロピテクスと似たもの〟を意味する。だがこの化石は研究者の関心をさして呼ばなかった。

20年近く後の１９８５年、アラン・ウォーカーらがケニアのトゥルカナ湖西岸で頭頂部と大半の歯冠、頬の骨が両方とも欠けているものの、保存状態のよい頭蓋を発見した（図5-13）。この標本は化石になるときにマンガンが浸透していたために全体が真っ黒になっており、〝ブラックスカル（黒い頭骨）〟の通称をもっている。

彼らは当初これを〝超頑丈型〟に進化したアウストラロピテクスと見て、すでに発見されていたアウストラロピテクス・ボイセイに分類した。しかしまもなくブラックスカルはアウストラロピテクス・アファレンシスの特徴をもつことがわかり、さらにパルアウストラロピテクスもまたブラックスカルと同じ種にほかならないことに気づいた。そのため彼らは両者をひとつの新種であると考え、１９８７年に「パラントロプス・エチオピクス」と名付けなおした。

この種は２７０万～２５０万年前に生息していたとされ、頑丈型では最古の種である。

いま見てきたロブストゥス、ボイセイ、そしてエチオピクスという3種の化石には次のような共通する特徴が見られる。

最大の特徴は臼歯が非常に巨大なことである。体重に対する大臼歯の重量比を考えたとき、アウストラロピテクス・アフリカヌス（推定体重25キログラム）の重量比を基準にすると、ロブストゥス（オスの推定体重54キログラム）では重量比はその2倍、またボイセイ（オスの推定体重68キログラム）では２・３倍に達する。現代人と比較するとボイセイの大臼歯はわれわれの10倍もの質量があることになる。歯のエナメル質も分厚く、３ミリかそれ以上ある。これに対して前歯はごく小さい。

大きな歯を収める顎も当然非常に頑丈であり、筋を支える骨からすると顎の筋肉はきわめて太いものだったと見られている。頬の骨は大きく、強く左右に張り出しており、ボイセイでは頭蓋の高さと幅がほぼ等しい。

頑丈型の猿人の脳容積は体重との比でみると小さく、ロブストゥスで最大５３０立方センチメートル、ボイセイで５５０立方センチメートル、エチオピクス（ブラックスカル）は４１０立方センチメートルである。強い顎の筋肉が頭蓋の内部を拡張するには妨げとなったと考える研究者もいる。

これらの特徴から見て、彼らがゴリラと同様に植物食に適応し、強靱な顎でかたい植物や木の実を食べていたであろうことは容易に想像される。だが、彼らはアウストラロピテクスに含まれるグループなのか、それとも別の属なのだろうか？　そもそも3種の猿人たちは共通の祖先から進化してきたのだろうか？

錯綜するヒトの系統仮説

ロブストゥスを発見したブルームやボイセイを発見したリーキー夫妻、その他何人もの研究者たちは、当初から頑丈型の化石にアウストラロピテクス的な特徴が見られることに気づいていた。

そのため、彼らは頑丈型の猿人はおそらくは３３０万～２１０万年前に生息していたアウストラロピテクス・アフリカヌスから進化し、その子孫はゴリラになったと考えた。初期に発見された化石はロブストゥスもボイセイも、せいぜい１２０万～１００万年前のものであったため、これらをアフリカヌスの直系子孫と考えても時間的な整合性があったのである（その後より古い時代の地層からもロブストゥスやボイセイの化石が発見された）。

現在では、アウストラロピテクス・アフリカヌスと同時代の種であるエチオピクス（２７０万～２３０万年前に生息）が発見され、頑丈型の猿人たちがアフリカヌスから進化した可能性は消え去った。実際、エチオピクスの頭蓋骨は後の頑丈型猿人のもの以上に頑丈であり、ロブストゥスとボイセイがエチオピクスの子孫だとしても、少なくともこれらのグループの進化は

〝より頑丈に〟という方向には進まなかったと見られている。

それでも、400万年以上前に生きていたアナメンシスや360万年前には生息していたアファレンシスが頑丈型猿人の祖先である可能性は否定できない。アファレンシスの大臼歯の大きさはアフリカヌスの1・7倍に達し、ここからそのまま頑丈型が派生したと見ることは十分可能だ。

ウォーカーらによれば、ロブストゥスには浅く平たい口蓋、鼻から下が強く前方に突出した顔面など、数多くの原始的な特徴が見られるという。これらはアフリカヌスには見られないが、より古い時

図5-14 アウストラロピテクスの系統樹

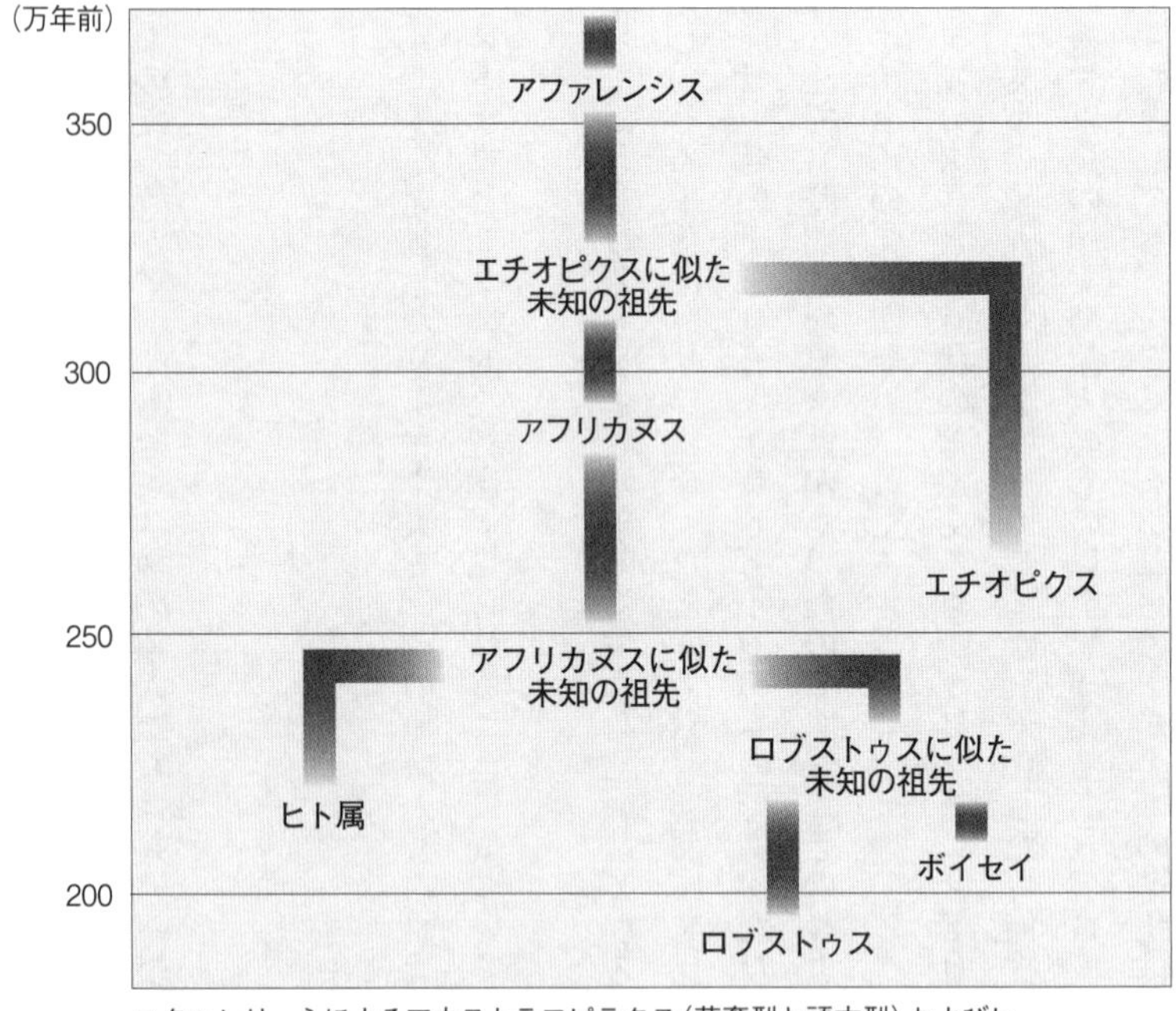

マクヘンリーらによるアウストラロピテクス(華奢型と頑丈型)およびヒト属の類縁関係。参考資料/R.R. Skelton & H.M. McHenry, Journal of Human Evolution, Vol. 23 (1992) 309-349

注/図中の「アウストラロピテクス」は省略(左ページも)。

代に生きたアファレンシスには存在しているのである。

　こうしたことから、ロブストゥスやボイセイがアファレンシスなどのアウストラロピテクスから進化し、その特徴を引き継いだと見る研究者は、これらの頑丈型の猿人を「頑丈型アウストラロピテクス」と呼んでいる。また、他のアファレンシスやアフリカヌスについては「華奢型アウストラロピテクス」と呼び名を分けている。

　他方で、頑丈型のグループは少なくともアフリカヌスよりはずっと早くヒトの祖先の系列から分岐し、別な属に進化したとみなす研究者もいる。これらの人々は命名

図5-15 アウストラロピテクスの発見場所

規約にしたがって最初に与えられた属名である「パラントロプス」を用いている。

1992年、ヘンリー・マクヘンリーは、モンタナ州立大学のランドール・スケルトンとともに、華奢型アウストラロピテクス数種と頑丈型猿人、現生のヒトの計7種の骨格を対象にし、77の形質を抽出して分析し、相互の類縁関係を求めた。

その結果、最終的に得られた系統樹は図5-14のようなものになった。ここでは、エチオピクスはアファレンシスから生み出された未知の祖先から進化し、そのまま子孫を残さず絶えてしまったことになる。また、ロブストゥスとボイセイは同じ祖先を有しており、その祖先はアフリカヌスから進化したと推測された。

つまりマクヘンリーらの研究によれば、頑丈型の3種は直線上に並ぶ関係ではなく、エチオピクスはロブストゥスやボイセイとは別の進化の流れに属する生物であり、たまたま収斂《しゅうれん》によって同じような姿に進化したことになる。またこの分析では、現生人類はアフリカヌスから進化したことになっている。

もちろんこれもまた、多数存在するアウストラロピテクス属をめぐる系統仮説のひとつにすぎない。そもそも、アウストラロピテクスの各種のうち華奢型だけにかぎっても、どれがもっともヒトの祖先に近いのか、それぞれの種の近縁関係はどうなっているのかなどについては議論が続いている。

第6章

「ホモ・ハビリス」は存在したか?

6-1
「ホモ・ハビリス」は存在したか?

最初のホモ属の登場

人間の祖先が〝ヒトらしく〟なったとき

最初期の人類には、アウストラロピテクスやアルディピテクスなどのように名前に〝ピテクス〟という言葉がついている。ピテクスはギリシア語のピテコス（pithekos）に由来し、チンパンジーやゴリラの仲間（ape）を意味する。日本では最初期の人類は猿人とも呼ばれている。

彼らが直立して2本の脚で歩き、家族を構成して道具を使って生活していたとしても、仮にわれわれ現代の人間が太古の地球にタイムスリップして実際にアウストラロピテクスを目にしたなら、それをヒトとは思えないだろう。彼らの外見はまっすぐに立ち上がったチンパンジーでしかないからである。とりわけ彼らの子どもはチンパンジーの子どもによく似ている。

われわれの祖先の外見がはじめてヒトらしい面影を宿すようになったのはいつ頃だろうか?この疑問に答えるのは難しい。

サルと人間の中間的な存在である猿人よりヒトに一歩近づいた原始的なヒトとは、一般的なイメージでは全身をおおう体毛が薄くなり、額は低くて顎が前に突き出しているといったものだ。そして、石器のような道具を使い、毛皮などの衣類も身につけている。だが、体毛の長さを骨格をもとに推測することはできない。失った体毛のかわりに衣服を身につけていたとしても、奇跡的偶然にでも恵まれなければその残骸が残ることもない。

しかし、われわれが過去の世界を探索しているとき、見るからに猿人らしい集団が多数生息している中に頭が大きくより人間的な顔だちをしたグループを見つけたなら、彼らこそが最初のヒトだと考えずにはいられないであろう。「ホモ・ハビリス」と呼ばれるグループの最初の化石は、まさにそうした状況下で発見されたのであった。

図6-1 ルイス・リーキー　半世紀にわたって人類の起源を追求し、この分野の同時代と次世代の研究者に大きな影響を与えた。
写真／U.S.DOI/BLM

ルイス・リーキー一家の新たな発見

１９６０年11月、ルイス・リーキー（図6-1）と長男のジョナサンは、タンザニアのオルドヴァイ峡谷（図6-2）のＦＬＫと呼ばれる発掘場付近を調査していた。ＦＬＫは〝フリーダ・リーキー・カロンゴ〟の略であり、ルイスの最初の妻フリーダがここを発見したことからその名がついた（ルイスはフリーダと離婚し、１９３７年頃にメアリーと再婚していた）。またカロンゴはスワヒリ語で雨が浸食した流れの跡のことだ。

ここで20歳のジョナサンは、歯のついた下顎のかけらと頭蓋の断片をいくつか発見した。化石は成体になりきっていないヒトの仲間のものと見られ、ジョナサンの名前をとって〝ジョニーの子〟という愛称で呼ばれた。

前年、発見場所の近くでメアリー・リーキーがパラントロプス・ボイセイ（当初の名はジンジャントロプス・ボイセイ）の化石を見つけていた。しかし新たに発見された骨はゴリラに似たボイセイよりはるかに現生のヒトに近い特徴をもち、脳の容積も大きいように思われた。その後、彼らは同じ場所からさらに2個の不完全な頭骨を発見した。これらもまた歯の大きさやその特徴、脳の大きさから見て、ボイセイよりはるかに現生のヒトに近かった。

新たな発見は、これまでの知識にもとづくリーキー一家の人類進化のシナリオに大きな変更を迫ることとなった。

ルイスとメアリーはオルドヴァイ峡谷の同年代（約１８０万年前）の地層から数多くの原始的な石器を発見していた。１９５９年に彼らは同じ場所からボイセイの化石を見つけたため、石器の作り主をボイセイだと考えた。そこでリーキーらはボイセイをヒトの直系祖先として位置づける系統仮説を構築し、ボイセイのヒト的特徴を強調した。

だが、〝ジョニーの子〟の化石が同じ場所から発掘されると、リーキーらはオルドヴァイ峡谷

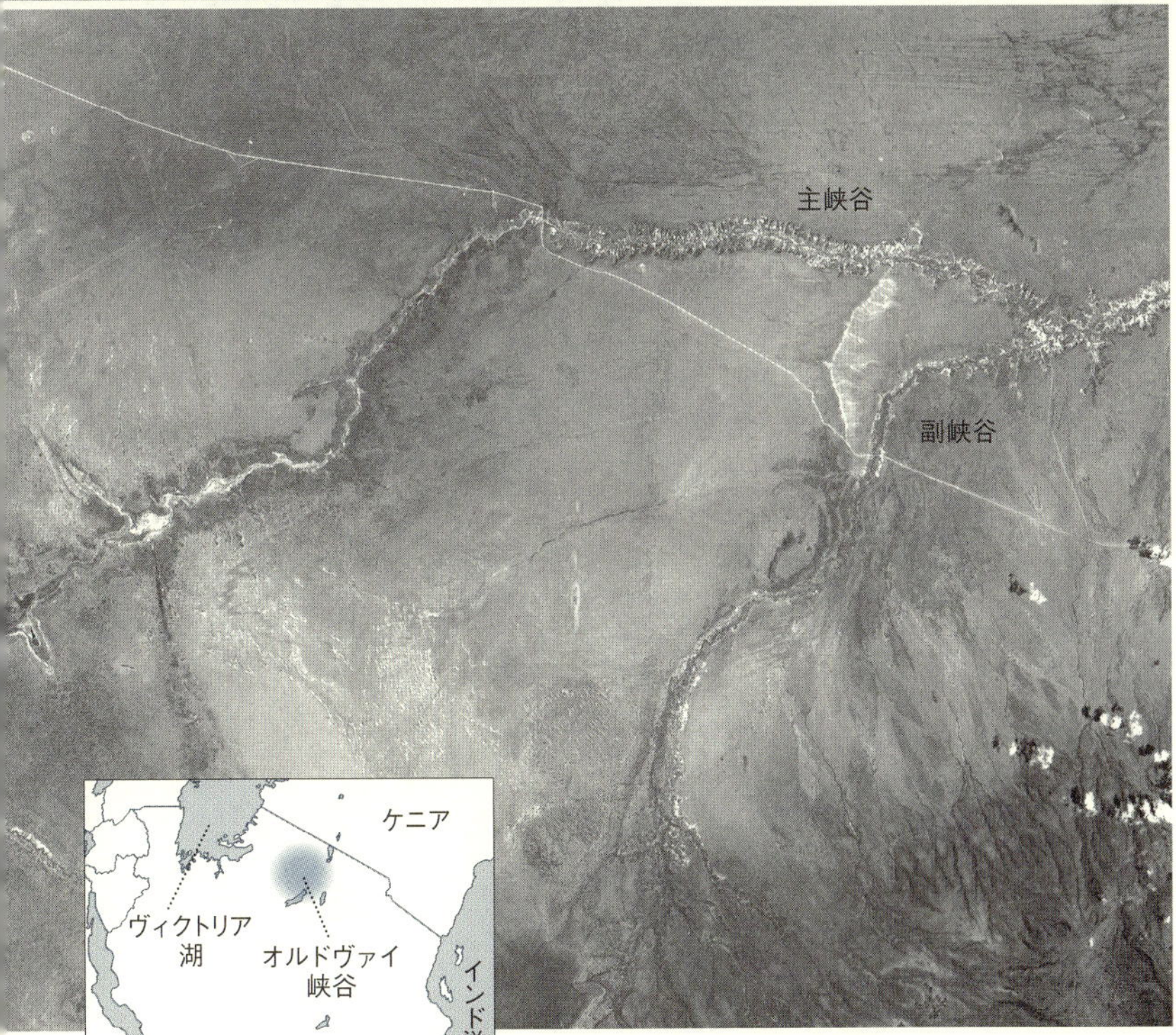

図6-2 オルドヴァイ峡谷 ホモ・ハビリスの最初の発見地であるこの峡谷は、“人類発祥の地”として知られるアフリカ大陸東部の裂け目（大地溝帯）にある。下はオルドヴァイ峡谷の衛星写真。上写真／Noel Feans 下写真／NASA/GSFC/METI/ERSDAC/JAROS, and U. S. /Japan ASTER

の石器の本当の作り手は〝ジョニーの子〟の仲間たちではないかと考えを改めた。もちろんボイセイが石器を作らなかったと言い切ることはできない。だが、石器の作り手としては〝ジョニーの子〟たちのほうが適しているように思われた。

リーキーらは慎重に研究を進めた後、「〝ジョニーの子〟こそがヒトの真の祖先であり、最古のホモ属である」と結論した。そして１９６４年にこの化石人種を「ホモ・ハビリス」（図6-3）と命名した。種名のハビリスは〝手を使う〟あるいは〝器用な〟を意味する。

新しい発見によって、約１８０万年前にはアフリカのこの地域に少なくともボイセイとホモ・ハビリスという2種類のヒトの仲間が共存していたことが明らかになった。これはまた、ヒトの進化は現代のホモ・サピエンスに向かって直線的に進んだのではなく、複雑に分岐したことを示唆してもいた。なかには子孫を残せずに絶滅したヒトの仲間もいたことだろう。ホモ・ハビリスの化石はケニアのトゥルカナ湖でも発見されているが、ここではハビリスは2～3種類のヒトの仲間と共存していたと見られている。

リーキーらはホモ・ハビリスについて最初の論文でおもに左ページの表のような特徴をあげた。この時点で研究対象となった化石はすべて頭蓋と顎だけであったため、頭部以外の特徴については書かれていない。

ホモ・ハビリスの化石は、その後ケニアのトゥルカナ湖、南アフリカのスタークフォンテン、エチオピアのオモ川流域などから次々に発見された。１９８６年には、ティム・ホワイトがオ

図6-3 ホモ・ハビリス　アウストラロピテクスから進化（分化）した最古のホモ属とされている。
撮影／金子隆一/Transvaal Museum

ルドヴァイ峡谷でホモ・ハビリスの上顎や頭蓋の断片とともに四肢の骨も発見した。これまでに発見されたホモ・ハビリスの四肢の骨はこれのみである。

ホモ・ハビリスの脚は2足歩行

●ホモ・ハビリスの特徴

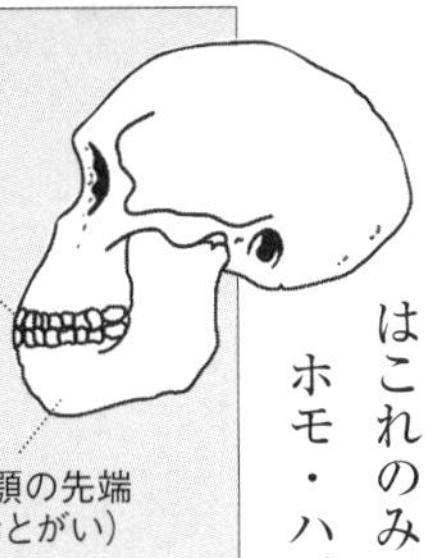

1 ホモ・エレクトゥスよりは小さいがアウストラロピテクスよりは大きな脳容積（平均600立方センチメートル）をもつ。

2 顎は突き出していない。上顎も下顎もアウストラロピテクスほど発達しておらず、ホモ・エレクトゥスもしくはホモ・サピエンスに近い。

3 頭蓋側面にある顎の筋肉の付着場所が中程度もしくは強く発達している。

4 顎先は後退し、おとがいは中程度に発達しているか発達していない。

5 アウストラロピテクスやホモ・エレクトゥスに比べて門歯が相対的に大きい。

6 犬歯が前の臼歯に対して相対的に大きい。

7 前の臼歯の幅がアウストラロピテクスに対して相対的に狭く、ホモ・エレクトゥスと同程度である。

に高度に適応していた。しかし四肢の骨にもとづく復元では、彼らの身長はわずか1メートルあまり、腕と脚の長さの比は1対1と腕が非常に長いと推定された。だがこの復元はあまりにも非現実的とみなされ、2004年カリフォルニア大学デーヴィス校のヘンリー・マクヘンリーらによる復元の見直しが行われた。その結果、ホモ・ハビリスの身長はおそらく140～150センチメートルという数値に修正された。

地層などの年代測定によると、彼らの生息年代は230万～140万年前（更新世初期）に及ぶという。これは年代的にはアウストラロピテクスとホモ・エレクトゥス（ヒトの直系祖先とされている）の間に位置する。

ルイス・リーキーと人類化石

化石を探す〝白いアフリカ人〟

その生涯を化石の発掘調査による人類の祖先探しに捧げた古人類学者・霊長類学者といえば、誰もがルイス・リーキーの名前をあげる。しかし、古人類学の調査研究と次世代の研究者の育成は彼ひとりの仕事ではなく、文字通り彼を家長とするリーキー一家の業績であった。

ルイス・シーモア・バゼット・リーキーは1903年、アフリカのケニア（当時の大英帝国保護領東アフリカ、1920年から直轄植民地、1963年独立）で、現地のキクユ族への布教のために送り込まれたイギリス人宣教師夫婦の子として生まれた。

この地で弟および2人の妹とともに育ったルイスは英語と同様にキクユ語も自由に話し、後年〝白いアフリカ人〟と呼ばれてケニア人をはじめとするアフリカ人の尊敬を得ることになる。少年時代の彼はここで鳥の卵やさまざまな動物の頭骨などを収集して、しだいに博物学への興味を深めていった。

リーキー家はしばしばイギリスでも生活し、その間ルイスはケンブリッジ大学に進んで宣教師を目指したものの、入学翌年にラグビーで負傷して学業を続けることができなくなった。

だがこの出来事が彼のその後の人生を大きく変えることになった。1924年に大英博物館がアフリカに送り出した化石発掘隊の一員として採用されたことから彼は本格的に人類学と考古学を学び始め、そのすぐれた素質を認められて大学に戻るやすぐに人類学の講義や執筆を行うようになった。

ジンジャントロプスの頭骨を手にするルイス・リーキーと2度目の妻メアリー（1959年）。
写真／American Academy of Achievement

こうして人類学者となったルイス・リーキーは、しばしば東アフリカに渡って発掘と出土品の研究を行う生活を始めた。1928年にはアシュール文化の遺跡を発見し、その後、2度目の妻メアリーとともにタンザニアのオルドヴァイ峡谷でホモ・ハビリスを発見、メアリーもアウストラロピテクスの2足歩行の足跡化石を発見した。しかし他方で、最初の妻の妊娠中の離婚とメアリーとの再婚が、科学者としての自らの評判を落とすことにもなった。

ルイスの息子リチャード・リーキーも父を追って人類学の道に入った。この父子は直感に頼る猪突型の研究者であり、科学的厳密性が足りないと批判する者もいたものの、発掘に対する並外れた情熱によって次々と際立った成果をあげていった。彼らが1930年と32年に発見した化石は人類の最古の祖先だと主張した。いまやリーキーの名は人類学の世界の最大のスターとなった。

プロコンスル、ホモ・ハビリスの発見

第二次大戦中ルイス・リーキーはケニア政府から

Column

諜報員として徴用され、ドイツおよび日本とともに枢軸国の一角を形成していたイタリアの戦闘部隊がエチオピアに侵攻した際には、これに抵抗するゲリラの支援活動も行った。その間、妻のメアリーは発掘を続けていた。

戦後の1947年1月、ルイス・リーキーがナイロビでパンアフリカ先史時代会議を開催すると世界26カ国60人の科学者が参加、彼らはリーキー家の発掘現場をも見学し、彼の名前はいよいよ高まった。

1948年、豊富な資金を手にするようになったリーキー夫妻はヴィクトリア湖のルシンガ島の調査を実施、ここでメアリー・リーキーはプロコンスルの完全な化石を発見した。1950年、オクスフォード大学はルイス・リーキーに名誉博士号を贈った。

この50年代には彼らはアフリカ各地で発掘を続け、とくにタンガニーカ（現在のタンザニア）のオルドヴァイ峡谷ではジンジャントロプス・ボイセイ（パラントロプス・ボイセイ）のほか、ホモ・ハビリスなどきわめて重要な発見を行った。

その後リーキー夫妻は（ルイスの頻繁な女性問題が原因して）しだいに不仲になってはいたものの協力関係はしばらくの間続き、メアリー・リーキーはおもにオルドヴァイで、ルイス・リーキーはさまざまな場所で発掘を続けた。彼は発掘や講演のためだけでなく資金集めのためにも各国を訪れたが、とりわけアメリカではつねに人々の注目の的となった。

しかし1960年代末になると（すでに妻メアリーとは研究においても対立する関係になっていた）ルイスの心臓は急速に衰え始め、1972年10月、彼は2度目の心臓発作によってロンドンのセント・スティーブンス病院で死去した。69歳であった。

ルイス・リーキーが残した遺産――それは、われわれ人類はアフリカで進化したというチャールズ・ダーウィンの仮説を強く支持し、それを数十年に及ぶ化石発掘によって証明しようとし続けたことであった。

6-2 「ホモ・ハビリス」は存在したか？

誰が最初に〝脳のルビコン川〟を渡ったのか？

最古のヒト化石への執着

ホモ・ハビリスの発見は人類進化の研究史上において一里塚になる価値があるようにも思われる。だが他方で、この化石をホモ属と断定したリーキーらの見解には当初からさまざまな異論が提出された。存在そのものを否定する見方も強く、ホモ・ハビリスを含めない人類進化の系統仮説も１つや２つではない。古人類の中でこれほど物議をかもす存在はほかにない。

ホモ・ハビリスの論争のひとつは脳容積についてであった。当初、リーキーらが発表したホモ・ハビリスの脳容積は６００立方センチメートルだったが、その後複数の化石が発見され、平均脳容積はやや下方修正されて５５０立方センチメートルとなった。これはパラントロプス・ボイセイのオス（５４０立方センチメートル）とほとんど違わない（図６-４）。たとえ５５０立方センチではなく６００立方センチでもホモ属と呼ぶには小さすぎる、という意見が当時の主流だった。

かつてピルトダウン人を支持したアーサー・キースは、ヒトの進化は脳の巨大化から始まったと提唱し、ヒトとサルを隔てる決定的な要因は脳の大きさにあるとした。彼のいう〝脳のルビコン川〟（ルビコン川はローマ内戦を決意したカエサルが進軍時に渡った川）、つまりヒトとサルの境界線となる脳の容積は７００～８００立方センチであろうという。
ところが、リーキーはそれより１００立方センチも少ない脳をもつ霊長類をホモ属だと主張し、サルとアウストラロピテクスのような猿人、そして猿人とホモ属との境界線をあいまいにしてしまった。見方を変えれば、リーキーらは、脳の大きさはヒトの進化においては二次的な要因であったとする今日的な視点を示唆した先駆者であったともいえる。

リーキーらはまた、自分たちがかつてヒトの祖先と述べたパラントロプス・ボイセイの人類の進化史上における位置づけを変えた。ホモ・ハビリスが石器を製作し、他方で同時代のボイセイに石器を作る能力がなかったか原始的な石器しか作らなかったとすれば、ボイセイは現生人類とは直接の関係がないのだろう。パラントロプス・ボイセイがホモ・ハビリスと同じ場所で発見されたのは、この猿人がホモ・ハビリスの居住区域に侵入したためかもしれない。もしかすると、大きな脳と進んだ石器を手に入れていたホモ・ハビリスは自分たちより大きなボイセイを〝獲物〟として狩り立てた可能性もある――こうリーキーらは考えた。

リーキーらのこうした推測に対し、彼らの変節を皮肉る研究者たちもいた。どの学界であれ、先端を走る研究者に対しては周囲の嫉妬がある。だが他の研究者たちの不興を買ったのは、そうした嫉妬というよりはルイス・リーキーの〝トロフィー〟を求める態度、つまり最古のヒト化石への異常なまでの執着ぶりであったらしい。

古生物学者のドナルド・ジョハンスンは、「要するに古人類学界はルイス・リーキーの『人間

図6-4 脳の大きさ比較

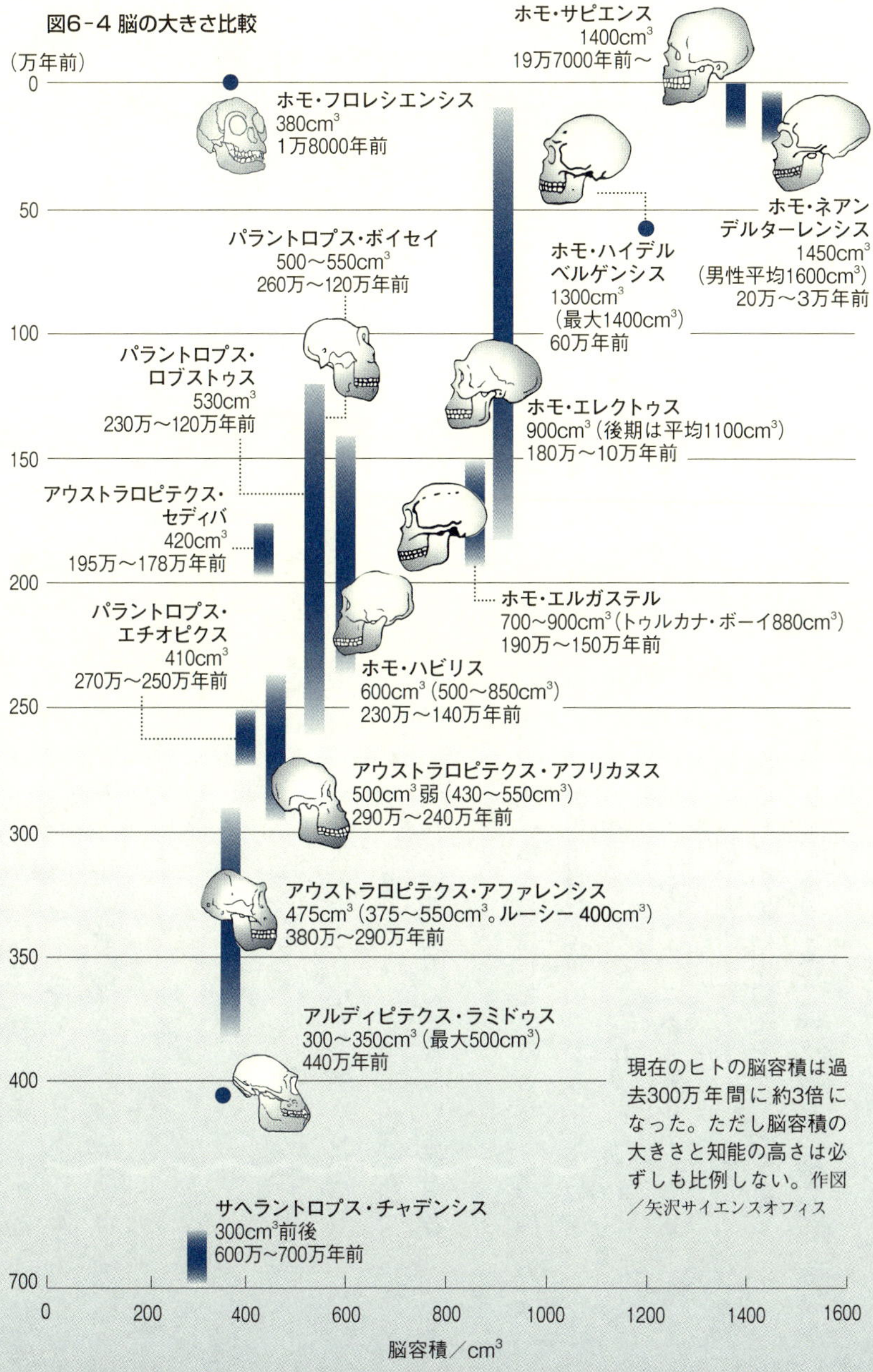

現在のヒトの脳容積は過去300万年間に約3倍になった。ただし脳容積の大きさと知能の高さは必ずしも比例しない。作図/矢沢サイエンスオフィス

だ！』という叫びを聞きあきたのだ」（ドナルド・ジョハンスン&ジェイムズ・シュリーヴ『ルーシーの子供たち』）と表現している。一般には新しい事実や実験結果が提出されたとき、自分の仮説を捨て去る態度は科学者として決して悪いものではない。

脳の大型化と食生活と道具の関係

1960年代、ヒトの進化史におけるアウストラロピテクスの位置づけはしだいに定まりつつあった。研究者たちは、ヒトの祖先はアウストラロピテクスのように小さな脳から出発し、直立してからその脳は徐々に大きくなっていったとするシナリオを描いた。直立して2本脚で歩くことがヒトの必要条件であり、脳の大型化はその後に生じた付帯要因にすぎないと研究者たちは考えるようになったのである。

脳の大型化は環境と無関係に単独で起こることはない。脳は体が静止しているときでもつねに大量の糖を消費し、大量の熱を放出している。現代人の脳の重量は体重の2パーセントにすぎないが、消費エネルギーは全身で消費される量の20パーセントを占めるとされている。エネルギー消費で見るなら、脳は全力で運動しているときの筋肉よりも多くのエネルギーを消費する燃費の悪い器官ということになる。

このような器官の進化を可能にするには、エネルギー摂取効率のよい肉のような食物を摂らなくてはならない。肉のカロリーはおおむね植物性食物の10倍である。たしかに獲物を捕らえるには大きなエネルギー的投資が必要になり、狩りに失敗する確率も高い。そこで植物も食べて機会があれば肉も食べる雑食性の動物なら、両方の長所を利用できる。ボイセイやゴリラのように植物食に特化した生物では、顎筋が頭蓋を左右から締めつけるように発達するため、脳が大型化する余地もあまりない。ヒトの祖先も、歯のエナメル質の厚さや顎の構造から見ると、一部は植物食であったと見られるものの、基本は雑食性への道を歩んできたと考えられている。少なくとも直立歩行するようになってからのヒトは歯のエナメル質が薄いままであり、肉が初期人類の食生活の一定部分を占めていたことをうかがわせる。

牙や鋭い爪などの有効な武器を体にもたないヒトが、道具を使わずに動物を狩りかつそれを解体することは容易ではない。直立2足歩行によって両手がフリーになったのは最初は多くの食物を家族のもとに運ぶためだったのかもしれないが、同時にそれは道具の使用を可能にした。これによって狩りや肉の処理が効率化しただけではなく、手の多様な動きが脳を発達させることにもなった。食物が以前より容易に得られるようになったために脳に栄養が行きわたり、さらに発達を促すことになった。それはもしかすると言語の誕生につながった可能性もある。

こうして食物と道具の使用はヒトの脳をしだいに大きくし、知能を高めるように作用した。すると狩りの手法や食物の保存法などがさらに発達し、食生活が以前よりも豊かになっていった。脳の発達を促すこうした正のフィードバックが脳をさらに発達させる――これは地球上で起こった他に例のない特異な進化であったのかもしれない。

「ホモ・ハビリス」は進化系統の孤児

猿人の頭部と現生人類の歯

ホモ・ハビリスはアウストラロピテクスに比べてはるかにヒトらしい見かけをもっている。この点から、ホモ・ハビリスがヒトの直系の祖先だとするリーキーの見解を支持する研究者も少なからず存在した。だがその後さらに多くの化石が発見されるにつれ、ホモ・ハビリスの位置づけを疑問視する研究者が増えていった。

ヒトの直系の祖先とされるホモ・エレクトゥスはホモ・ハビリスの後に出現しているが、研究者の多くはホモ・エレクトゥスがホモ・ハビリスから進化したとは考えにくいと見ている。ホモ・エレクトゥスの形態上の特徴はアウストラロピテクス・アフリカヌスからホモ・エレクトゥスが直接進化したことをうかがわせるというのである。たしかに年代的にはホモ・ハビリスはアフリカヌスとエレクトゥスの中間にあるが、形態的には両者を結びつけるような連続性が見られない。

さらにホモ・ハビリスという分類も疑問視され始めた。１９６０年にはじめてホモ・ハビリスの化石が発見されてから、アウストラロピテクスよりも現生のヒトに近い特徴をもつ化石がアフリカでは数多く見つかった。研究者たちは生息年代やヒトに近い外観などから明確な基準なしにそれらをホモ・ハビリスに分類した。

だが彼らの形態はきわめて多様であり、アウストラロピテクス的な部分とヒト的な部分が入り混じっていた。脳の大きさも、最小では５００立方センチメートルだが最大では８５０立方センチと非常に幅があった。

形態の多様さを示すひとつの例は、１９７３年にケニアのトゥルカナ湖東岸のコービフォラで発見された１８５万年前の頭骨の化石である。これは脳容積は６００立方センチメートルと平均的な大きさではあるが、頭蓋の骨は分厚く、ホモ・ハビリスのものとされた頭骨の中では唯一、後頭部に矢状稜《しじょうりょう》が存在していた。

矢状稜はパラントロプス（頑丈型アウストラロピテクス）に見られる顎の筋肉のつく部分で、一般にこの稜が大きい生物は顎の筋肉が発達している。だがこのホモ・ハビリスの歯はパラントロプスに比べてずっと小さい。研究者たちはこの頭骨を〝ミステリー・スカル（謎の頭骨）〟のひとつに数えている。もしホモ・ハビリスとパラントロプスの間に子どもが生まれたならちょうどこんな感じになるかもしれない。

また、同じコービフォラで１９７２年に発見された化石（ＫＮＭ－ＥＲ１４７０。図６－５）は脳容積が７８０立方センチと大きい。しかしその顔はホモ・ハビリスにしてはあまりにも前方に突き出ており、アウストラロピテクスに似ている。これに対して同じ場所で１９７３年に発見された化石は顔面が小さく、前年に発見された１４７０の半分しかなく、顔つきも人間的であった。しかし脳容積は５１０立方センチとアウストラロピテクス並に小さい。同じ場所から発見された同属同種のものとしては違いが大きすぎる。

体や脳、顔面の大きさの違いに注目し、これをオスとメスの性差と見る研究者もいる。だが一部の研究者は、ホモ・ハビリスは単独の種からなるのではなく、実際には2種以上の種を含んでいるのではないかと考えた。

「ホモ・ルドルフエンシス」は幻？

１９８６年、ソ連（現ロシア）の古人類学者ヴァレリー・アレクセーエフは、ホモ・ハビリスとされてきた骨格ＫＮＭ－ＥＲ１４７０をホモ・ハビリスではなく最古のヒト属のひとつと考えた。アレクセーエフは１４７０に新たに「ピテカントロプス・ルドルフエンシス」の名を与えた。彼は、ピテカントロプスすなわちホモ・エレクトゥスの系統がこの時点ですでに登場していたと考えたのである。

種名のルドルフは化石産地であるトゥルカナ湖が当時はルドルフ湖と呼ばれていたことに由来する。ただ、実際にはアレクセーエフは文献を調べただけで、化石を実際に研究したわけではない。

この見解は多くの研究者に支持され、ピテカントロプス・ルドルフ

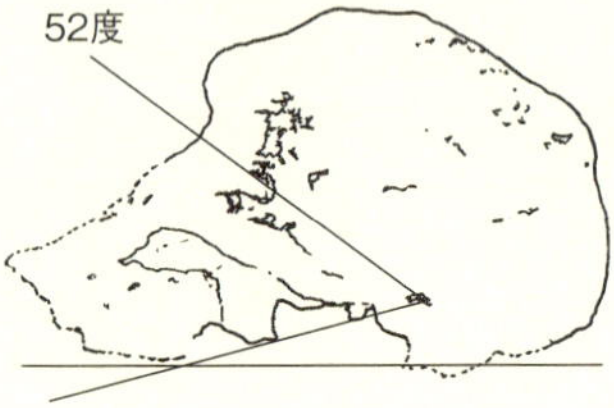

2007年 ブロマージュの復元
（ニューサイエンティスト誌）

エンシスはその後「ホモ・ルドルフエンシス」と名を変えた。

だが、ホモ・ハビリスが2つの種に分割されて一件落着かといえば、話はそう簡単ではない。２００７年、ニューヨーク大学歯学部のティモシー・ブロマージュはホモ・ルドルフエンシスのタイプ標本であるＫＮＭ－ＥＲ１４７０を綿密に調べ、その復元状態を調べてみた。

この化石はコービフォラのエリア１３１という発掘場所で１５０の細かい断片に分かれて広く散らばってたものをリーキー一家の調査隊

図6-5 KNM-ER1470（ホモ・ルドルフエンシス）
ホモ・ハビリスとアウストラロピテクス両方の特徴をあわせもち、ホモ・ハビリスという分類が疑問視されるきっかけにもなった。
写真／金子隆一/British Museum (Natural History)

図6-6 KNM-ER1470の頭骨復元の遷移

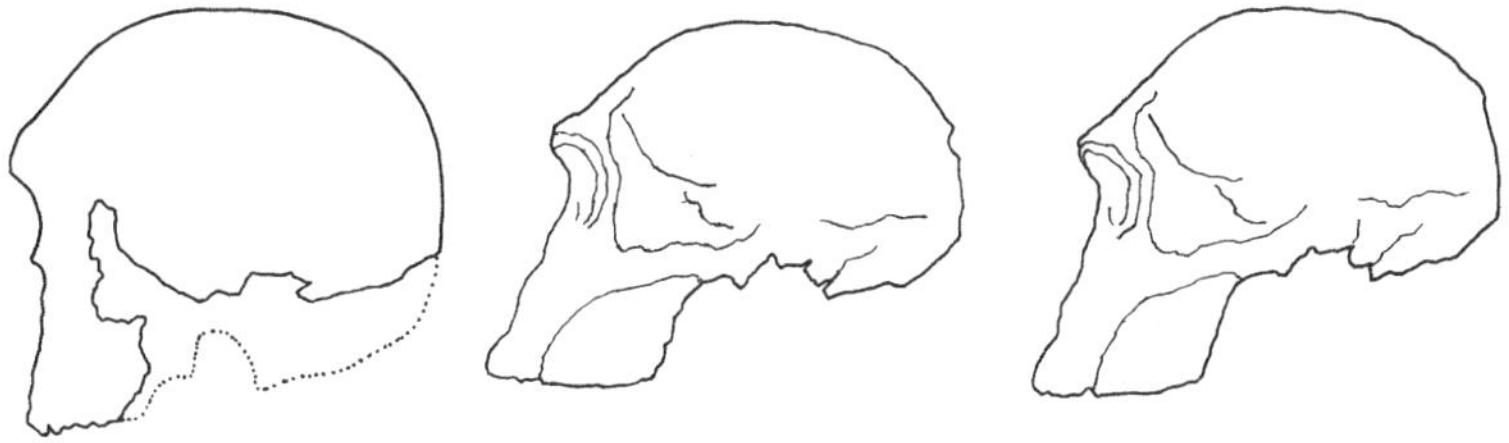

1972年 発見当時の復元　1985年 ペレグリーノの復元　1995年 R・リーキーの復元

この図は、ある頭骨化石の復元が時代とともも大きく変わってきたことを示している。1972年（左端）の復元では顔面が現代人のようにほぼ垂直に復元されたが、2007年（右端）ではあごが著しく前方に突き出てサルの特徴を強調したものになっている。　図参考資料／Sean D. Pitman

が丹念に拾い集めたものだ。これらの断片をリチャード・リーキー（ルイス・リーキーの息子）の妻ミーヴ・リーキーらが数週間がかりで組み立てた。

彼らは当初、化石は実際より１００万年も古い２８０万年前のものと推測し、死の数日前に化石を見たルイス・リーキーはこれを見て、「知られていないホモ属の化石」と考えた。つまり、ルイス・リーキーはまたもやこれを最古のヒト属と確信したのである。復元を行ったミーヴらは古人類学者であり、合理的な復元を試みたはずではあったが、ルイスの思い込みに影響を受けて復元にバイアスがかかった可能性は否めない。

ブロマージュは１４７０の化石の断片をひとつひとつコンピューターに取り込み、現在の最新の知識にもとづいて頭骨を復元した。ところが、コンピューター

ホモ・ハビリスはアウストラロピテクス属の個体差にすぎないと主張するひとり、バーナード・ウッドによるヒト科の分布。＊印は1990年頃以降に発見された化石。

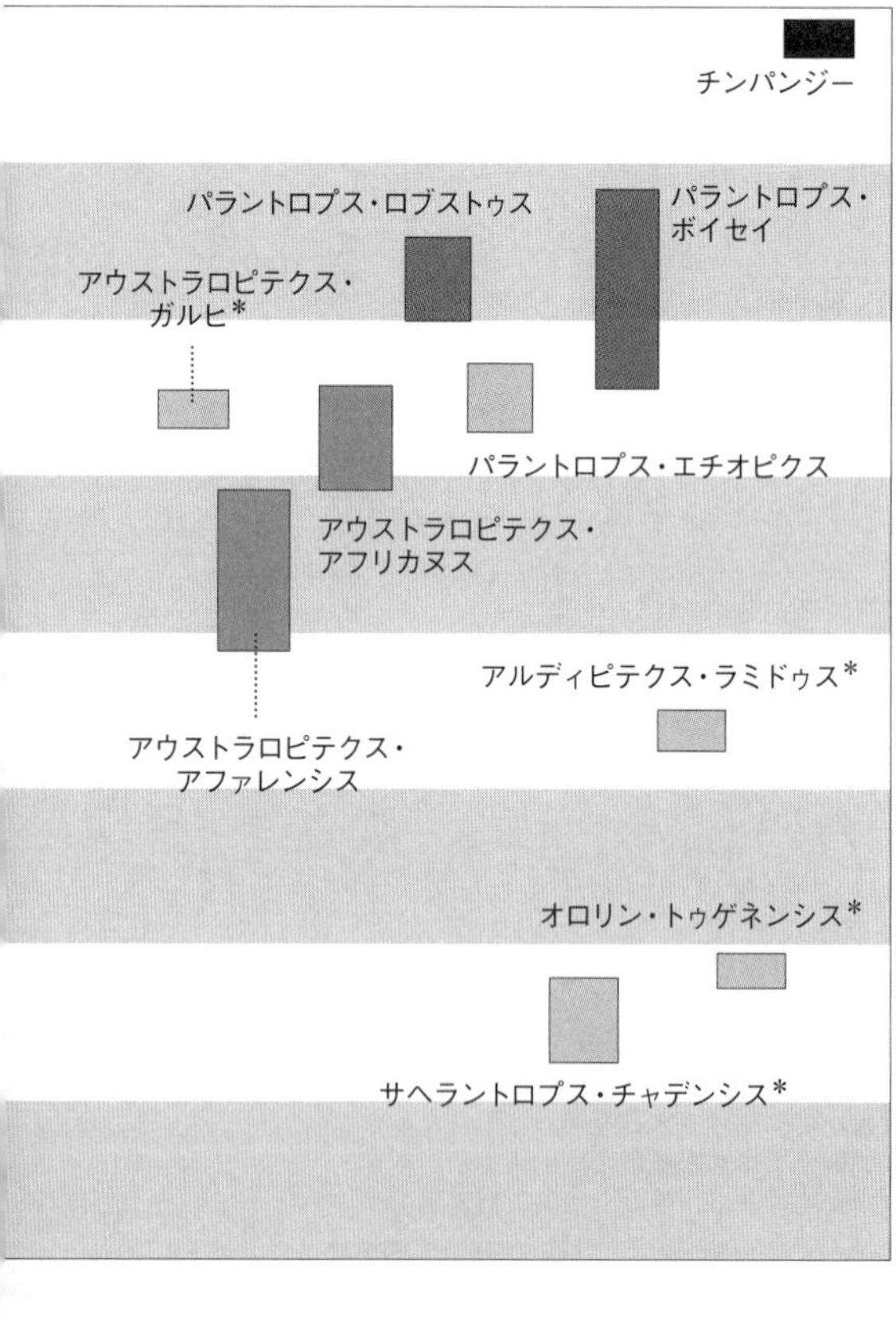

参考資料／Bernard Wood, Hominid Revelations from Chad, Nature Vol. 418 (2002) 133-135/etc.

が描き出した頭骨の映像はミーヴらの復元とは似ても似つかないものだった。その脳容積は以前の復元と比べてはるかに小さい５３０立方センチであり、顔面は以前の復元より大きく突き出し、アウストラロピテクス的であった（図6-6）。とすれば、ホモ・ルドルフエンシスと命名されたヒト属はそもそも存在しなかったのかもしれない。

　一部の研究者はホモ・ハビリスのこのようなアウストラロピテクス的な特徴を重視し、これまでホモ・ハ

図6-7 化石によるヒト科の分布

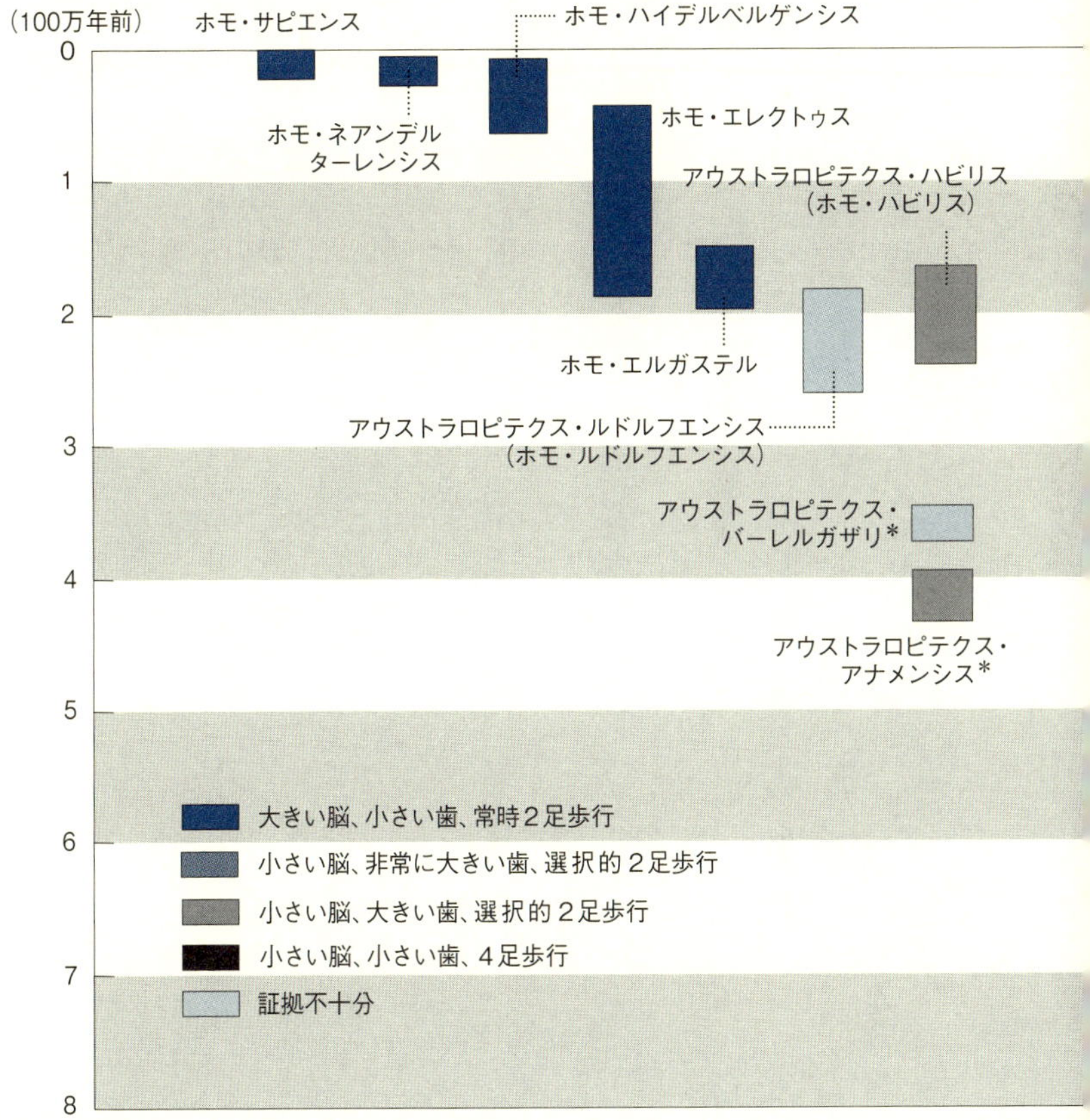

ビリスに分類されてきた骨格をすべてアウストラロピテクス属の新しいいくつかの種に分類すべきだと考えている。なかには、ホモ・ハビリスはいずれも既存のアウストラロピテクス属の個体差にすぎないと主張する研究者もいる。

アメリカ、ジョージ・ワシントン大学の人類学者バーナード・ウッドはホモ・ハビリス＝アウストラロピテクス属を主張する中心的論客のひとりだが、１９９９年に彼はイギリスのマーク・コラードとともに、ホモ・ハビリスを含むホモ属全体の分岐学的解析を試みた。その結果は、ハビリスとルドルフエンシスがともにホモ属ではなくアウストラロピテクスの系統に含まれることを示していた。さらにその解析によれば、アフリカに生息していた初期のホモ・エレクトゥスないしホモ・エルガステル（第７章参照）という種が現生人類の直接の祖先になるという（図6－7）。

ホモ・ハビリスに関するこうした仮説はさまざまあるが、問題はどの説をとってもそれを裏付ける決定的な証拠はいまだ得られていない。

現在でもホモ・ハビリスという種が存在していたと見る研究者は少なくないものの、ホモ・ハビリスはもはや現生人類の直系祖先とは考えられてはいない。ホモ・ハビリスは、進化の袋小路に入り込んでそのまま系統が途絶えた一族なのかもしれない。ホモ・ハビリスが生きた２３０万～１４０万年前頃のアフリカには、生物の系統上の孤児とでも呼ぶべきこうしたグループが少なからず存在していた可能性がある。

第7章

ヒトの直系祖先
ホモ・エレクトゥス

7-1 ヒトの直系祖先ホモ・エレクトゥス

アフリカからユーラシア大陸全域に広がったホモ・エレクトゥス

多様化したホモ・エレクトゥス

ホモ・エレクトゥス（図7－1、2）はおそらくわれわれの直系の祖先である。彼らは人類の進化史上はじめてアフリカ大陸を離れ、ユーラシア大陸に向かった。そしてヨーロッパから東アジアまで広がって各地に定着し、それぞれ独自の進化をとげていった。

こうしてユーラシア全土に広がったホモ・エレクトゥスは地域によって姿が大きく異なるようになった。生息年代も１８０万～10万年前（一説には約3万年前）までと推測され、アウストラロピテクスには及ばないものの相当に長い。こうしたことから、一部の研究者はホモ・エレクトゥスすべてを単一種として扱うのは無理があるとみなし、地域による違いをもとに複数の種に分類している。この場合、ホモ・エレクトゥス（狭義のエレクトゥス）は最初に名前を与えられたジャワ島の種すなわちピテカントロプスの名称となる。

本章では、こうしたすべての種を含めた広義のホモ・エレクトゥスを俯瞰し、近年では個別の種に分類されることの多いホモ・エルガステルやホモ・ハイデルベルゲンシスについても言及したい。

撮影／金子隆一／Transvaal Museum

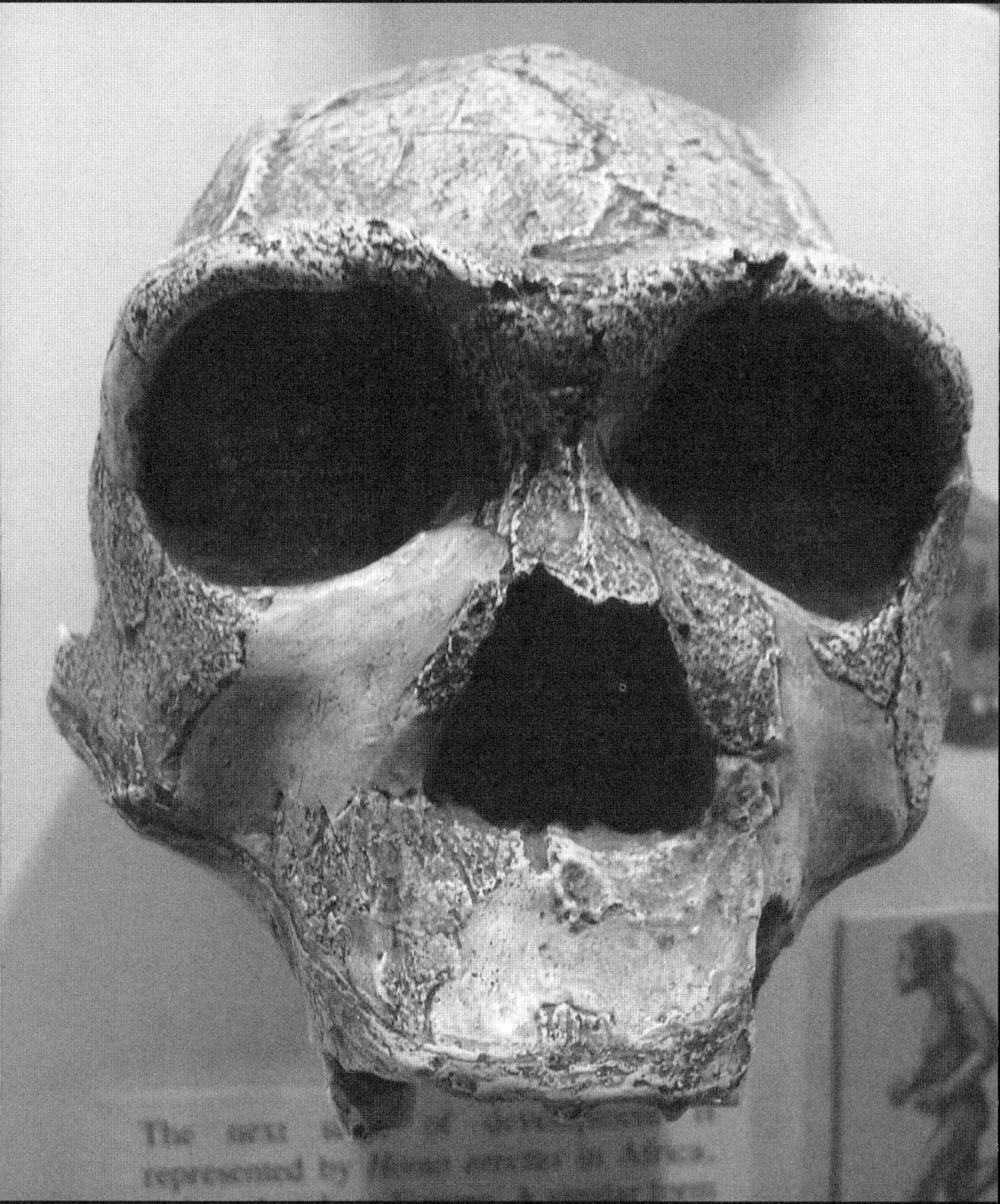

ホモ・エレクトゥスはホモ・ハビリスやアウストラロピテクスよりも進化して現代のヒトに近く、しかしネアンデルタール人より原始的なヒトの仲間である。そしてヒトの他の種と異なる左ページの表のような特徴をもっている。ホモ・エレクトゥスは背が高く、身長は150〜185センチメートルもあった。アウストラロピテクスとは異なって腕は短く脚が長いという体つきは現生人類に似ていた。

〝寒さ〟が文化や社会性を生み出す力となった

ホモ・エレクトゥスの生きた時代に地球は寒冷化し、氷期がくり返し訪れるようになった。体毛をおそらくすでに失っていた彼らは、寒さの中でも生き抜くために高いエネルギー源を必要としたと推測されている。ホモ・エレクトゥスは狩りを行い、肉を主要な栄養源としていた。そしてこれが、さまざまな道具や技術を発達させることへとつながった。

170万〜160万年前にはアフリカやヨーロッパのホモ・エレクトゥスはアシュール型石器[*1]を利用するようになった。刃の両面が加工されたハンドアックス（手斧）や鉈《なた》に似た道具は獲物をさばくために役立ったであろう。彼らは石器の種類に応じて異なる材料を用いることもあったようだ。ホモ・エレクトゥスはまた果実を集め、ハチミツや掘り起こした植物の根なども食料にしていたと考えられている。

＊1 **アシュール型石器**　約250万〜30万年前（旧石器時代前期）に作られた石器で、楕円型または洋ナシ型をした手斧。アフリカ、アジア、ヨーロッパの広い地域で発見されている。　撮影／金子隆一

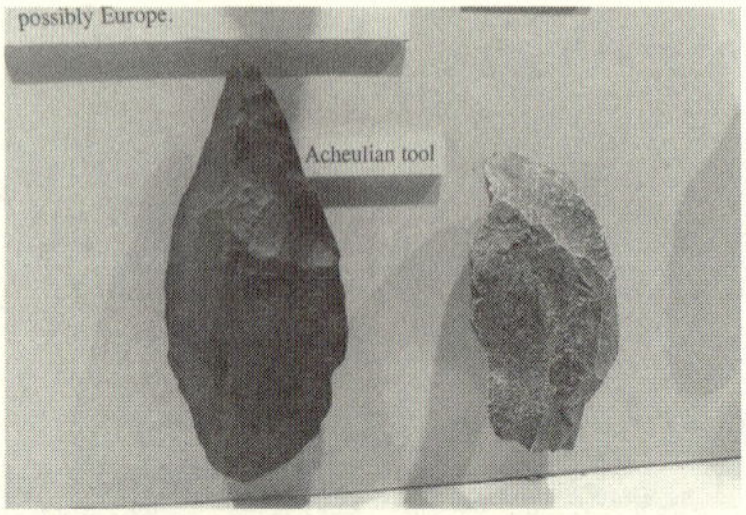

図7-2 ホモ・エレクトゥスの頭骨の側面。彼らの特徴のひとつとして後頭部下部が隆起している。撮影／金子隆一/Transvaal Museum

ホモ・エレクトゥスは集団が協力して狩りを行っており、火も使い始めたらしい。火は暖をとり食物を料理するために役立った。イスラエルの約79万年前の地層からは火で焼けこげた石器、樹木な

図7-3 ホモ・エレクトゥスの想像図（男性）。 イラスト／Steveoc 86

●ホモ・エレクトゥスの特徴

1 脳容積は850〜1100立方センチメートルで、ホモ・ハビリスの上限値より大きく、現生人類の脳の大きさに重なっている。

2 現生人類に比べて頭蓋の骨が分厚く、頭蓋そのものはもり上がっていない。

3 眉《び》上《じょう》突起は分厚く、しばしば前方に突き出して棚状になっている。

4 後頭部の下部をとり巻くように隆起（横後頭隆起）が発達している。

5 眉上突起のすぐ後ろは幅が狭くなっている。

6 口蓋と顎は相対的に幅が広い。

どの炭などの堆積した場所が見つかっており、この頃にはすでに火が利用されていたと見られている（187ページコラム参照）。

西アジアの寒冷なグルジアでもヒトの化石が発見されていることから、150万年以上前からホモ・エレクトゥスは火を使用していたと見る研究者もいる。おそらく言語やそれに類する形でのコミュニケーションも発達し始めていたであろう。

参考資料／Smithsonian National Museum of Natural History/etc.

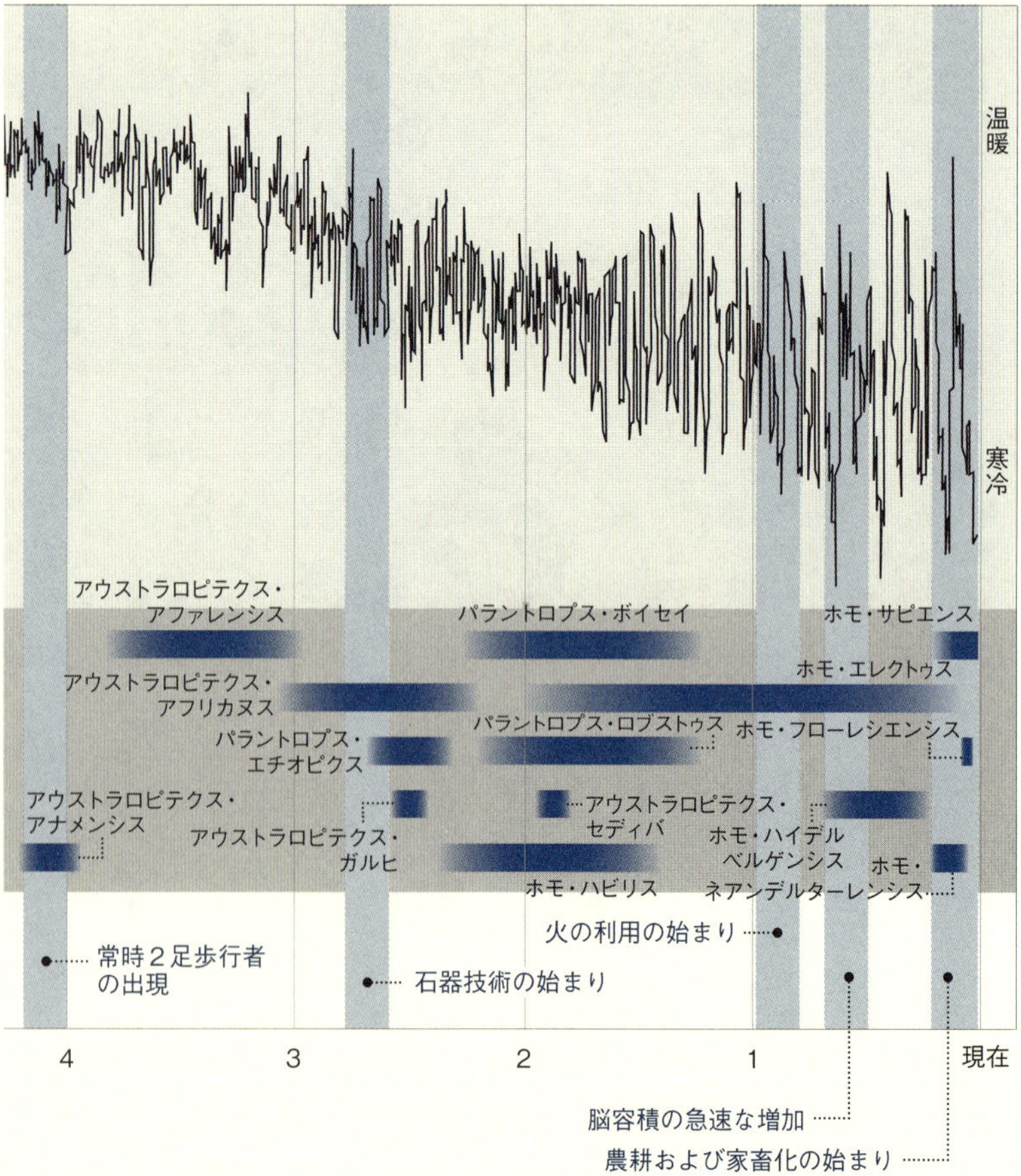

後述するように、ホモ・エレクトゥスの中でも最後に現れたグループは洞窟など自然にできたシェルターを住処としただけではなく、自分たちで家を建造することもあった。彼らは他の動物たちとは大きく異なる特徴をそなえ始めていたようである。とりわけ寒気がたびたび襲う厳しい環境がホモ・エレクトゥスの文化と社会性を高めることになったと推測されている(図7-4)。

図7-4 地球の平均気温の変化と人類の進化

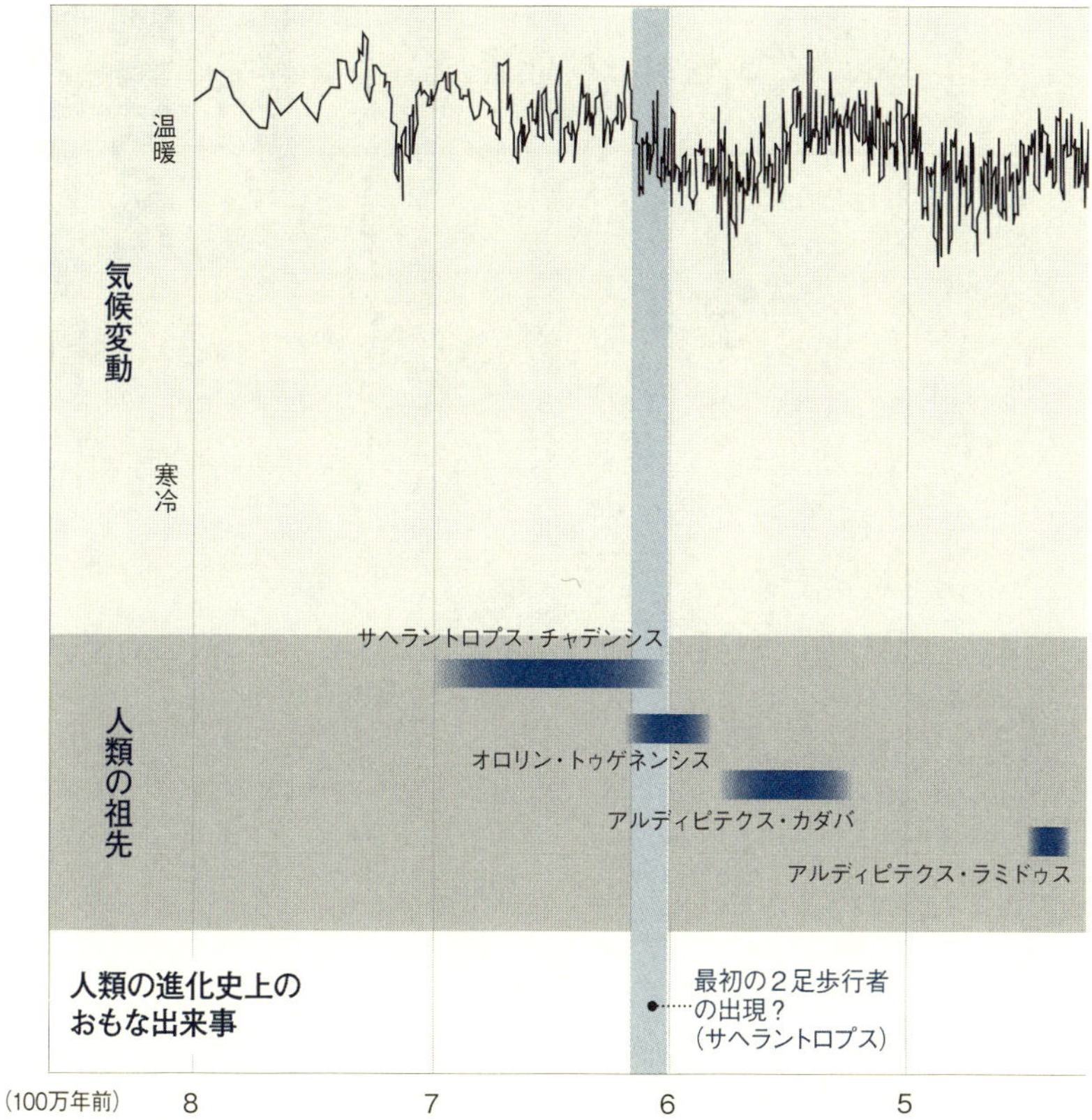

過去800万年間の地球の気候変化は人類の進化にも影響を与えたと考えられている。

7-2
ヒトの直系祖先ホモ・エレクトゥス

人類の〝出アフリカ記〟はこうして始まった

身長168センチの8歳の少年

ホモ・エレクトゥスの中でももっとも年代的に早く登場したグループはアフリカに住んでいた。彼らはホモ・エレクトゥスとは別種とみなされることも多く、その場合は「ホモ・エルガステル」と呼ばれている。

１９４９年、南アフリカの古生物学者ジョン・ロビンソンは同国の１６０万～１５０万年前頃の地層からヒトの仲間のものと見られる顎の断片を発見し、その持ち主を「テラントロプス・カペンシス」と命名した。だがテラントロプスがヒトの進化の上でどのような位置を占めているのかはわからず、化石もしばらくの間忘れられていた。

続いて１９７４年、ケニアのトゥルカナ湖畔（図７－５）においてリチャード・リーキーらが不完全な顎を発見した。当初これはアフリカに生息していた頃の初期のホモ・エレクトゥスのものと考えられた。しかし、この顎を調べたオーストラリア国立大学のコリン・グローヴスとチェコスロヴァキア（現チェコ）のプラハ自然史博物館のヴラティスラフ・マザックは、ホモ・エレクトゥスにしては顎の幅が狭すぎることや門歯の歯並びの幅も狭いことに気づいた。さ

図7-5 トゥルカナ湖　ケニアとエチオピアをまたぐ面積6400平方キロメートル（琵琶湖の10倍）の湖。アフリカ大地溝帯の中に位置する。　写真／Doron

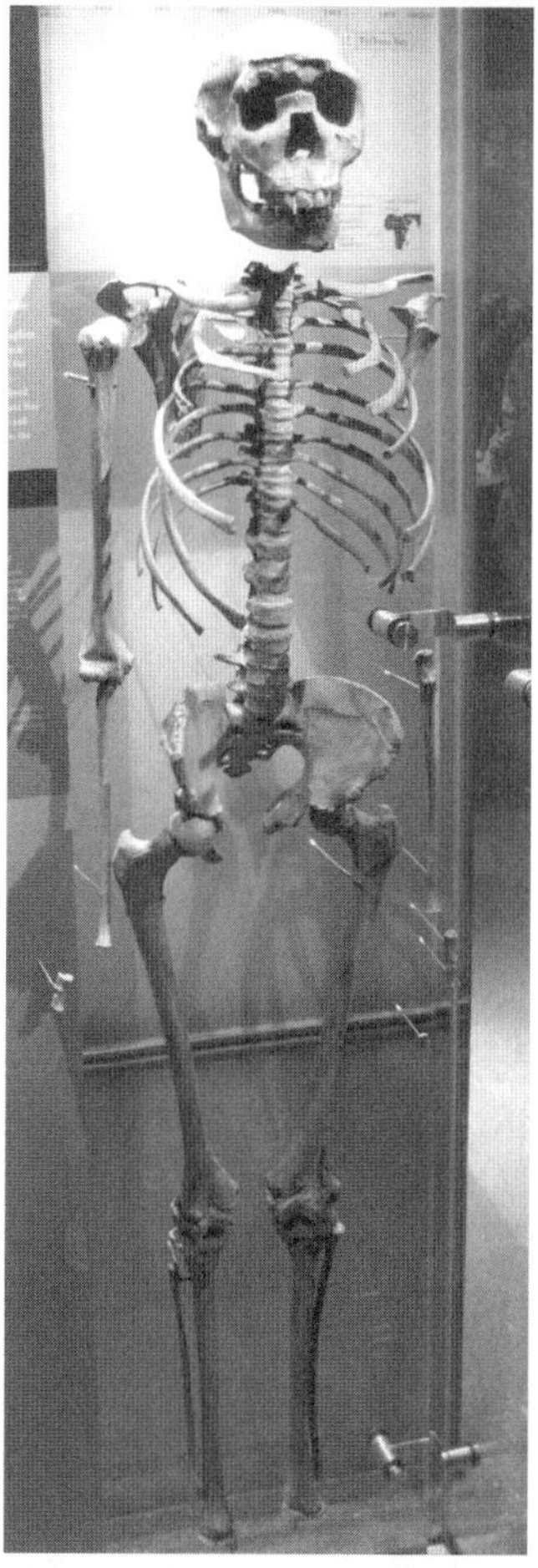

図7-6 ホモ・エルガステル（トゥルカナ・ボーイ）
1984年にトゥルカナ湖畔で発見された“トゥルカナ・ボーイ”はエルガステルの代表的な人類化石。骨格の多くの部分が現生のヒトと似ている。
写真／Claire Houck

らに彼らはロビンソンが発見したテラントロプスも同様の特徴をもつことを見いだした。

そこで彼らはこれらをホモ・エレクトゥスとは別種と判断し、「ホモ・エルガステル（働くヒト）」と名付けた。この名称は、エルガステルはホモ・ハビリスよりも精巧な石器を作るというグローヴスらの推測にもとづいている。だが彼らはエルガステルとハビリスとの比較を行っていなかったため、それが本当にハビリスとは違う種なのか疑問視する声もあった。

その後、トゥルカナ湖畔で発見された化石によってホモ・エルガステルは大きな注目を浴びることになった。１９８４年、リチャード・リーキー率いる調査隊の一員カモヤ・キメウがトゥルカナ湖畔のナリオコトメで約１５０万年前の露頭からきわめて保存状態のよい全身骨格を発見したのである。この化石は、顎の形や門歯の歯列の幅などから見て、以前発見されたホモ・エルガステルと同種と考えられた。

通称〝トゥルカナ・ボーイ〟または〝ナリオコトメ・ボーイ〟と呼ばれるこの骨格は、全身の骨の70パーセント近く（スミソニアンの資料では90パーセント以上）が残されていた（図7－6）。またその脳容積は８８０立方センチメートルとホモ・ハビリスに比べても大きかった。

当初トゥルカナ・ボーイは15歳くらいの男児と推測されたが、その後の研究により8歳前後に修正された。身長は１６８センチメートルもあり、古代の人々の成熟が現代に比べて早かったとしても相当な長身といえる。おそらく成長したときには１８０センチ以上に達しただろう。

この化石には現生人類と共通する数々の特徴が見られ、古人類学界に波紋を呼んだ。トゥルカナ・ボーイの頭骨はホモ・エレクトゥスよりも薄く、眉上《びじょう》突起もホモ・エレクトゥスほど前方に突出していなかった。その鼻が高いところも現生のヒトに似ていた。

エルガステルの細身で薄く長身の体は、彼らの体の表面積が相対的に広く、体温を発散しやすかったことを意味している。この頃には体毛はすでに消失していたものと考えられている。腰は現生人類より細く、大腿骨の頸部が細長い点からすると歩行と走行に長けていたのだろう。

Column

ホモ・エレクトゥスの社会生活の痕跡

　2004年、イスラエル北部のゲシャー・ベノット・ヤーコブ遺跡で炭化した木材や植物の種子、それに焼けこげた石器が発見され、炉の跡と推測された。遺跡は約79万年前のホモ・エレクトゥスのものと見られ、彼らが（おそらくヒトの歴史上はじめて）火を利用していた証拠とされた。

　それだけでなくホモ・エレクトゥスは高度な社会生活を送っていたらしい。イスラエルのナーマ・ゴレンインバルらの2009年の報告では、遺跡には炉の周辺にハンドアックス（握斧）やスクレイパー（削器）などの石器を加工していた跡が見られ、また石のかなてこやハンマーも見つかった。ホモ・エレクトゥスは木の実の殻をここで割り、炉で煎っていたのではないかとゴレンインバルらは言う。

　炉から10メートルほど離れた場所からは尖った石器（フリント）と魚の歯が大量に見つかり、ここで破片が飛び散りやすい石器を作ったり魚をさばいていた――つまり目的によって作業場を変えていたらしいという。

　彼らの食生活は豊かで、動物の肉のほか季節の果実や木の実、近くの湖でとれる魚やカニ、もしかするとカメも食べていたと見られている。ここに住んだホモ・エレクトゥスは分業で効率的に食物を蓄えていたのかもしれない。

　こうした生産活動を行うには集団内のコミュニケーションが欠かせなかったはずであり、ホモ・エレクトゥスはこれまで考えられていたよりずっと現代人に近い存在であったと推測されている。

ゲシャー・ベノット・ヤーコブ遺跡はヨルダン川沿いで発見された。

さらに、顎と頸椎の構造からすると、彼らは現生のヒトほどたくみには話はできなかったとしても、単なる鳴き声によるコミュニケーション以上のものを相互に行っていた可能性が指摘されている。

他方、後頭部をとりまく隆起や、現生のヒトに比べると脊椎の神経突起が長い点、またおとがいの欠如などの特徴はホモ・エレクトゥスに似ていた。こうした点から見てエルガステルはわれわれの直系の祖先と考えられている。

彼らはまた、後の典型的なホモ・エレクトゥスの祖先でもあったらしい。エルガステルの最古の化石は１９０万年前頃の地層から発見されている。ホモ・エレクトゥスは同じ時期に誕生したと見られているので、時期的に大きな矛盾はない。

高齢者を養ったドマニシのヒト

ホモ・エルガステルはアフリカ大陸から外の世界へと足を踏み出した最古のヒトかもしれない。

グルジア東部のドマニシでは、20世紀の前半から１０００年前の城の跡の発掘が行われていた。ところが１９８３年、発掘場所から太古の動物の骨片などが発見され、城跡の下にはさらに古い遺構があるのではないかと考えられた。翌年には石器が見つかり、ここには人類の祖先が住んでいたと推測された。

ドマニシでの発掘は続き、１９９１年にはグルジアのＬ・ガブニアらが歯のついたヒトの顎を

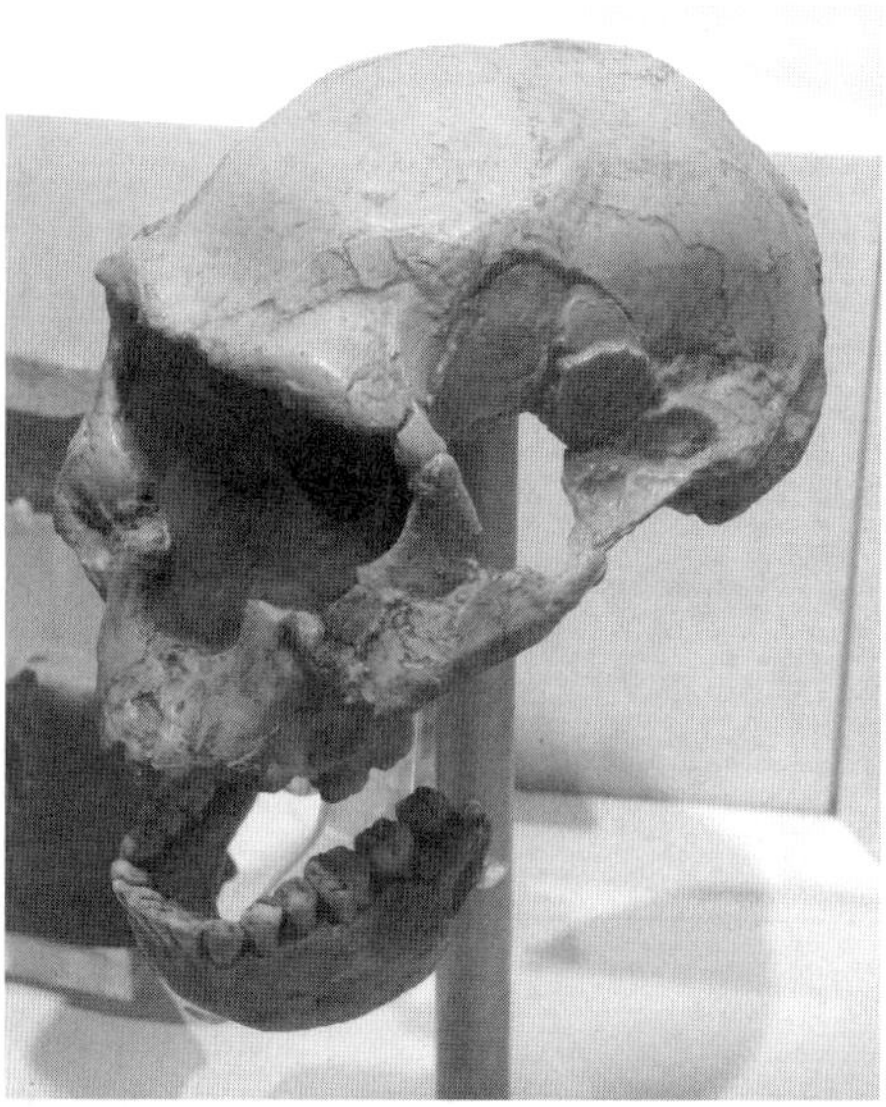

図7-7 “ドマニシのヒト” この化石を新種と考える研究者はホモ・ゲオルギクスと呼ぶ。
撮影／金子隆一/British Museum (Natural History)

発見した（図7－7）。この顎は関節部を欠いていたが歯は残っており、初期のホモ・エレクトゥスのものと思われた。その後、成人5体分の化石や石器が同じ地層から発見された。その中には非常に保存状態のよい頭骨2個が含まれていた。調査の結果、これらの化石は初期のホモ属のものであることが明らかになった。

ドマニシのヒトは、骨格の特徴からエルガステルに分類されることも多いが、後方から見た頭蓋のアウトラインは5角形でホモ・エレクトゥスによく似ている。だが最小の頭骨では脳容積がわずか610立方センチメートルしかなく、エルガステルとしては小さい。

しかしもっとも大きな問題はその生息年代であった。化石が埋もれていた地層についての年代を放射性物質や古地磁気法[*2]などで調べた結果、それは180万～160万年前のものであることが明らかになった。とすると、ドマニシのヒトはトゥルカナ・ボーイよりもさらに古いことになり、ホモ・エレクトゥスの仲間としては世界最古の部類となる（アフリカ以外ではほかにジャワ島から約180万年前の化石が発見されている）。この段階ですでにヒトがアフリカ

＊2 **古地磁気法** 地球の磁場は過去に何度となく反転しているが、地層にはその記録が磁気として残されている。地層の磁気の強さや方向を調べることにより、年代を推測する手法を古地磁気法と呼ぶ。

を出ていたことは従来の推測とは大きく食い違っていた。

現在、ドマニシのヒトは一般にエルガステルに分類されており、ホモ・エレクトゥスに含められる場合もある。だが、エルガステルより前にアフリカで進化し、もっと早くアフリカを旅立ったヒトの化石かもしれないとする見方もある。この見方に立つ研究者はドマニシのヒトを新種とみなし、ホモ・ゲオルギクスと呼んでいる。

他方、ドマニシのヒトがもつ原始的な特徴から、ホモ・エレクトゥスはユーラシアで生まれたとする研究者も少数ながら存在する。この仮説によれば、ホモ・エレクトゥスはユーラシアからアフリカへ侵入し、トゥルカナ・ボーイのような子孫を生み出したという。

ドマニシのヒトはもうひとつの点で研究者を驚かせた。グルジアのダヴィッド・ロードキパニゼらによると、ドマニシのヒトはすでにかなり成熟した福祉の概念をもっていたらしい。

ドマニシで2002～04年にかけて発掘された頭蓋と顎はかなりの高齢者のものと見られ、歯槽の閉じ具合からすると生前にすべての歯を失っていたと推測された。だがこれは、この個体が歯を失ってから長い期間生きていたことを意味する。とすれば、周囲の人間、すなわち家族や共同体のメンバーが、この高齢者に歯がなくても食べられるようなやわらかい食物を分け与えていたと推測される。つまりエルガステルには共同体や家族の中の弱い個体を守るという〝社会の絆〟が存在したことになる。この年長者は、家族に養ってもらいながら自らは家族にその経験を伝えたり、幼い個体の面倒をみていたかもしれない。これは家族の生存性を向上させることにもつながった――ロードキパニゼはこう考えている。エルガステルのこのような社会性の高さは、彼らが広く世界へ拡散することに成功した原因のひとつであったかもしれない。

ヨーロッパに向かったグループとアジアに向かったグループ

では、エルガステル以降のホモ・エレクトゥスの系統はどう進化していったのか？

これまでに発掘された中で最古のホモ・エレクトゥスの骨格は、アフリカではトゥルカナ湖畔で見つかった１８０万年前の化石である。これ以降の化石は、南アフリカ、エチオピア、タンザニア、アルジェリアなどアフリカ各地から発見されており、ホモ・エレクトゥスがしだいにアフリカ各地に広がっていったことがうかがえる。

このうち一部はヨーロッパ大陸に向かい、イスラエルからギリシア、イタリアに、そしてさらにスペイン、ドイツ、イギリスなどに到達した。ヨーロッパで発見されるホモ・エレクトゥスの化石はアフリカで発見されるホモ・エレクトゥスの化石と形態的によく似ている。

これに対してホモ・エレクトゥスの別のグループはアジア大陸に向かい、そこで早くから独自の進化をとげたと見られている。１８９１年、オランダの陸軍外科医ユージェーヌ・デュボアはインドネシアのジャワ島でヒトの化石を発見し、ピテカントロプスと名付けたが、これがアジアで最初に見つかったホモ・エレクトゥスである。ジャワ原人とも呼ばれるこの化石は約１００万～70万年前のものと見られている。１９２０年代には中国でもホモ・エレクトゥスの化石（いわゆる北京原人）が発見されている。ジャワでは複数のホモ・エレクトゥスの化石が発見されているが、その一部は180万年前のものと見る研究者もいる。この見方が正しければ、ホモ・エレクトゥスは誕生後まもなくアジアに到達していたことになる。

現在、古人類学で描かれるホモ・エレクトゥスの姿はアジア型のジャワ原人や北京原人の骨格がもとになっている。だがホモ・エレクトゥスにはより華奢なタイプなどさまざまに異なる種類がいる。最初に発見されたアジア型のホモ・エレクトゥスは必ずしも典型的ホモ・エレクトゥスの姿ではなく、したがってアジア型を基準とすることは妥当ではないかもしれない。

では、ホモ・エレクトゥスはどのようにして進化してきたのか？

2002年、エチオピアのベラネ・アスフォーラは形態的な視点からこの問題を研究した。彼らが重視したのは、エチオピアのミドルアワシュで発見された100万年前のホモ・エレクトゥスの頭骨であった。〝ダカの頭蓋〟と呼ばれるこの化石は頭蓋の上半分だけという不完全なものだが、種の識別上の重要なポイントとなる部分はよく保存されていた。また100万年前という時代は、アフリカでは初期のホモ・エレクトゥスと後期のホモ・エレクトゥスのちょうど中間点にあたるが、この時代の化石はこれまでほとんど発見されていなかった。

アスフォーラらは、ダカの頭骨をはじめとしてアフリカで発見された年代的に異なるホモ・エレクトゥス（エルガステルを含む）の頭蓋13個を集め、多数の形態的特徴をもとにホモ・エレクトゥスがどう進化してきたかを分析した。結果は次のようなものだった。

図7-8 ホモ・エレクトゥスの発見場所

北京の周口店遺址博物館。

参考資料／Early Human Evolution by Dennis O'Neil, Palomar College/etc.

グルジア東部のドマニシの城跡。

まず、エルガステルをホモ・エレクトゥスから分離させ、これを現生のヒトを生み出した別の種とみなすとする進化理論は疑わしい。また前出のグルジアで発見された原始的な特徴をもつ化石（ドマニシの化石）の例から見ても、ホモ・エレクトゥスがアフリカで誕生したとは断定できないというのである。

ダカの頭蓋はアフリカに住んでいた初期のホモ・エレクトゥスと後期のホモ・エレクトゥスのちょうど中間的な形態を示している。それだけでなく、アジア型のホモ・エレクトゥスに近い特徴も見てとれる。だが、１００万年前にはホモ・エレクトゥスはすでに東南アジアに住み着いていた。つまりダカの頭蓋の持ち主であったホモ・エレクトゥスがアジア型のホモ・エレクトゥスの祖先であったわけではない。アジア型のホモ・エレクトゥスの特徴はいくつかの地域で何度か出現しており、アジア型の特徴をもつからといってアジア型から進化した、あるいは逆にアジア型に進化したとは限らない。

アスフォーらの分析によれば、ホモ・エレクトゥスは進化の過程で少なくとも2度はユーラシア全土に進出し、そこでそれぞれが適応・進化していったと考えられるという。こうして各地に住み着いたホモ・エレクトゥスは、地域的には離れていても遺伝的に混ざり合ったらしい。つまり異なる地域間でも人的な交流があったということだ。またアスフォーらによれば、少なくともアフリカにいたホモ・エレクトゥスはどれが現生人類の直接の祖先であってもおかしくないという。

人類の「多地域進化説」と「単一起源説」

われわれの祖先は〝ミトコンドリア・イヴ〟か？

現生のヒト（ホモ・サピエンス）は、アフリカ型のホモ・エレクトゥスまたはホモ・エルガステルから生まれたとする仮説が有力ではあるが、アジア型のホモ・エレクトゥスが現生のヒトに進化した可能性もないとはいえない。ユーラシア各地に広がったホモ・エレクトゥスはそれぞれの地域で独自に進化し、各地の人種の祖先となったと見る研究者もいる。このような見方は、人類の「多地域進化説」（197ページ図7－9右）と呼ばれている。

多地域進化説は、20世紀前半に活躍したドイツ出身のユダヤ人フランツ・ワイデンライヒが提唱したものである。彼は北京原人を研究したことでも知られているが、ジャワで見つかったホモ・エレクトゥス（ジャワ原人）はオーストラリア先住民（アボリジニ）の祖先にあたり、また中国で発見されたホモ・エレクトゥス（北京原人）は現在の東アジア人の祖先にあたると考えた。

多地域進化説に対し、現生のヒトはすべて地球上のどこか（おそらくアフリカ）に生きていた単一の祖先から生まれたとする仮説は人類の「単一起源説」（図7－9左）と呼ばれている。この仮説によれば、アフリカで生まれた人類の祖先（ホモ・サピエンス）が世界各地に広がり、先住民族（ホモ・エレクトゥス）と置き変わった。そして土地の自然環境に適応して進化していき、さまざまな人種・民族を形成したという。

単一起源説はおもに、現生のヒトの遺伝子解析の結果を根拠にしている。特定の遺伝子を分子時計に用いて地球上のさまざまな人種・民族について調べると、現生人類の祖先はすべて20万年前にアフリカに生きていたひとりの女性にたどりつくという（１９９ページ図7-10）。その特定の遺伝子とは、細胞内に存在する小さな袋状の器官ミトコンドリアＤＮＡである。

ミトコンドリア[*3]（図7-11）は卵（卵子）には含まれているが、はるかに小さい精子の内部には存在しない。そのためミトコンドリアは母親から子どもにそのまま引き継がれることになる。現生のヒトすべての共通祖先とされる女性は〝ミトコンドリア・イヴ〟とも呼ばれている。

アフリカから出発した形跡が見られない

これに対して多地域進化説の中心的な論者であるアラン・ソーンとミルフォード・ウォルポフは、単一起源説が遺伝子のみを論拠としていることに問題を感じている。

ソーンらは、アフリカを出発したホモ・サピエンスが各地に先住していたホモ・エレクトゥスと置き換わったなら、化石や文化的な遺物にもその痕跡があるはずだと主張している。アフリカから訪れたばかりのホモ・サピエンスは骨格にアフリカ的な特徴が見られ、利用した石器

＊3 ミトコンドリア　ほとんどの真核細胞に存在する細胞内小器官のひとつで、酸素呼吸とエネルギー生産を行う。核ＤＮＡとは別に独自の短い環状ＤＮＡをもつ。

なども現地のものとは異なっていただろう。つまり置き換わりの前後では化石の特徴にも文化形態にも明瞭な不連続性がなければならない。だが、ソーンらによれば、世界中のどこで調べてもホモ・エレクトゥスの集団にそうした侵入と入れ代わりが起こった形跡は見られない。

たとえばアジアでは旧石器文化の研究においては長い歴史があるにもかかわらず、ある時代に石器が飛躍的に変化した例はないという。ハンドアックスと呼ばれる打製石器の手斧はアフリカではよく発掘される特徴的な石器だが、東アジアにおいてはまったく発見されたことがない。つまりアフリカから文化が流入した痕跡がないというのである。

さらにソーンらは、アジアのホモ・エレ

図7-9 人類の2つの進化説

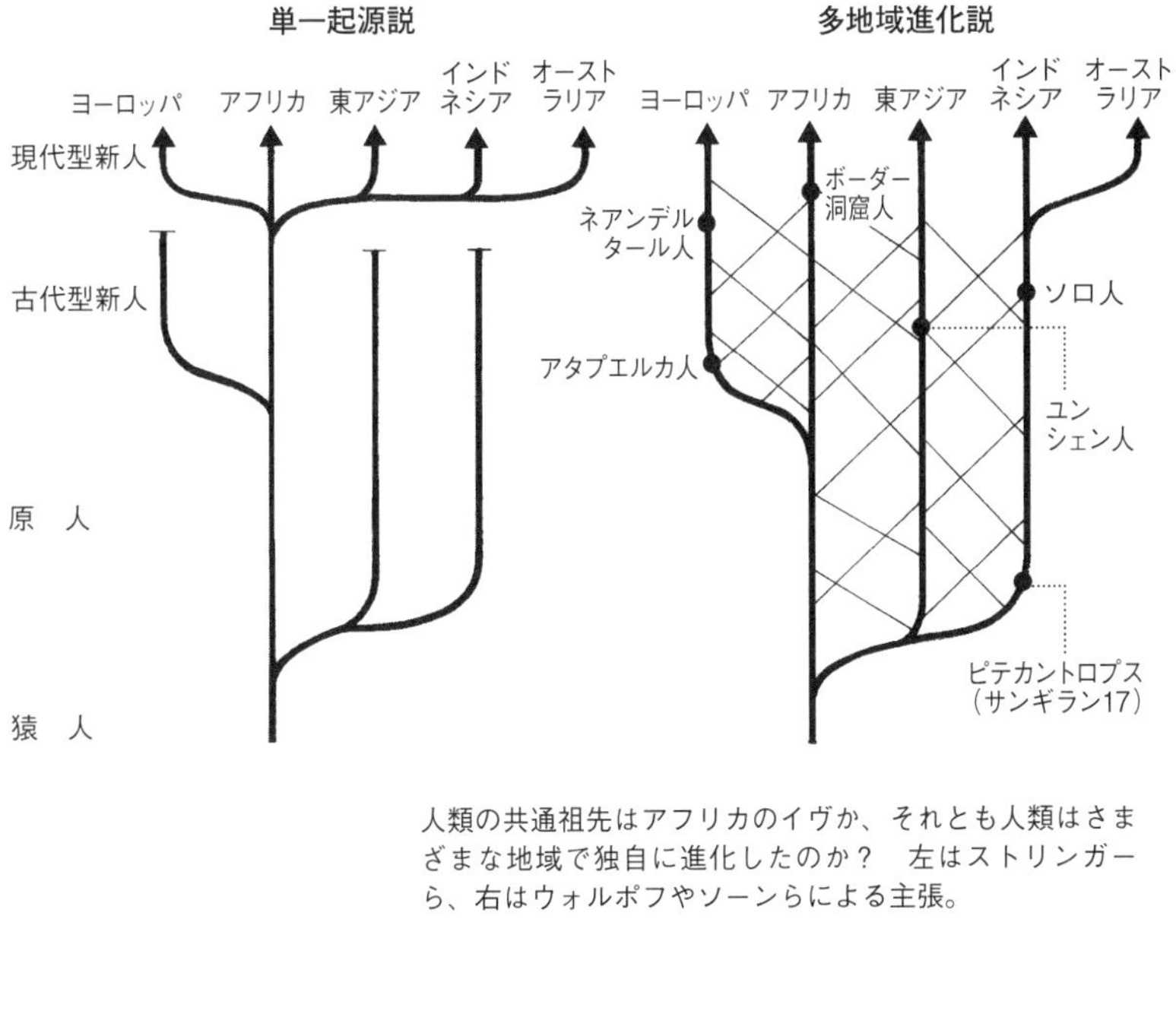

人類の共通祖先はアフリカのイヴか、それとも人類はさまざまな地域で独自に進化したのか？　左はストリンガーら、右はウォルポフやソーンらによる主張。

クトゥスの骨格は彼らから現生のホモ・サピエンスが進化したことを示すと主張する。

アジア型のホモ・エレクトゥスは中国の化石もジャワの化石も共通して左右の眉上突起が直線状につながっている。これに対してアフリカ型およびヨーロッパ型では眉上突起は眼窩《がんか》にそって湾曲している（２０１ページ図7-12）。

しかし同じアジア型ホモ・エレクトゥスでもジャワの化石と中国の化石には明らかな違いがある。ジャワ型は頭蓋全体の骨が厚く、脳容積は中国型より小さく、前頭部はもり上がっていない。顎の筋肉がつく矢状稜《しじょうりょう》はより目立ち、全体に原始的である。

他方、中国の化石は全体に華奢で骨は薄く、顔は平坦で額はよりふくらみ、脳容積も大きい。また眉上突起と額との間には溝がある。何より特徴的なのは、上顎の切歯の裏側がくぼんでシャベル状になっていることである。１５０万年前のトゥルカナ・ボーイにもアジア的特徴のひとつとしてシャベル状の切歯が見られる。中国のホモ・エレクトゥスには広くこの特徴が受け継がれ、今日でも東アジア人の間にきわめて高い頻度で出現する。

こうした解剖学的特徴は、中国で発見される化石人骨を調べると時代を追うごとに徐々に現代型に近づいており、完全に連続的である。ソーンらは、そこには新しい遺伝子集団の侵入を示すような形質の飛躍は認められないという。

さらには、オーストラリア大陸におけるもっとも古い人骨（約6万年前）は、文化的には完全に現生人類だが、骨格にはジャワ型ホモ・エレクトゥスの特徴が見られる。これはワイデン

図7-10
人類の祖先は
“アフリカのイヴ”？

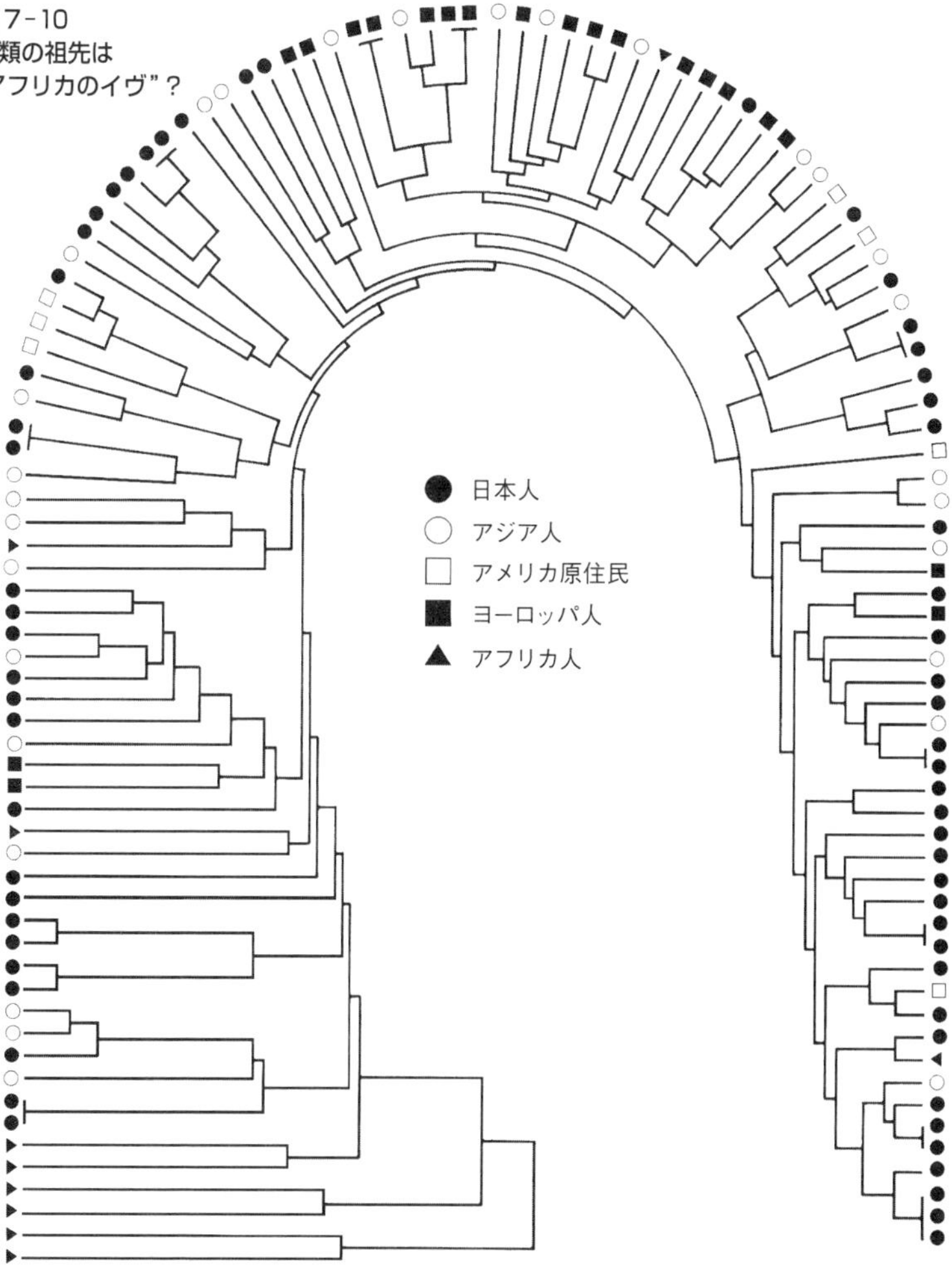

さまざまな民族から採取したミトコンドリアDNAをもとに構築した分子系統樹。早い段階で分岐した左下のグループはすべてアフリカ人。この系統樹は人類のアフリカ単一起源説に合致している。　参考資料／宝来聡（1992）

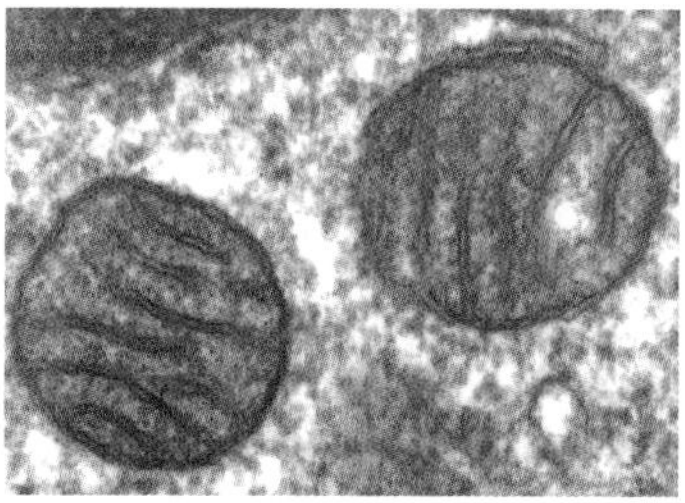

図7-11　ミトコンドリアの電子顕微鏡写真。

ライヒの初期の推測をそのまま支持する物証といえる。

アジア型ホモ・エレクトゥスは消え去ったのか？

アフリカ単一起源説は現在のところ主流派の地位を占めており、とりわけ一般社会にはそれ以外の見方はないかのように流布している。だがソーンらの主張にも見られるように、この仮説に十分な裏付けが存在するとはいえない。

アフリカ単一起源説では、アフリカに出現したただ1種類のヒトが全世界を〝征服〟し、他のすべての人類を滅ぼしたことになる。だが、ヒトの生殖本能や好奇心から見て（そして戦時に侵略者によるレイプが多発することなどを考えても）、イヴの子孫たちが他の民族と交配しなかったと考えることはきわめて不自然である。人間の歴史を振り返るなら、世界中のどこであれ先住民と侵入者の間でかなり頻繁に交配が起こったと見るのが妥当であろう。その場合、ミトコンドリアＤＮＡに時計のようにコンスタントに遺伝的な変異が蓄積したと考えることには無理が生じる。

つまり、ミトコンドリアＤＮＡにもとづいて組み立てられた現生人類（ホモ・サピエンス）の系統樹がアフリカから人類が広がったとする見方にうまく重なるということは、むしろそのデータの解析方法や前提に問題があることを示唆しているのかもしれない。

多地域進化説は現在も完全には否定されてはいない。たとえアジア型のホモ・エレクトゥスが現生人類にはならなかったとしても、彼らが進化し続けてきたことを示す化石上の証拠はいくつも見つかっている。

たとえば１９８９年、ジャワ島のサンギランでインドネシアと日本の合同調査チームが発見した顎の化石は、生えたばかりの親知らずがあることから若い個体のものと考えられている。その歯並びは他のホモ・エレクトゥスのようなU字型ではなく、現代人と同じV字型をしていた。これは彼らの顎が大きく引っ込み、現代人に似た平坦な顔だちをしていたことを意味する。

顎の年代は１００万年前と推測

図7-12 アジア型のホモ・エレクトゥス

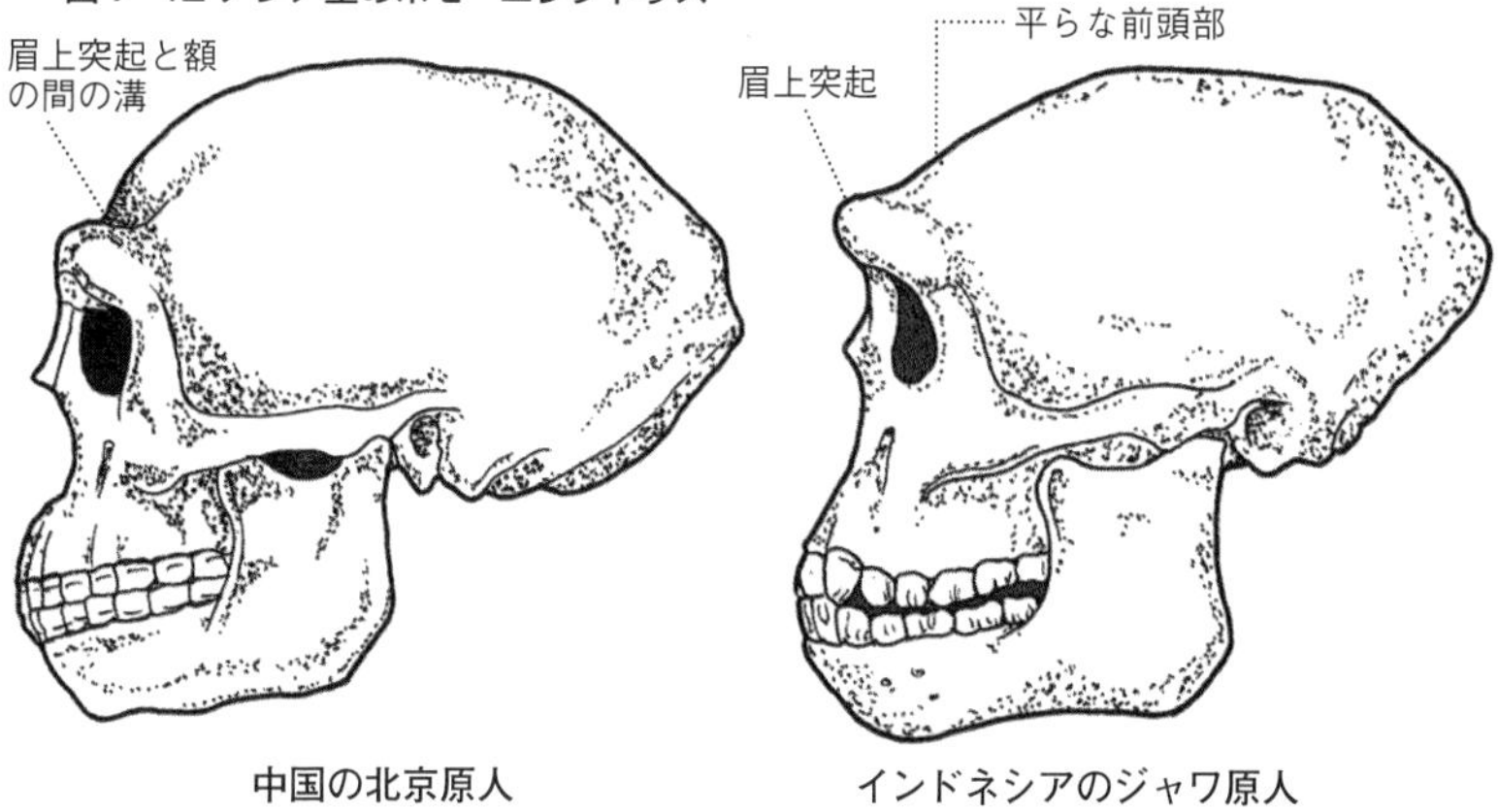

ジャワ型は中国型より頑丈な骨格をもつ。人類学者フランツ・ワイデンライヒによる復元図。
図参考資料／Franz Weidenreich

図7-13 20世紀初頭のアボリジニ
ジャワ島のホモ・エレクトゥス（ジャワ原人）がアボリジニの祖先？

されたが、この時代に現代人的顔だちのホモ・エレクトゥスが存在したことはまったく予想外であった。これはアジア型のホモ・エレクトゥスが高い進化のポテンシャルを保っていたことの重要な物証となり得る。

アメリカのC・スウィッシャーらもまた、1996年に多地域進化説を支持する研究を発表した。

スウィッシャーらは、ジャワ島のソロ川流域の2つの発掘場ガンドンとサンブングマカンから発掘され、30万年以上前のものとされてきたホモ・エレクトゥスの化石の年代を調べ直すことにした。

彼らは人骨と同じ地層から発見されたウシ科動物の歯の化石をサンプルに用い、電子スピン共鳴法（ESR）[*4]および放射性物質を用いて地層の年代を精密に測定した。すると驚いたことに、これらの化石の年代はわずか5万4000〜2万7000年前（誤差±4000年）という結果が出たのである。これが正しければ、化石は非常に新しく、ホモ・サピエンスが誕生してアフリカから世界に広がったとされる時期よりずっと後の時代のものということになる。

しかも、これらのホモ・エレクトゥスの脳容積、頭蓋の形態などは従来のホモ・エレクトゥスとオーストラリア先住民のアボリジニ（図7-13）のちょうど中間型であった。アボリジニは約5万年前にオーストラリア大陸に進出したとされており、新しく年代が見直されたジャワ島のホモ・エレクトゥスはアボリジニと生息年代が一部重なっている。こうしたことから、ジャ

＊4 電子スピン共鳴法（ESR） 鉱物中に自然放射線によって生成し地質学的な長い時間に蓄積する不対電子を電子スピン共鳴（ESR）を用いて検出し、そこから年代測定を行う方法。

ワ島のホモ・エレクトゥスがアボリジニの直接の祖先である可能性を指摘する研究もある。

これとは逆の結果を示した研究もある。2002年、東京大学の諏訪元および国立科学博物館の馬場悠男らとインドネシアの合同研究グループは、ジャワ島から発掘された100万〜20万年前のホモ・エレクトゥスの頭蓋をX線CTによって調べた。その結果、顎関節の構造や額の形状などの違いから、ジャワ島のホモ・エレクトゥスと現生人類（ホモ・サピエンス）とは近縁関係にないことが示されたという。

これが事実なら、ではアジア型ホモ・エレクトゥスは子孫を残さずに絶滅したということであろうか？　この問題については最終章で再度触れたい。

家を建造したハイデルベルゲンシス

アジア型のホモ・エレクトゥスは子孫を残さなかったか、残したとしても一部地域に限られると考えられている。では、ユーラシアとアフリカ全体に散らばったホモ・エレクトゥスのうち、最後まで生き延び、現生人類（ホモ・サピエンス）を生み出したのはどのグループなのか？

1907年、ドイツのハイデルベルグ近郊にあるマウエルの砂採掘場でひとりの労働者が顎の化石を発見した。ドイツの古人類学者オットー・ショーテンザックがこの化石を調べたところ、顎は現生のヒトのものより分厚く頑丈であった。ショーテンザックはこれをヒト属のものと考え、「ホモ・ハイデルベルゲンシス」と名付けた。

他方、1921年、アフリカのローデシア（現ザンビア領）のブロークン・ヒルにおいてスイスの鉱山労働者が洞窟の中から保存状態のよいヒトの頭蓋と体の骨の一部を発見した（図7-14）。これはアフリカで最初に発見されたヒトの化石であった。化石はイギリスへ送られ、骨格を詳細に調べたアーサー・ウッドワードは1931年、「ホモ・ローデシエンシス」と名付けた。

この頭蓋は眉上突起が大きく張り出し、その後ろで前頭部がすぼまるなどホモ・エレクトゥスと共通する特徴が多く見られた。だが脳の容積はホモ・エレクトゥスよりかなり大きく、1300立方センチメートル（スミソニアンの資料による）に達した。

その後、これとよく似た化石がギリシア、タンザニア、エチオピア、ケニアで次々と発見された。このうちケニアのバリンゴで新たに発見されたローデシエンシスの顎はハイデルベルゲンシスと同じ特徴をもっていることがわかった。これによって両者は同じ種と考えられるようになった。

ホモ・ハイデルベルゲンシスは、約60万年前にアフリカにいたホモ・エレクトゥスが進化して誕生したと見られている。その後アフリカからヨーロッパ方面に進出し、少なくとも30万年前まで存続したらしい。

彼らは文化的にも進んだ種族であった。地中海に面するフランスの街ニースに近いテラアマタで見つかった約40万年前の遺跡には、楕円形の建造物の跡がいくつも残されている。なかにはさしわたしが15メートル近くに達するものもある。建造物の内部には炉の跡も見つかっており、彼らが食物を日常的に料理していたこともうかがえるという。

さらにドイツ中央部のシェーニンゲンでは約40万年前の長い槍が見つかっている。槍は木製で、長さは1・8〜2メートル以上に達する。ハイデルベルゲンシスはこの槍を投げたりして用い、狩猟の際の自らの危険を減じていたと考えられている。シェーニンゲンではウマやシカ、ゾウなどの骨が集積した場所も見つかっており、それらの骨には石器がつけたと見られる傷が残っていた。

一部の研究者はハイデルベルゲンシスを独立した種とはみなさず、進化型のホモ・エレクトゥスととらえている。だが、ホモ・エレクトゥスのさまざまな派生型の中でも

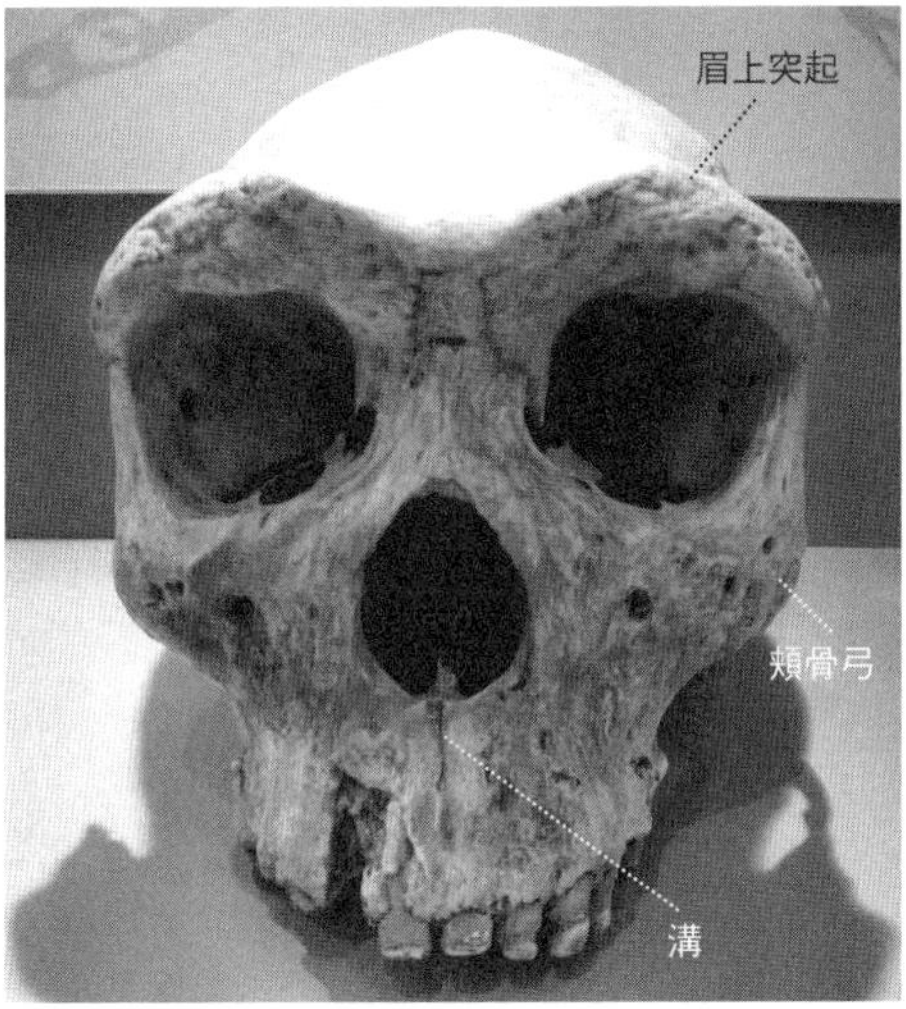

図7-14 ホモ・ハイデルベルゲンシス 発見当初は「ホモ・ローデシエンシス」と名付けられていた。

●ホモ・ハイデルベルゲンシスの特徴

1 初期の化石は顎の筋突起が非常に広い。
2 初期の化石は第2大臼歯が第1大臼歯より大きい。
3 進化型は長い円筒形の臼歯をもつ。
4 進化型は第3大臼歯が小さい。
5 顔面は幅広い。
6 鼻の幅が広い（約260万年前以降のヒトの仲間の中でもっとも広い）。
7 鼻孔の下縁に溝がある。
8 頬骨弓《きょうこつきゅう》は太く、後方に傾いている。
9 前頭骨が長く傾斜している。

ハイデルベルゲンシスの仲間がその後のヒトの祖先型になったという見方は、多くの研究者の間で一致している。

ハイデルベルゲンシスの引っ込んだ顔面やもり上がった頭頂部、相対的に大きな前頭洞《ぜんとうどう》（副鼻腔のひとつ）などは、彼らが後のホモ・ネアンデルターレンシスを生み出したことを強く示唆している（前ページ表）。他方で脳容積は最大１４００立方センチメートルにも達し、ホモ・サピエンスと同等の大きさをもつ。

ただし、ハイデルベルゲンシスをヨーロッパで発見された化石人類の名前とし、これがホモ・ネアンデルターレンシス（ネアンデルタール人）へと進化したものする一方で、アフリカで発見された化石人類をローデシエンシスと呼んで現生人類すなわちホモ・サピエンスの祖先とする見方もある。ハイデルベルゲンシスがいったいどう進化していったのかは今後の研究を待たなくてはならない。

第8章

もっとも近い人類の仲間

8-1
もっとも近い人類の仲間

ネアンデルタール人の実像を追う

現生人類より大きな脳をもったネアンデルタール人

　1856年、ドイツ、デュッセルドルフ近郊のネアンデル峡谷でヒトの化石が発見された（図8－1、2）。第1章でも述べたようにこの人骨は当初、ロシアのコサック騎兵のものとも、あるいは病気で骨が変形した古代のヨーロッパ人とも考えられた。

　だが3年後、チャールズ・ダーウィンが『種の起源』を発表し、ヒトは神がつくったのではなくサルから進化したとする見方がはじめて人々の目の前に提示された。それは、過去には現在の生物たちとは異なる生物が生きていたことをも意味した。

　これによって当時の科学者たちの間には、ネアンデル峡谷のヒトの化石が現生のヒトとは異なる種であるという認識が生まれた。はじめて発見された現生のヒトではないこの〝アナザー人類〟は、1861年に「ホモ・ネアンデルターレンシス」と名付けられた。生物が進化するという認識が生物学界に広く浸透するにつれ、この化石人類の存在も科学者、研究者の世界で認められることになったのである。

　一般に〝ネアンデルタール人〟と呼ばれるこのヒトの種は、現生人類（ホモ・サピエンス）

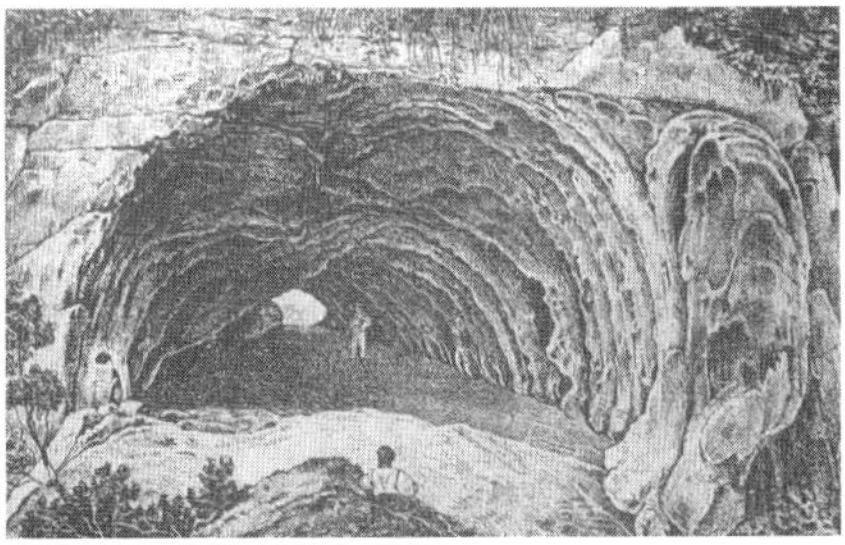

図8-1 ネアンデル峡谷　ドイツ中西部のネアンデル峡谷で発見された化石は人間が唯一無二の存在ではないことを明らかにし、人類学という新しい分野を生み出す契機になった。左はこの峡谷付近の現在の様子、右は1835年に描かれたネアンデル洞窟。

写真／Heiko Tomaszewski

を除けばヒトの仲間の中でもっとも広く知られた種であろう。だが、知名度に比べてホモ・ネアンデルターレンシスの地理的・時間的分布は広くはない。

地理的には、ホモ・ネアンデルターレンシスの化石はこれまでにヨーロッパ、中東、中央アジアから集中的に発見され、アフリカでは見つかっていない。また化石の発見された最東端は西シベリアのアルタイ山脈付近であり、インド、東アジア、東南アジアからは見つかっていない（図8－3）。つまり、彼らより前に生きていたホモ・

図8-2 1856年に発見された頭蓋。上から側面、正面、上部。

エレクトゥスに比べてホモ・ネアンデルターレンシスは狭い範囲にしか生息していなかったらしい。これは彼らが約20万年前の氷期のただ中に登場し、寒冷な気候に適応していたことと関係すると見られている。彼らは比較的温暖な土地は好まなかったようである。

年代的にも彼らの生きた時代はそれほど長くない。知られている最古のホモ・ネアンデルターレンシスの化石は、ドイツのエーリングスドルフで発見された23万年前のものとされている。だがこれにはホモ・ハイデルベルゲンシスとホモ・ネアンデルターレンシスの特徴が混在しており、ホモ・ネアンデルターレンシスの特徴は一部しかそなわっていなかった。

新しいものでは、スペイン南部で2万7

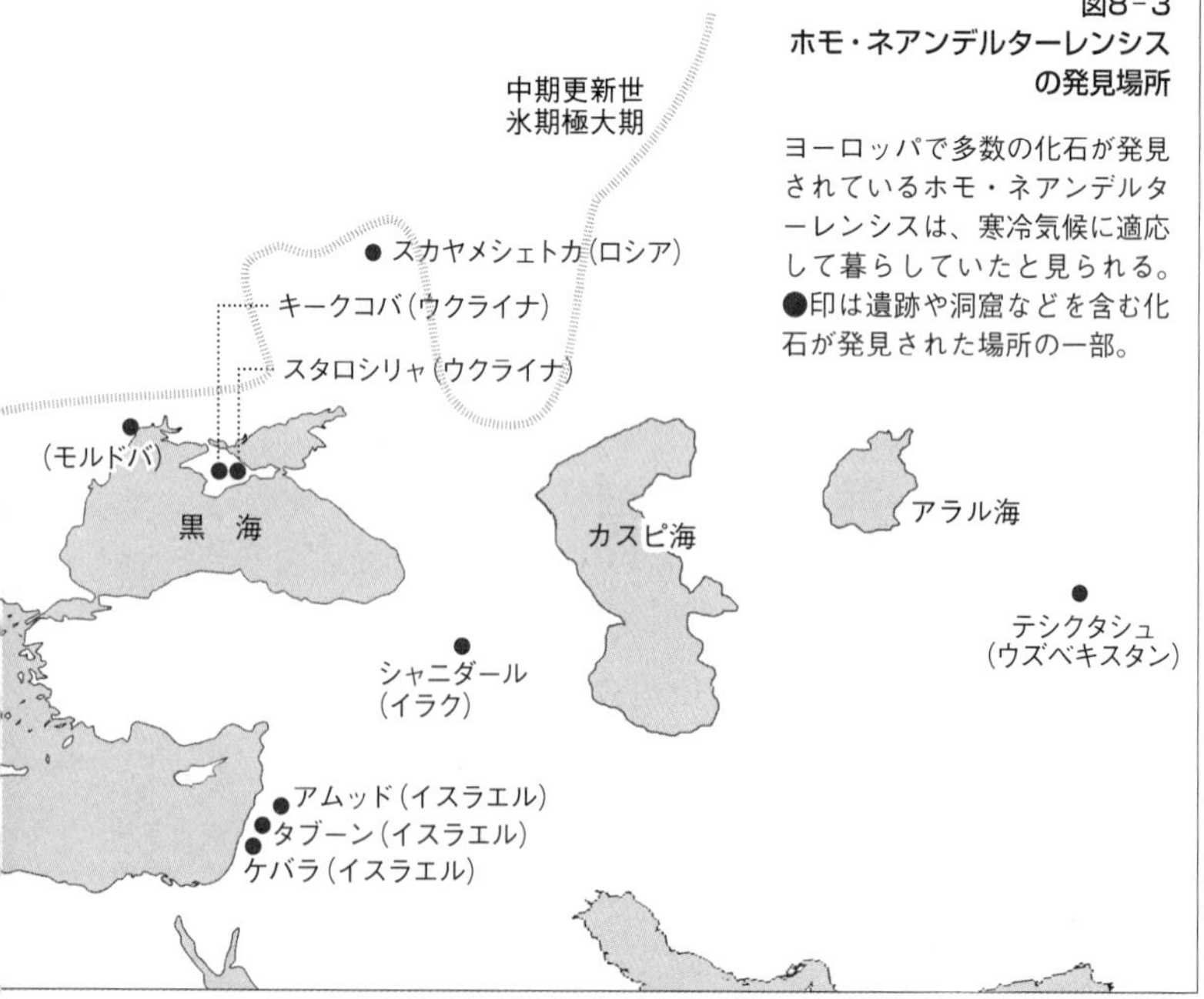

図8-3
ホモ・ネアンデルターレンシスの発見場所

ヨーロッパで多数の化石が発見されているホモ・ネアンデルターレンシスは、寒冷気候に適応して暮らしていたと見られる。●印は遺跡や洞窟などを含む化石が発見された場所の一部。

000年前、北西クロアチアで2万8000年前のものとされる化石が見つかっている。当時、ヨーロッパの広い範囲に現生人類すなわちホモ・サピエンスが生息していたが、一部にはホモ・ネアンデルターレンシスが生き残り、現生人類と共存していたらしい。これは後述するように、長年にわたって続いたホモ・サピエンスとホモ・ネアンデルターレンシス

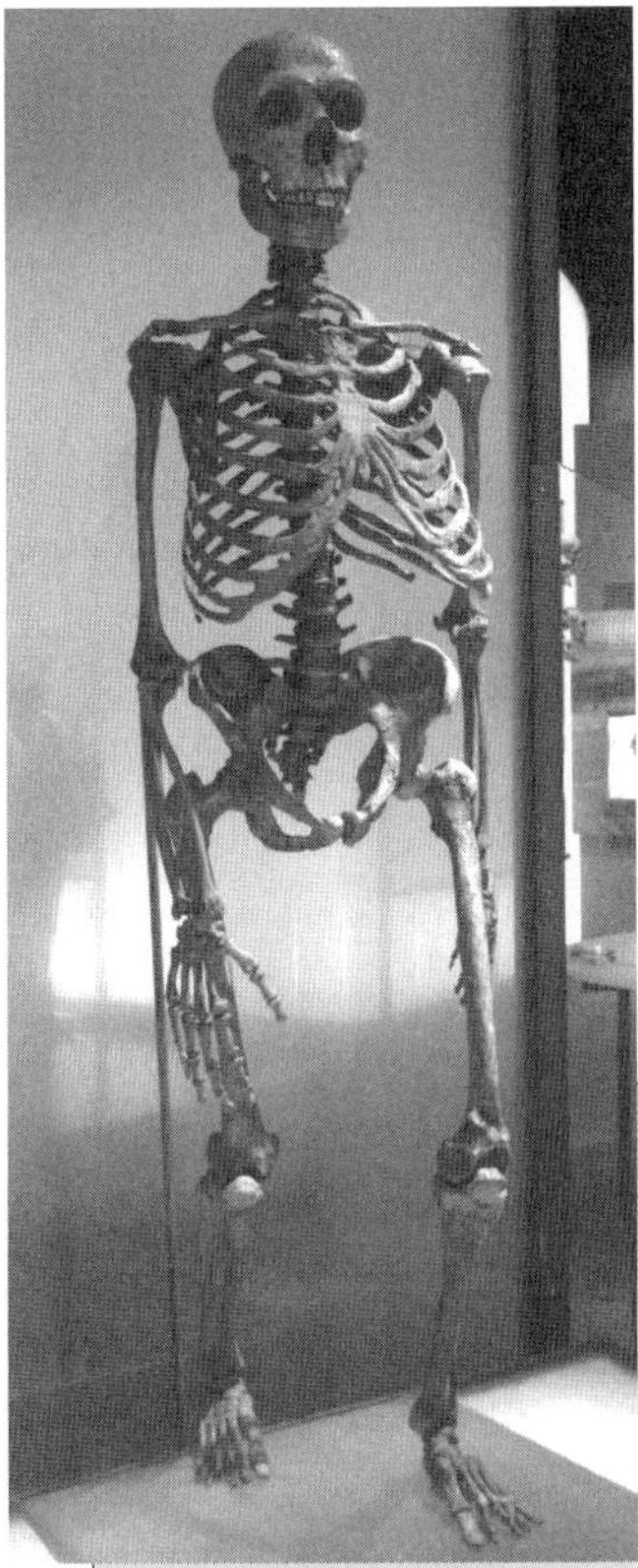

図8-4 ホモ・ネアンデルターレンシス ほぼ完全に近い骨格が数多く発見されている。

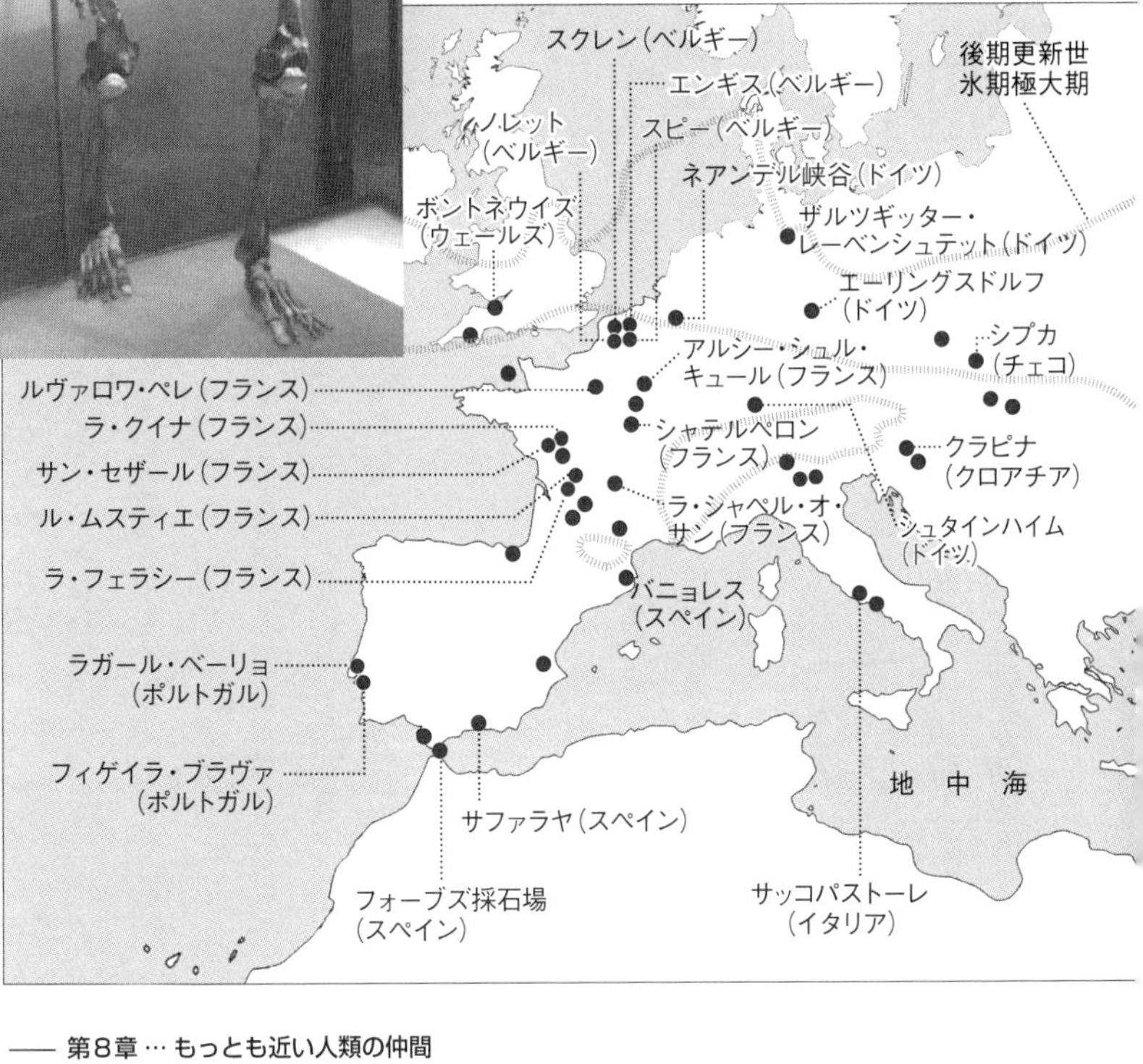

が生物学的にどのくらい近縁にあるかについての論争をより複雑なものにしている。

ホモ・ネアンデルターレンシスは比較的最近まで生きていたこともあり、保存状態のよい骨格が大量に発見されている（図8－4）。この種には左ページの表のような特徴が見られる。

かつてホモ・ネアンデルターレンシスの復元ではこれらの特徴が強調され、絵に描いたような〝原始人〟となっていた（図8－5）。あるいは多くの人々にとって、これはいまでもホモ・ネアンデルターレンシスのイメージそのままであるだろう。彼らはわれわれより古く、われわれより早く滅びた。つまり彼らはわれわれより劣っていた――そのような先入観がこの復元を後押ししたのである。

地下鉄の人ごみで見分けのつかない人々

20世紀前半までのホモ・ネアンデルターレンシスのイメージはこのように偏見の混じった復元にもとづいていた。当時、生物学界でも進化とはすなわちより高度なレベルに向かうことと考えられていたので、これは無理からぬことだったかもしれない。

それを象徴する復元が１９０８年にフランスのラ・シャペル・オ・サンで発見された〝老人〟の骨格である。その腕が現生人類に比べてやや湾曲していたため、発見当時には病気ないし老齢で変形した可能性が指摘された。実際にはこの個体は推定年齢40歳前後でしかなく（当時としては高齢かもしれないが）、腕の骨が曲がっているのはホモ・ネアンデルターレンシスの筋肉の強さやその付着のしかたなどに起因する種に固有の特徴であった。

だがこの骨格をもとにフランスの聖職者ジャン・ブイソニらが行った復元は、腕ばかりでなく脚も背筋も曲がり、前かがみで歩くヒトと類人猿の中間のような姿となっていた。ブイソニらの復元には現生のコーカソイドすなわち白人種を進化の頂点におく彼らの人種的偏見が加わっていたのである。しかしこの復元は一般社会に強くアピールし、今日まで続くホモ・ネアンデルターレンシスのイメージを生み出すことになった。

これに対し、骨格からはホモ・ネアンデルターレンシスが前かがみで歩いた証拠は見つ

図8-5 ホモ・ネアンデルターレンシスの復元 20世紀前半まではこのような姿が推測されていた。

●ネアンデルタール人の特徴

1 脳容積はホモ・サピエンスをしのぎ、男性では平均1600立方センチメートルに達する。
2 眉上《びじょう》突起が発達している。
3 顔面が前方に突き出している。
4 額は傾斜しており、もり上がっていない。
5 顎は頑丈でおとがいがない。
6 全身の骨格はホモ・サピエンスよりもがっしりして幅広い。
7 腕は相対的に短い。
8 後頭部が顕著に張り出している（後頭髷《こうとうきょく》）。
9 第３大臼歯と筋突起の間にすき間（後歯間隙）がある。
10 下顎の歯槽《しそう》神経の骨への入り口が薄い骨板でおおわれている。

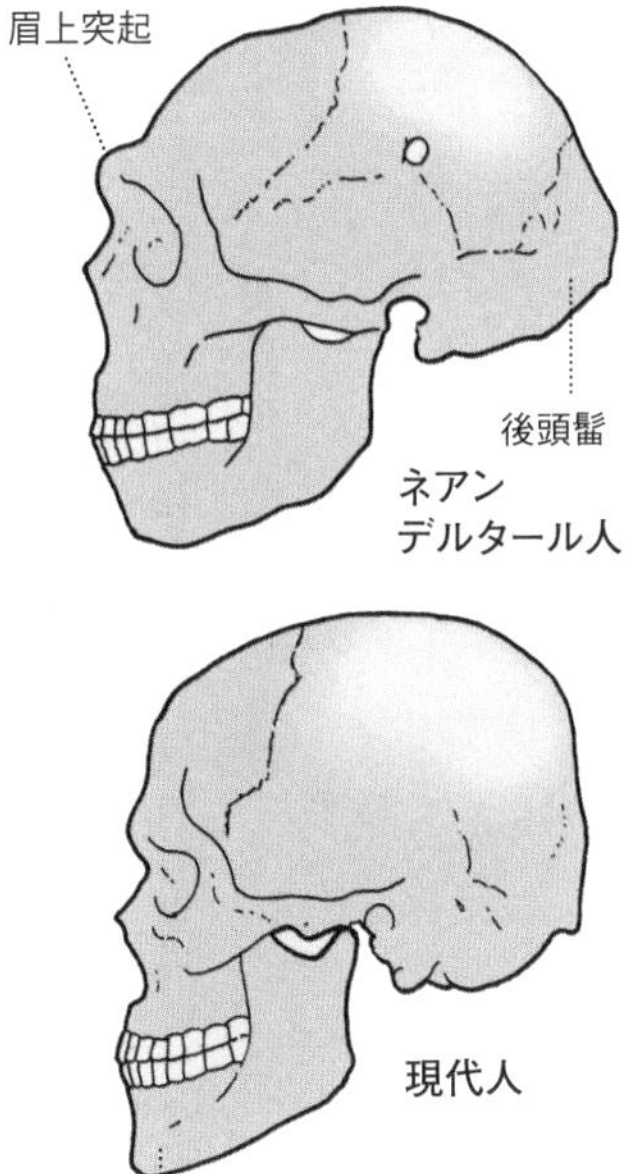

からないと主張する人々もいた。１９３９年、アメリカの人類学者カールトン・クーンはラ・シャペル・オ・サンの骨格を詳細に調べ、ホモ・ネアンデルターレンシスが完全に直立していたとする論文を発表した。「彼らが髭をそりスーツを着てニューヨークの地下鉄に乗っていたら、誰ひとり彼らを見向きもしないだろう」――クーンは論文をこう結んだ。

研究の進んだ現在、ホモ・ネアンデルターレンシスを前かがみの姿勢に復元する研究者はいない。彼らがことさらに毛むくじゃらに描かれることもない。おそらくホモ・エルガステルの頃からヒトは体毛を失いつつあり、ヨーロッパに到達した頃のヒト（ホモ・エレクトゥスやエルガステル）は現生人類とほとんど変わらないか、やや毛深い程度だったと見られている。

これに関連して最近、ヒトが衣類を身につけ始めた年代の推定が行われた。２００２年、ドイツのマックス・プランク研究所のグループが現生のコロモジラミ（ヒトの衣服に棲み着くように特化したシラミ。ヒトから離れると数時間で死ぬ）の遺伝子をその他のシラミと比較した。その結果、コロモジラミが他のシラミと分岐したのは約7万年前と判明した。これは更新世最後の氷期であるヴュルム氷期の始まりの時代とも一致する。つまりこの頃にはヒトはすでに衣服（毛皮）をまとっていたと考えられる。

では、ホモ・ネアンデルターレンシスが脱毛して毛皮を現代風の洋服に着替えれば、クーンの言うように現代人に化けおおせるだろうか？　成人の男性ならホモ・ネアンデルターレンシスは相当に人目を引くことだろう。大きな眉上突起は帽子をかぶっていても隠しきることはできない。

とはいえ、眉上突起はホモ・ネアンデルターレンシスの男性の第2次性徴のひとつである。女性や幼少の個体では眉上突起はそれほど目立たない。2001年にスイス、チューリヒ大学のグループはホモ・ネアンデルターレンシスの少女をコンピューターで復元した姿を発表した（図8－6）。5歳前後の彼女には多少エキゾチックな雰囲気はあるものの、現代的な白人の女の子にしか見えない。

2007年にはスペイン、バルセロナ大学などの国際研究グループが2人のホモ・ネアンデルターレンシスに残っていた遺伝子を取り出し、メラニン色素の生成に関わる遺伝子を調べた。その結果、これらの個体は髪が赤く、白い肌をしていた可能性が高いことがわかった。メラニン色素は紫外線から細胞を守るはたらきをもつが、高緯度のヨーロッパでは紫外線は強くない。そのため、ヨーロッパに生きるホモ・ネアンデルターレンシスにメラニン色素を作る機能がなくなる突然変異が起こっても、とくに問題は生じなかったのだろうと研究グループは考えている。そして、ホモ・ネアンデルターレンシスの髪や眼の色は現在の欧米人と同様、さまざまな色合いであったと推測している。

おそらくホモ・ネアンデルターレンシスの子どもがスクールバスの中にまぎれ込んでいたとしても、周囲の人間が気づくことはないだろう。

図8-6 ホモ・ネアンデルターレンシスの少女の復元模型。コンピューターによる復元をもとにシリコンキャストを作り塗装した。

8-2 もっとも近い人類の仲間

ネアンデルタール人が築いた精神文化の痕跡

フルートを吹き音階を発明した最初の人？

古人類学者は比較的最近まで、人間に見られる社会行動や文化をホモ・サピエンスに固有の特質とみなしてきた。

数万年前のホモ・サピエンスは集団をつくって生活し、相互に助け合い、高度なコミュニケーションを行っていたと考えられている。彼らは寒さや雨風をしのぐ家を作り、石器や容器などの道具を作った。こうした技術は文化として伝承された――このような〝人間らしい生活〟はホモ・サピエンスが作り出したものであり、ホモ・サピエンスとそれ以外の種を区別する指標であるとされていた。

しかしイスラエルで発見された遺跡には、すでに80万年近くも前、ホモ・エレクトゥスがこれに近い生活を送っていた痕跡が残されていた（１８７ページコラム参照）。また約40万年のフランスにはホモ・エレクトゥスの住んだ建造物の跡も残っている（第7章参照）。ホモ・ネアンデルターレンシスが直接的に彼らの子孫かどうかはわからないものの、ヨーロッパや中東に存在したホモ・エレクトゥスの文化の影響を受けた可能性は大きいと見られている。

ヨーロッパでは、約13万年前に「ムスティエ文化（ムステリアン文化）」が始まったと考えられている。これは旧石器時代の中期にあたり、「ムスティエ型尖頭器《せんとうき》」（図8－7）と呼ばれる刺突器を量産したことで知られている。

この石器は黒曜石などの薄くはがれやすい岩石を石器の材料として利用し、岩石を割った後に先端をとがらせて作る。削器《さくき》（サイドスクレイパー）や礫器《れっき》（チョッピングツール）などの石器も作られたほか、製作過程で出た剥片《はくへん》（フレーク）も便利な道具として利用していたらしい。フランスのル・ムスティエ遺跡ではこの種の石器が多数発掘されており、

図8-7 ムスティエ文化の石器

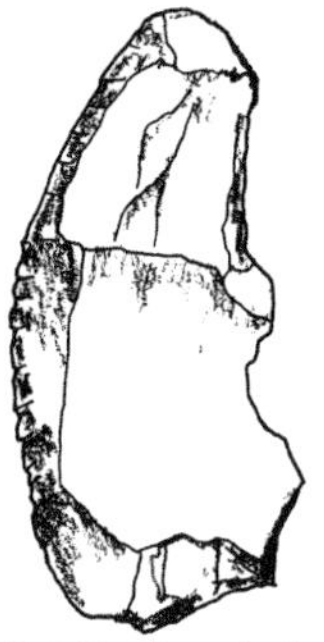

サイドスクレイパー

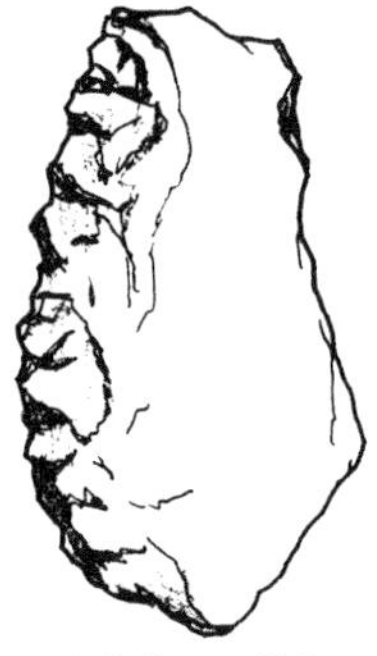

小歯状のこぎり

フランス南西部ドルドーニュ県のル・ムスティエでネアンデルタール人の化石とともに多数発見された石器の一部で、道具作りや狩りなどに用いられた。上の尖頭石器は先端が三角形にとがっており、槍先などにつけて用いたと考えられている。上写真／José-Manuel Benito Alvarez　右図参考資料／D・ランバート『図説人類の進化』（平凡社）他

文化の名の由来となった。

ムスティエ文化の担い手はヨーロッパに定住したホモ・ネアンデルターレンシスであったらしい。この文化は３万５０００年前にホモ・サピエンス（クロマニヨン人）による後期の旧石器文化にとって代わられるまで存続した。

一般に、中期の旧石器文化は後期の旧石器文化より旧式で性能的に劣っていると考えられてきたが、最近その見方は覆されつつある。テキサス大学などの国際研究グループはホモ・ネアンデルターレンシスとホモ・サピエンスが使っていた石器を３年がかりで当時の状態に復元し、これを実際に使用して優劣を比較する実験を行った。２００８年に発表された結果によれば、ホモ・ネアンデルターレンシスが多用していた剥片はホモ・サピエンス固有の石器とされる石刃（ブレード）より使い勝手がよく、実用的であったという。この結果から研究グループは、ホモ・ネアンデルターレンシスを劣った種とみなすのは誤りであり、彼らはわれわれとは異なる文化の担い手と見るべきだと述べている。

ヨーロッパの先史時代の文化としてわれわれが思い浮かべるのは、洞窟壁画や女性の豊満な肉体を模した〝ヴィーナス像〟、さまざまな精巧な骨角器や装飾品などであろう。これらに象徴される文化は「オーリニャック文化」と呼ばれている。こうしたさまざまな絵画や彫刻などは約７万年前のアフリカに起源をもつとされ、ホモ・サピエンスの移動とともにヨーロッパに持ち込まれて爆発的に開花し、多様な芸術作品を残したと見られている。

オーリニャック文化の多彩で華やかな遺物に比べ、ムスティエ文化にネアンデルターレンシスの精神文化の存在を示す証拠は乏しい。だがそれは彼らの後進性を示す証拠にはならない。彼らの芸術活動は形として残りにくいもの、音楽や踊りや物語の語り伝えだったかもしれないし、単に彼らの創造した作品が物理的に保存されなかったという可能性もある。

1995年、ホモ・ネアンデルターレンシスの芸術活動に関して興味深い発見があった。スロベニア北西の洞窟に骨製のフルート（笛）が残されていたのである。フルートは8万2000～4万3000年前のものと見積もられ、発見場所の近くからはムスティエ型の石器も発見された。

フルートは当時のヨーロッパに生息し、後に絶滅したホラアナグマ[*1]の大腿骨でできており、長さは10センチメートルあまりで両側が砕けていた。内部は中空で、管には2つの丸い穴が開いていたほか、両端に穴の跡が残っていた。穴とその痕跡4つは直線上に並んでおり、カナダの音楽研究家ボブ・フィンクによれば、穴の間隔からすると音階を奏でることができたという。この骨は人工物ではなく、肉食獣が髄《ずい》を吸い、爪で穴を開けたとする見方もあるが、ホモ・ネアンデルターレンシスが西洋音楽の枠組みとなる音階を生み出したとすれば興味深い。

装身具もまた、最近までホモ・サピエンスに固有のものと考えられていた。だが2010年にイギリスのブリストル大学の教授ホアン・チルハンらは、スペイン南部の2カ所の洞窟でホモ・ネアンデルターレンシスの装身具を発見したと発表した。

＊1 ホラアナグマ　約２万7000年前（最終氷期の最寒冷期）に絶滅したヒグマに似た動物で、洞穴などに巣をつくって生活していたことからこの名がついた。強大な顎と長い犬歯をもつが、おもに植物食であったと考えられている。

それらは約5万年前の貝殻に穴を開けたものであり、ネックレスのように連ねて使ったのではないかとチルハンは推測している。貝殻のひとつはオレンジ色に染められており、近くには赤と黄色の染料が入った貝の容器もあった。これらの染料は化粧用に用いられていた可能性があるという。研究者たちは貝が発見された洞窟は海から60キロメートルも離れているので、これらが食用として持ち込まれたとは考えられないとしている。

これまでにもホモ・ネアンデルターレンシスの遺跡から穴の開いた動物の歯などが見つかった例はあるが、これらはホモ・サピエンスの文化の影響とする見方が強かった。今回発見された装身具は5万年前のものだが、この時代にはホモ・サピエンスはまだイベリア半島南部までは進入していないとされている。このことから、ホモ・ネアンデルターレンシスは自ら身を飾る文化を生み出したと推測されている。

死者に花を手向け、障害者を助ける

ホモ・ネアンデルターレンシスはまた埋葬儀礼を行ったと考えられている。死者への儀礼をともなうホモ・ネアンデルターレンシスの埋葬の跡はこれまでにいくつも発掘されている。

地中から全身の骨がつながった状態で発見される場合には、一般に人為的に埋葬されたものと考えられる。というのも、打ち捨てられた死体なら腐敗していく過程で動物にばらばらにされ、多くの骨が失われるためだ。さらに、全身骨格とともに墓穴の加工や儀礼の痕跡が見られれば、意図的な埋葬が行われたと推測できる。

ホモ・ネアンデルターレンシスが埋葬儀礼を行ったとする証拠としては以下の事例があげられている。

①ヨーロッパから中央アジアにいたるすべての埋葬地において、遺体は胎児のように体を丸めた屈葬か、仰向けに体を伸ばした伸葬の体勢で埋葬されていた。

②埋葬された遺体は圧倒的に男性が多い。

③遺体の周辺に副葬品らしき石器が見られる。

④いくつかの遺体では顔の上に石の板が置いてあった。

⑤フランスでは遺体を埋葬した穴の中を赤鉄鉱で赤く染めた例がある。

これらの発見にもとづいて考古学者たちは、ホモ・ネアンデルターレンシスは集団内で特定の地位にあった人物（おもに男性）を埋葬したと推測している。

これに対してホモ・ネアンデルターレンシスは埋葬の習慣をもっていなかったとする意見もある。埋葬例と思われるものはいずれも彼らの住居である洞窟の落盤で埋もれたか、肉食動物が遺体に引き寄せられて集まらないように埋めて隠しただけというのである。この見方ではどの遺体も同じ姿勢をしている理由が説明できないうえ、男女比に偏りがあるのもおかしい。だが埋葬例の多くは発掘技術の未発達な19世紀後半から20世紀初頭にかけて見つかったものである。そのために発掘時の記録が十分ではなく、検証が難しい。

ホモ・ネアンデルターレンシスはまた死者に花を手向けたかもしれない。１９５０年、アメリカのラルフ・ソレッキらは、イラク北部にあるシャニダール洞窟（図8－8）の調査を開始した。彼らは１９６０年までに成人男性5体、成人女性2体、性別不明の幼児2体のホモ・ネアンデルターレンシスの骨格を発掘した。

　このうち屈葬されていた40代の男性（シャニダール4号。図8－9）について、その周囲の土壌を分析すると意外なことがわかった。土壌の中にはノコギリソウ、ヤグルマギク、タチアオイ、ムスカリなど9種類の植物の花粉が大量に含まれており、しかもその多くは現在も付近の住民によって薬草として使用されているものだったのである。

　ソレッキはこれについて、ホモ・ネアンデルターレンシスは死者が現世では治療できなかった病気を来世で治してもらうために大量の薬草を供えたと推測した。そして、シャニダール洞窟の人々を「最初に花を愛でた人々」と呼んだ。

　これに対して花粉は、単に風で洞窟の中まで運ばれて土中にしみ込んだか動物によって運ばれたものにすぎないとする意見もある。だが花粉が狭い範囲に大量に集まっていたことや、特定の種類の植物であること、埋葬場所が洞窟のもっとも奥にあること、土壌中からは花粉だけでなくタチアオイの葯（やく＝雄しべの先端の花粉袋）も発見されていることなど、自然の出来事とは思えない点が数多く見られる。

　この洞窟の発掘によって、ホモ・ネアンデルターレンシスに障害者に対する福祉の概念が存在したらしいことも明らかになった。１９５６年に発見された男性の骨格は左腕が未発達で肘から先がなく、左目もつぶれていたらしい。だが死亡した年齢は40歳前後と推定された。これは当時としてはかなりの高齢であり、周囲の人々が彼を養っていたと考えられたのである。

装身具や化粧、音楽、埋葬儀礼、そして高齢者や障害者を養ったことなどを考え合わせると、ホモ・ネアンデルターレンシスは抽象思考もしていただろうと研究者たちは言う。ホモ・ネアンデルターレンシスはホモ・サピエンスに負けない豊かな精神文化を築いたのかもしれない。

図8-8 シャニダール洞窟　イラク最北部クルディスタン地域のザグロス山脈にある洞窟。ザグロス山脈はイラン南西部からペルシャ湾に沿ってイラク、トルコへと延び、全長は1500キロメートル。標高5000メートル超のアララト山を抱える。　写真／JosephV

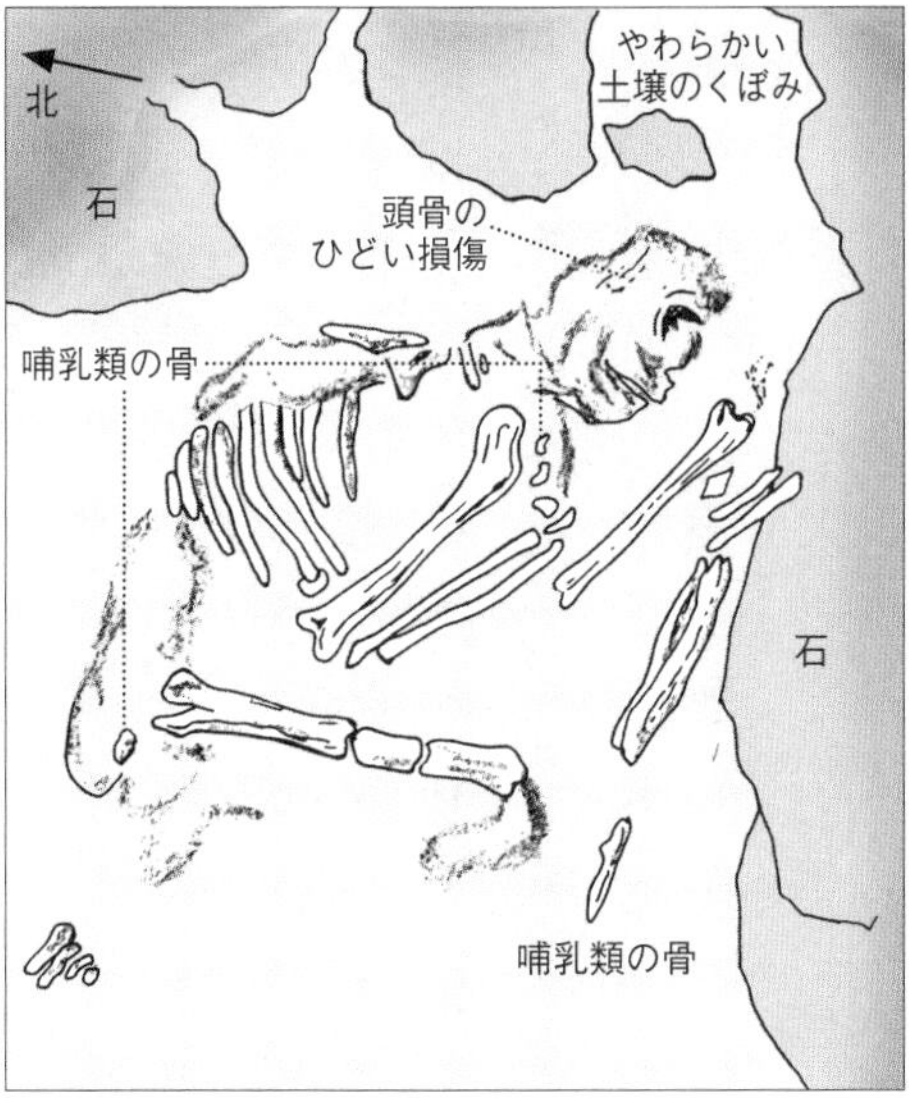

図8-9 ネアンデルタール人の埋葬　シャニダール洞窟から発掘された骨格のひとつ「シャニダール４号」。植物とともに埋葬されていた。　図参考資料／Solecki (1971)

8-3
もっとも近い人類の仲間

分子生物学で見るネアンデルタール人の系統

ミトコンドリアDNAの違いを比べる

ホモ・ネアンデルターレンシスは生物学的にはわれわれホモ・サピエンスにもっとも近い種と考えられている。では彼らはわれわれの直接の祖先なのか？　ホモ・ネアンデルターレンシスの骨格の特徴はホモ・サピエンスに近く、かつては多くの研究者がホモ・サピエンスはホモ・ネアンデルターレンシスの直系の子孫と見ていた。だが生物学的な系統関係を骨の形状から推測しようとすると主観の混入を完全には排除できない。

これに対して１９９０年代、分子生物学が古人類学の世界に導入され、遺伝子やたんぱく質を比較してホモ・ネアンデルターレンシスとホモ・サピエンスの生物学的な系統関係を突き止めようとする動きが始まった。遺伝子を比較すれば、他のどのような方法によるよりも客観的かつより正確な系統樹を描き出せるはずである。

１９９７年、古遺伝子研究のパイオニアのひとりであるドイツのマックス・プランク研究所のスヴァンテ・ペーボらがホモ・ネアンデルターレンシスの遺伝子についての研究を発表した。彼らはネアンデルタール峡谷で発見された最初のホモ・ネアンデルターレンシスの上腕骨から０・４

グラムの試料を採取し、その中からミトコンドリアＤＮＡを抽出することに成功した。そして、ＤＮＡの３７９個分の塩基配列を世界各地の現生人類（ホモ・サピエンス）の９９４の系統と比較した。その結果、ホモ・ネアンデルターレンシスとホモ・サピエンスとの間には平均27個の塩基配列の違いが認められたが、現生人類の間ではミトコンドリアＤＮＡの変異は８個であった(図8－10)。

一般にミトコンドリアに27個もの変異が蓄積されるには50万～60万年の時間が必要とされている。ホモ・ネアンデルターレンシスが誕生したのは20数万年前と見られているため、この結果にもとづくと、ホモ・サピエンスの祖先はホモ・ネアンデルターレンシスではないことになる。また分岐した時期が早かったことから、両者の間では交配（繁殖、生殖）も難しかっただろうと推測された。

一般にある種と別の種を分ける境界の定義は継代的に交配できないことである。つまり、種が違うと交配できないか、たとえ子が生まれても、ラバ（オスのウマとメスのロバの交雑種）

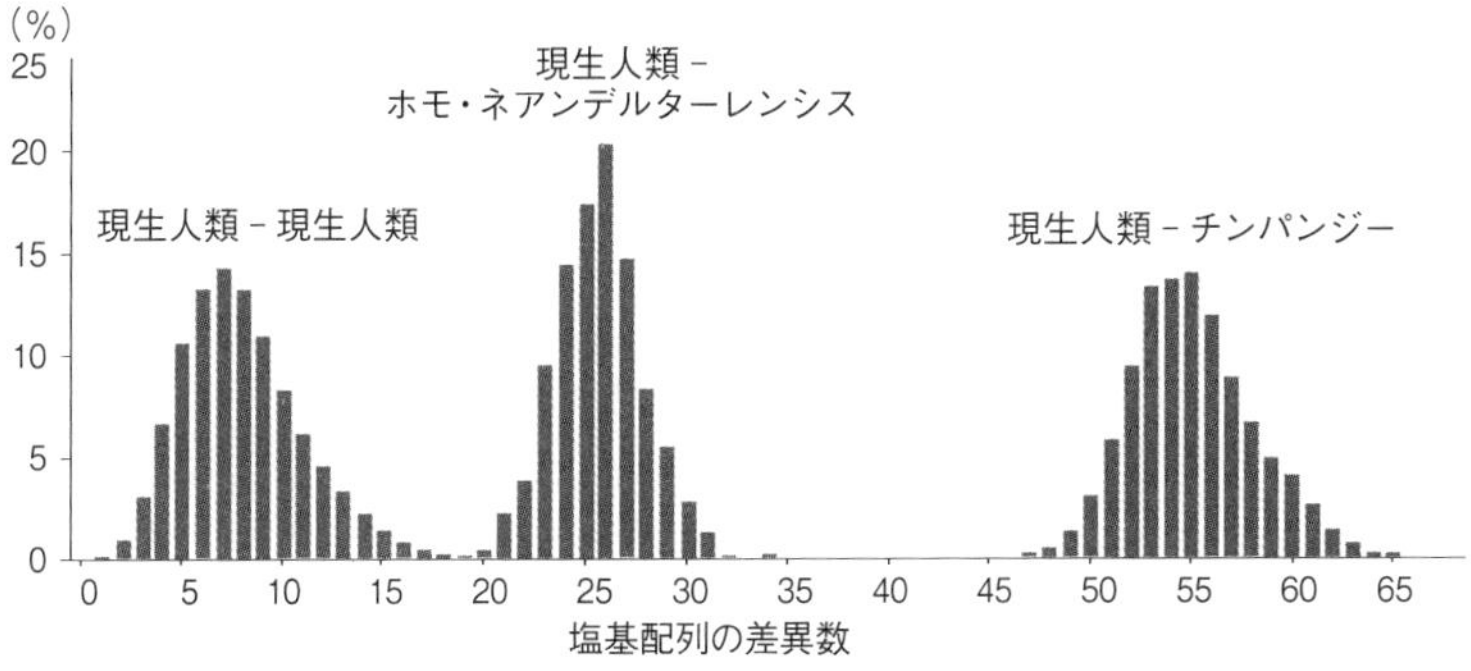

図8-10 ホモ・ネアンデルターレンシスの遺伝子 ホモ・ネアンデルターレンシスのミトコンドリア(細胞内小器官)がもつDNAの塩基配列を解読した結果、ホモ・ネアンデルターレンシスの配列の違いは現生人類どうし間の違いの３倍、現生人類とチンパンジーとの差異の約２分の１であった。これは現生人類が彼らから何も受け継いでいないことを示すという。 参考資料／Svante Pääbo, et al., Cell, Vol.90 (1997) 19-30

やレオポン（オスのヒョウとメスのライオンの交雑種）のように1代だけの雑種で終わる。

ちなみに、もしホモ・サピエンスとホモ・ネアンデルターレンシスが継続的に交配できるくらい近縁であれば、ホモ・ネアンデルターレンシスはホモ・サピエンスの亜種ということになり、名称もホモ・サピエンス・ネアンデルターレンシスということになる（この名称を採用する研究者も今日なお少数ながら存在する）。

だが、3万～2万年前のヨーロッパの地層からは、ホモ・ネアンデルターレンシスとホモ・サピエンスの特徴が混在している骨格が発見されている。たとえばモラビア（現チェコ）のムラデッチ遺跡で発掘された3万1000年前の骨格は、全体的にはホモ・サピエンス的であるものの、後期のホモ・ネアンデルターレンシスにしか見られない特徴をそなえていた。

また1998年にポルトガルのラペド峡谷で発見された2万5000年前の4歳くらいの男児は、その埋葬様式はホモ・サピエンスの石器文化のものと見られたが、骨格にはホモ・ネアンデルターレンシスとホモ・サピエンスの特徴が入り交じっていた。この時代は最後のホモ・ネアンデルターレンシスが姿を消してから2000年以上が経過していたとされている。そのため、ムラデッチ遺跡やラペド峡谷の骨格はホモ・ネアンデルターレンシスとホモ・サピエンスが交配した結果と見る研究者もいる。

ホモ・サピエンスの中のネアンデルタール人の遺伝子

先のペーボらの研究はミトコンドリアＤＮＡを対象としたものである。ミトコンドリアは母親から子どもに引き継がれるため、男女のＤＮＡが混じり合うことは基本的にはない。つまりホモ・ネアンデルターレンシスとホモ・サピエンスが交配したとしても、子どもは母親のミトコンドリアＤＮＡを引き継ぐため、その子孫のミトコンドリアを調べただけでは交配したかどうかはわからない。

２００６年、ホモ・ネアンデルターレンシスのすべての遺伝子を解読することを目的とした「ネアンデルタール・ゲノム計画」がアメリカとドイツの研究者の間で発足した。計画の中心人物のひとりが前出のペーボである。

同年、研究者たちは、ホモ・ネアンデルターレンシスのゲノムの一部を解読したと発表した。彼らは、クロアチアで発見された３万８０００年前のホモ・ネアンデルターレンシスの大腿骨から試料を採取した。そして個々の長さが50～70塩基しかないＤＮＡを丹念につなぎあわせ、長さ６万５２５０塩基分のＤＮＡを復元した。これをホモ・サピエンスの同じ領域と比較したところ、両者の塩基配列は99・5パーセントまで一致したという（チンパンジーとヒトは98・8パーセント一致）。その後もホモ・ネアンデルターレンシスのゲノムの解読は急ピッチで進み、２０１０年までには全ゲノムの60パーセント以上が解読された。

そして２０１０年、ペーボなど同計画の参加者たちは現生人類とホモ・ネアンデルターレンシスが非常に近いだけではなく、彼らがわれわれの祖先と交配したと見られると発表した。ペーボらは３個体のホモ・ネアンデルターレンシスの塩基配列を調べ、それらを現生のヒトの各人種（中国、フランス、パプアニューギニア、南アフリカおよび西アフリカの５人）の同じ領域と比較してみた。その結果、現代人類とホモ・ネアンデルターレンシスの塩基配列の９９・７パーセントが一致したという。だが、より興味深いのは、アフリカ系以外の３人の現生人類のゲノムにホモ・ネアンデルターレンシスと同じ塩基配列が１〜４パーセントほど認められたことである。ペーボらによれば、一致した配列が分量的にあまり変わらないことから見ると、ホモ・ネアンデルターレンシスとホモ・サピエンスの交配はホモ・サピエンスが世界中に広がる以前に起こったと推測できるという。

　ホモ・ネアンデルターレンシスも現生人類と同様にアフリカで誕生した可能性が高いとされているが、その場合、彼らは中東の回廊を経由してヨーロッパや中央アジアへ拡散したと見られている。ホモ・サピエンスもホモ・ネアンデルターレンシスとほぼ同じルートをたどってユーラシアへ進出したはずである。そのためペーボらは、中東のどこかでホモ・サピエンスとホモ・ネアンデルターレンシスが出会い、性的交渉をもったと考えている。その結果、アフリカの外にいる現生人類にはホモ・ネアンデルターレンシスの遺伝子が混じることになったというのである。

　しかしホモ・ネアンデルターレンシスのＤＮＡの塩基配列は、前述したように解読が進んでいるものの、その中から見つかった遺伝子はごくわずかである。また、ペーボらの研究は手法が複雑であり、ホモ・ネアンデルターレンシスの試料が微生物などで汚染されていることから結果を疑問視する研究者もいる。今後ホモ・ネアンデルターレンシスの全遺伝子が解読され、現生人類の遺伝子と比較されれば、われわれとホモ・ネアンデルターレンシスにどのような生物学的関係があるのか、より深くわかってくることだろう。

彼らはなぜ絶滅したのか？

ホモ・ネアンデルターレンシスは約２万７０００年前（更新世の終わり）に地上から姿を消した。だがその原因はまだわかっていない。

もっとも広く行きわたっている仮説はホモ・サピエンスとの生存競争に敗れたというものだ。ホモ・サピエンスは、男が飛び道具を用いて大型動物を捕り、女は小型の動物や植物の採取を行うなど、男女の分業によって食糧を効率的に得ていたと考えられている。これに対して、ホモ・ネアンデルターレンシスは獲物の近くまで寄らなければならない危険な狩猟を行っており、植物を食料としてはあまり利用していなかったらしい。こうした点からホモ・ネアンデルターレンシスは生存に不利であり、しだいに狭い生息範囲に押しやられていったというのである。

別の有力な仮説は環境の変化である。ホモ・ネアンデルターレンシスの生息していた時期の終わりは最後の氷期が終わる頃にあたり、気候が短期間にめまぐるしく変動した。ホモ・ネアンデルターレンシスはこのような環境の変化に適応できず衰退していったというのである。環境変化による獲物の減少も絶滅を早めることになっただろう。

最近、別の仮説も現れた。それは、ヨーロッパで連続的に起こった火山噴火によって環境が大きく変化し、獲物が減少したことがホモ・ネアンデルターレンシスを衰退させたとするものである。ヨーロッパを中心に生きていたホモ・ネアンデルターレンシスはこのとき絶滅し、より広い範囲に広がっていたホモ・サピエンスは生き残ったという。

他方、ホモ・サピエンスとホモ・ネアンデルターレンシスの間に衝突が起こり、ホモ・ネアンデルターレンシスが絶滅に追いやられたという説もある。１９５９年にイラクで発見されたホモ・ネアンデルターレンシスの骨格には、左下の肋骨に深い傷がついていた。２００８年、これはホモ・サピエンス固有の飛び道具アトラタル（槍投げ器。てこの原理を応用して槍を投《とう》擲《てき》する）でつけられた可能性があると発表された。これはホモ・サピエンスによる〝最初の殺人〟かもしれない。しかし、ホモ・サピエンスとホモ・ネアンデルターレンシスの間が戦争状態となったことを示す証拠はいまのところ存在しない。

どんな理由にせよ、純粋なホモ・ネアンデルターレンシスは滅んでしまった。だが、先のネアンデルタール・ゲノム計画が示したように、もしかするとホモ・ネアンデルターレンシスの誰かがホモ・サピエンスと接触して交配し、われわれの中にその遺伝子を残した可能性はある。現生人類の中にもまれにホモ・ネアンデルターレンシスを思わせる顔立ちの人が存在する。とすれば、彼らは絶滅したのではなく、ホモ・サピエンスに吸収されたと考えることもできるだろう。

第9章

最後のアナザー人類

9-1
最後のアナザー人類

ひっそりと生き続けていた〝小さなアナザー人類〟

身長1メートルの「ホモ・フローレシエンシス」発見さる

いまから2万7000年ほど前に最後のホモ・ネアンデルターレンシス（ネアンデルタール人）が姿を消すと、地球上で生き残ったヒト属はホモ・サピエンスただ一種となった。以来現在に至るまでホモ・サピエンスが地上唯一の知性種族としてこの惑星に君臨してきた——と信じられていた。だがそれはどうやら思い違いであったらしい。この地球に更新世の末（約1万2000年前）、ひょっとすると完新世（現世）までわれわれとは別の人類がひっそりと生き延びていたことが、近年明らかになったのである。

この〝最後のアナザー人類〟——現時点の理解ではの話だが——が発見されたのは、インドネシアのジャワ島とティモール島の間にあるフローレス島という東西350キロメートル、面積1万3540平方キロメートルの島である（図9-2）。この島では1998年にもアジア最古の部類に属する前期旧石器（一説には83万年前のもの）が発見されており、研究者たちの注目を集

図9-1 リアンブア洞窟 石灰岩でできた鍾乳洞であるリアンブアで2003年、新しいヒト（ホモ属）が発見された。 写真／Rosino

めていた。

そして2001年から、オーストラリアのニューイングランド大学のマイケル・モアウッド率いる

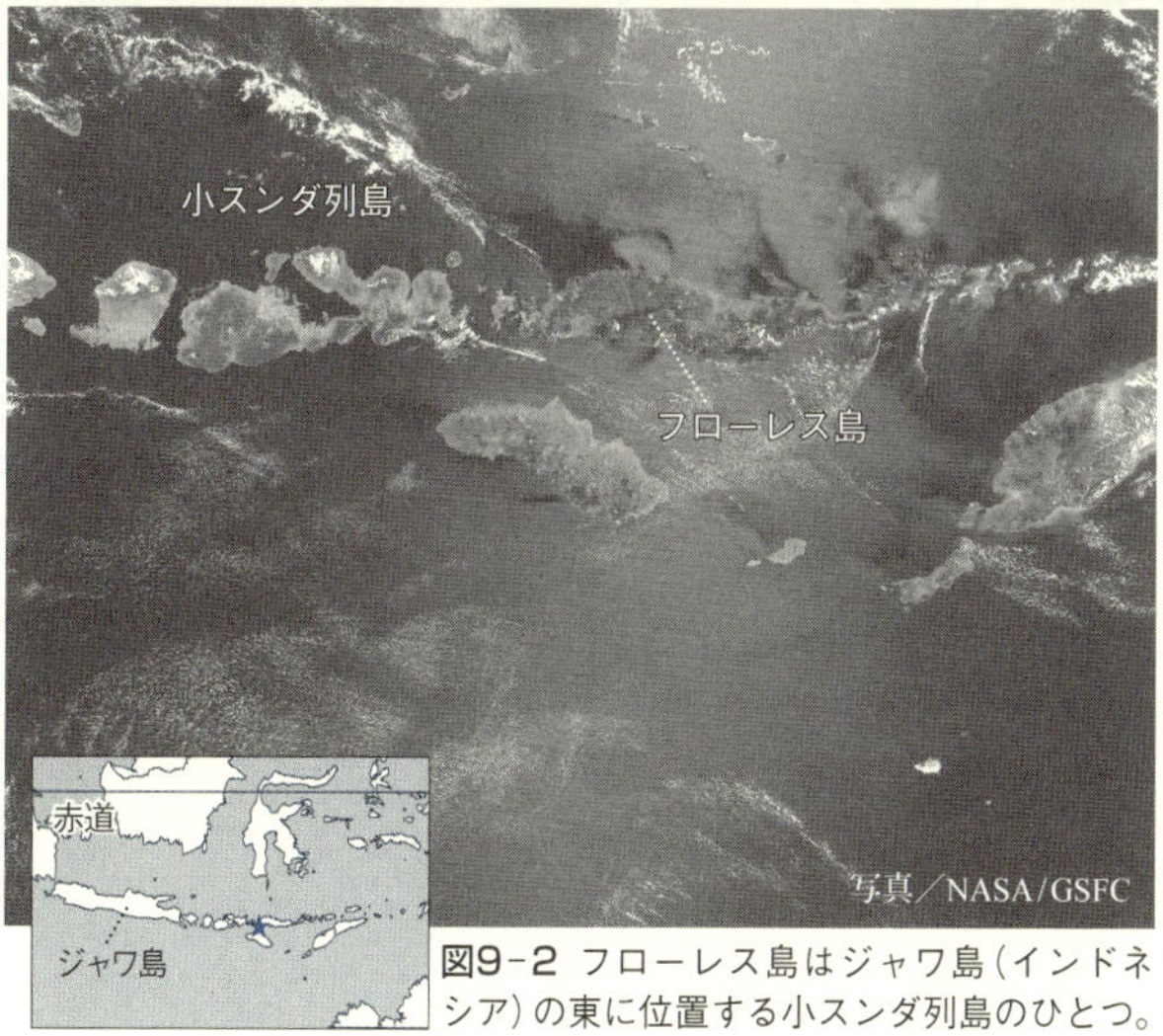

図9-2 フローレス島はジャワ島（インドネシア）の東に位置する小スンダ列島のひとつ。

オーストラリア－インドネシア合同チームは、フローレス島西部のリアンブア洞窟（図9－1）に狙いをしぼり、その内部を徹底的に調べる発掘調査をスタートさせた。

ところが発掘開始からまもなく、この洞窟からは多数の石器とともにステゴドンと呼ばれる絶滅したゾウの、それも異常に小さい骨が見つかり始めた。そして2003年には最初にヒトの歯が発見され、その直後には両腕が消失しているもののそれ以外はほぼ完全なヒトの全身骨格が発見された。その骨格は、見れば見るほど奇妙な、それまでの人類学の常識をことごとく打ち破る標本だった。

まずその大きさが著しく小さく、身長は1メートルしかない。しかしそれは、歯の磨り減り方からして明らかに成人であった。頭骨もきわめて小さく、脳容積は380立方センチメートルとチンパンジー程度であった。

にもかかわらず、この洞窟からは非常に精巧で高度な後期旧石器も多数見つかった。もしこれらの石器が彼らの作ったものなら（これはホモ・サピエンスの作ったものが紛れ込んだだけとする意見もある）、脳の大きさと知能に関するこれまでの通念は否定されることになる。

しかも驚くべきことに、この化石はいまからわずか1万8000年前のものと推定された。つまりこの矮小《わいしょう》なヒトは、ほとんど現世が始まる頃までこの島に住んでいたのである。

島には〝エブ・ゴゴ〟（「何でも食べる老婆」を意味する）と呼ばれる伝承があった。エブ・ゴゴは洞窟に住む毛深くて小柄な2足歩行の生き物で、彼らはつぶやくような柔らかい声でし

図9-3 脳と体の大きさ比較

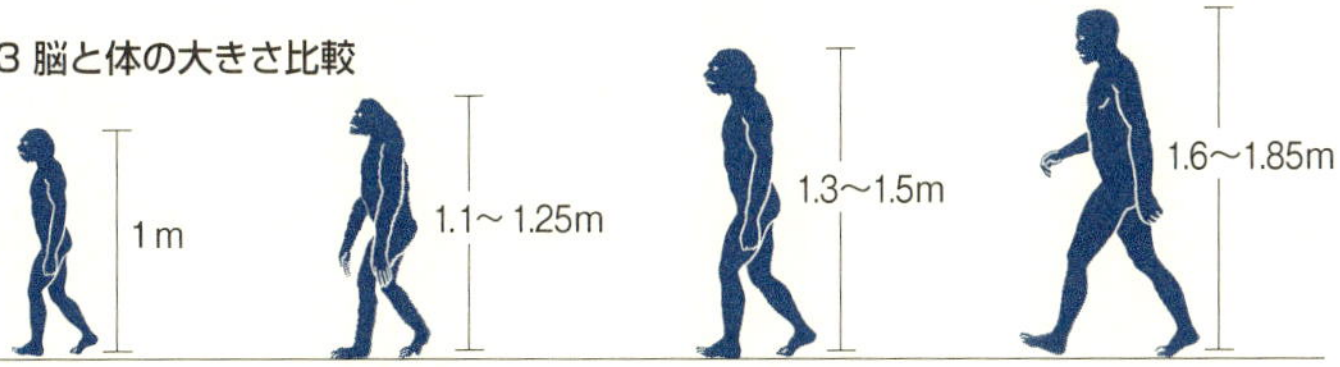

ホモ・フローレシエンシス	アウストラロピテクス・アファレンシス	ホモ・エレクトゥス	ホモ・サピエンス
脳容積380cm^3。脳も体も小さい。	脳容積はホモ・サピエンスの3分の1程度。体の大きさに性差があり、女性であるルーシーは1.1m。	脳容積は850〜1100cm^3で、最大値は現代人と重なる。トゥルカナ・ボーイ（少年）は168cm。地域差・個体差がある。	脳容積1350cm^3。脳も体も大きい。

注／身長は平均的な数値であり個体差がある。

ゃべるという。もしこれがこの矮性人類を指すなら、彼らは現在の島民の祖先と接触していたことになる。さらに島民の証言によれば、19世紀にオランダ人がこの島に入植した時点ではエブ・ゴゴは生きていたというのである。

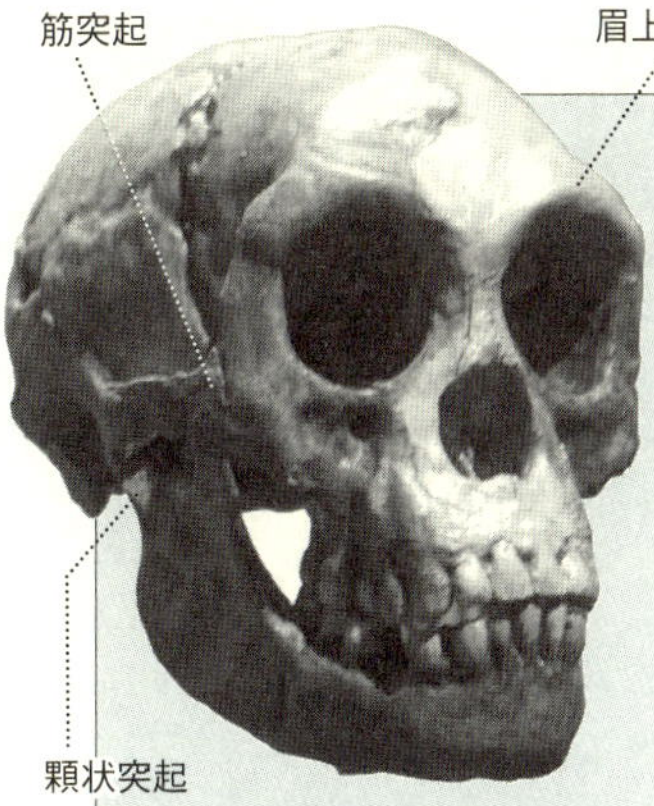

左写真／Ryan Somma

●ホモ・フローレシエンシスの特徴

1 ホモ属で最小のきわめて矮小な体をもつ。
2 脳容積は小さく（380立方センチメートル前後）、アウストラロピテクスの下限値に相当する。
3 頭頂部の骨はアウストラロピテクスより厚く、ホモ・エレクトゥスやホモ・サピエンスと同程度。
4 犬歯より後方（奥）の歯は縮小し、顔面はあまり突出せず、アウストラロピテクス類に見られるような咀嚼《そしゃく》への適応を示さない。
5 下顎第3前臼歯は相対的に咬合面が広く、プロトコニッド（下顎臼歯の突起部分）が高く、タロニッド（歯冠後部の台地状の部分）も広い。
6 第1、第2臼歯は大きさが等しい。
7 前頭部がもり上がっていない。
8 顎にはおとがいがなく、筋突起は顆状突起より上まで伸び、枝は後方に位置する。
9 眉上《びじょう》突起が発達し、眼《がん》窩《か》の上縁に沿ってアーチを描き、ホモ・エレクトゥスのような直線状ではない。

２００４年、この骨格はニューイングランド大学のピーター・ブラウン、インドネシア考古学センターのラディエン・スヨノらにより、ヒト属の新種「ホモ・フローレシエンシス」と名付けられて発表された。この種の特徴は前ページの表のようなものである。

これらの特徴は、彼らとホモ・エレクトゥスとの系統上のつながりを示唆するとブラウンらは考えた。ただし、その眉上突起の形状などからすると、ホモ・フローレシエンシスはアジア型のホモ・エレクトゥスよりも初期のホモ・エルガステル（あるいはグルジアのいわゆるホモ・ゲオルギクス。１８９ページ図7－7参照）によく似ており、アジア型とのつながりについては明らかではない。

この島で83万年前のものともいわれる前期旧石器が発見されていることから見ても、ホモ・エレクトゥスはごく早い時代からこの付近に進出していたようであり、以降ホモ・サピエンスがやってくるまで、彼らはここで独自の進化を続けてきたのだろう。そして、ホモ・サピエンスがやってきた後も彼らはたがいに競合関係にはなかったため、最近まで現生人類と同じ島で共存できたのだと考えられる。

彼らの体がこれほど矮性化したのは、島という局限的環境で限られた食料のみに頼って生きるためのいわゆる「島嶼《とうしょ》化現象」によるものと思われている。

リアンブア洞窟で発見されるステゴドン――ホモ・フローレシエンシスの狩りの獲物であったかもしれない――も、本来のものに比べて体高・体長は2分の1、体重は8分の1まで矮性化していた。それでもホモ・フローレシエンシスがきわめて高度な石器を作る能力をもっていたとすると、脳の大きさと知能の間にはわれわれが考えるほど強固な相関はないのかもしれない。

ともかく現代人はつい最近まで、それもこれほど身近に未知の人類が生きていたという事実さえ知らなかったのである。

彼らはなぜ小型化したか

もっともこうした見方を否定する意見も存在する。すなわちホモ・フローレシエンシスなどという独自の種は存在せず、それはホモ・サピエンスが矮性化したもの、あるいは何らかの病気（軽度の原発性小頭症など）にかかったホモ・サピエンスであろうなどというものだ。そして近年、この意見を補強するような新しい発見ももたらされている。

２００８年、ウィットウォーターズランド大学（南アフリカ）のリー・バーガーが率いる合同調査チームは、ミクロネシアのパラオにおいてごく新しい矮性人類の骨を大量に発見したと発表した。

これらの骨は、パラオ諸島に無数にある隆起したサンゴ礁の小島――現場保全のため名前は明かされていない――の埋葬用に使われていた２つの洞窟から発見されたもので、年代はきわめて新しく、放射性年代測定によれば２９００～１４００年前、ものによっては約９００年前という結果が出たとされている。

少なくとも25個体分にのぼるこれらの骨格はいずれもごく小柄で、成人男性の平均体重は43キログラム、成人女性は29キログラムと見積もられる。頭骨のサイズもその眼窩《がんか》や下顎の臼歯の大きさ、大腿骨の太さなどの計測値がすべてホモ・フローレシエンシスよりわずかに大きい程度で、身長もそれに準じて90～１２０センチメートルと見られた。

もっとも、その後ノースカロライナ州立大学のスコット・フィッツジェラルドはこれらの標本を検討し、この身長の推定値は過少で実際には彼らの身長は１５０センチメートルに達したのではないかと発表している。

パラオの人骨には、小さな体、小さな顔、発達した眉上突起、おとがいの欠如、相対的に大きな歯、前臼歯の咬合面の拡大、上下の顎の歯の回転などの特徴が顕著であり、とりわけ最後の2つはホモ・フローレシエンシスとこの人骨にのみ見られる特徴である。

しかしフローレス島とパラオは２３００キロメートルも離れており、ホモ・フローレシエンシスがこの距離を移動するほどの航海術をもっていたとはとうてい考えられない。またパラオの人骨は相対的に小さな眼窩、鼻骨の形と大きさ、顎の形態、骨盤の形態などさまざまな点において現代人に固有の特徴を示しており、これは島という特殊な環境の中で小型化、矮性化したホモ・サピエンスと結論づけることができる。

とすると、こうした人骨に見られる特徴は矮性化にともなって現代人にもふつうに起こり得る現象とも考えられ、その歯の特徴も単にホモ・フローレシエンシスとパラオの人骨の間に並行して生じた収斂《しゅうれん》の結果にすぎないと考えることもできる。こうした見方はホモ・フローレシエンシスの種としての独自性を疑わせ、彼らは矮性化したホモ・サピエンスだとする意見を補強することにもなる。

とはいえ、この議論によってホモ・フローレシエンシスがホモ・サピエンスの矮性型であると証明されるわけではない。逆にホモ・フローレシエンシスはホモ・エレクトゥスの系列から生まれ、それが収斂進化によってパラオの矮性ホモ・サピエンスに似てきたと考えることもできるからである。結論は出ておらず、将来ホモ・フローレシエンシスの遺伝子解析が可能になればもっと確かな答えが得られるかもしれない。

西シベリアの〝第3の人類〟

2010年、今度は西シベリアにおいて4万8000〜

図9-4 アルタイ山脈 更新世にはデニソワ洞窟のある西シベリアは厚い氷床におおわれていた。

写真／Vít Hněvkovský

3万年前（更新世後期）に、ホモ・サピエンスでもなくホモ・ネアンデルターレンシスでもない〝第3の人類〟が存在していたことを示唆する研究が発表された。
それによると、２００８年に西シベリアのアルタイ山脈（図9－4）にあるデニソワ洞窟で、かつてここで発見されていたムスティエ文化の遺物の作り手の骨を探していたノヴォシビルスク考古・民族学会の調査チームがいくつかの断片的な骨を収集した。

この試料の遺伝子解析を依頼されたスヴァンテ・ペーボらはその中の1本の指の骨からミトコンドリアＤＮＡを抽出、これを現代人54人、ロシアで発見された3万年前のホモ・サピエンス1人、ホモ・ネアンデルターレンシス6人のミトコンドリアＤＮＡと比較した。

その結果は驚くべきものだった。ミトコンドリアＤＮＡの塩基配列はホモ・サピエンスとホモ・ネアンデルターレンシスの間では平均２０２個異なっていたが、デニソワ洞窟の骨との違いはさらに多く、３８５個もの違いが見つかったのだ。

このデータは、デニソワ洞窟の骨はホモ・サピエンスとホモ・ネアンデルターレンシスが分岐するよりも早く、いまからおよそ１００万年前にヒトの系列から分かれた未知の種であることを示唆していた。この推測が正しければ、はじめて骨格の形状ではなく、遺伝子研究のみによってアナザー人類すなわち新種のヒトが発見されたことになる。２０１０年にペーボらはこの骨からゲノム（遺伝子ＤＮＡの全体）を取り出して塩基配列を解読する作業を開始しており、その結果が期待されている。

それにしても、ホモ・エレクトゥスと同じ時代から生き続けユーラシアにも進出していた人類の存在にこれまで誰も気づかなかったのは不思議でもあり、今後どこかでこの仲間のより完全な化石が発見される可能性も残されている。あるいはそれは、研究者たちがこれまでホモ・エレクトゥスの地方変異型のひとつとみなしてきたものかもしれないが。

もしかすると更新世（約２６０万〜約1万２０００年前）にはこれ以外にも未知のホモ属（ヒト属）がいたかもしれない。しかしいずれにせよ彼らは永遠に滅び去ったと見られており、確認されているかぎり現在の地球上に存在するホモ属はホモ・サピエンスのみである。

ただ、噂の類ではあるものの、今日でもホモ・サピエンス以外の種が世界のどこかで細々と生き残っているという話は少なくない。

たとえばネアンデルタール人（ホモ・ネアンデルターレンシス）は絶滅しておらず、いまもコーカサスの人里離れた山奥に隠れ住んでおり、現地では彼らを〝アルマ〟と呼んでいるといった類である。近いところでは、ホモ・フローレシエンシスもしくはそれに類する矮性人類がスマトラ島のジャングルに生き残っており、〝オラン・ペンデク〟と呼ばれて目撃報告が多数寄せられているともいう。

それらの伝説のどれかひとつでも真実なら人類学者にとってこれほどエキサイティングな話はないが、確たる証拠、すなわち生存している個体か骨格が見つからない以上、実証科学の対象とはなり得ない。

絶滅の淵に立たされたホモ・サピエンスの過去

〝ミトコンドリア・アダム〟の存在

では、現生の唯一のヒト属であるホモ・サピエンスはなぜ、これまでに見てきたさまざまな〝アナザー人類〟の絶滅の歴史をかいくぐって唯一生き残ることができたのか？　それはホモ・サピエンスが同じホモ属の他の種より知的に優れ、環境適応力が高かったという理由によるのであろうか？

近年の研究によるとこれは必ずしも事実ではないようである。たしかにホモ・サピエンスは適応力に富み、つねに自分自身を環境に適応させるだけではなく、環境を改変して自分に従わせることによって生き延びてきた。火や道具の使用に始まって現代のハイテク社会に至るまで、すべてはホモ・サピエンスが自らの適応力を高めようとしてきた努力の産物である。

しかしホモ・サピエンスが十分な技術を身につける前、いまだ他の動物たちと同様に環境の大きな変化に積極的に抵抗するすべをもたなかった時代に、われわれの直系祖先は個体数すなわち人口が激減し、絶滅の淵に立たされたことがあったようである。

現在知られているかぎり世界最古のホモ・サピエンスの化石は、１９６７年にエチオピア南部のキビシュで発見された「オモ1号」、「オモ2号」と呼ばれる頭骨である（244ページ図9－5）。これらはその形態的な特徴からまだ原始的な形質を残す初期のホモ・サピエンスのものとされてはいたが、その正確な年代はわからなかった。

しかし2005年、オーストラリア国立大学のイアン・マクドゥーガルらはアルゴン同位体を用いた放射性年代測定により、この頭骨の年代を19万8000年プラスマイナス1万4000年とする結果を発表した。

この測定値にはいまだ多少議論の余地もあるが、ホモ・ハイデルベルゲンシスからホモ・ネアンデルターレンシスとホモ・サピエンスが分岐したとされる年代が50万年前頃とする近年の一般的見解からすれば、この時代の人骨が見つかることは不思議ではない。

その後ホモ・サピエンスはアフリカにおいて増殖と繁栄を続けたと見られる。事実、16万年前より新しいホモ・サピエンスの化石は、アフリカ最南端から大地溝帯沿いにエチオピアまで、さらに一部は大西洋沿岸のモロッコまで、ほぼ東アフリカ全域からまんべんなく見つかっている。

やがてその一部は5万～4万年前にアフリカを出て全世界に拡散し、そこにいたすべての先住民としてのアナザー人類と置き換わって今日のわれわれへと続いた――これが現在広く認められている人類の直系祖先の進化的シナリオである。

だがこのシナリオに従うと、そこには腑に落ちない点がある。現生人類の遺伝的性質がアフリカ人も他の大陸にいる多様な人種も含めて異常なまでに均一なのである。

　そもそも前記のアラン・ウィルソンらの〝ミトコンドリア・イヴ〟の仮説も、現生人類のすべての系統がわずか25万年前のアフリカの女性〝イヴ〟を含むごくわずかなホモ・サピエンス集団に収斂してしまうというものだ。

　また１９９５年のイェール大学のロバート・ドリットらの調査結果もこれと重なる結論を引き出している。彼らは父親から息子へ受け継がれるＹ染色体上の遺伝子ＺＦＹの中の７２９塩基対のイントロン（遺伝情報を持たない領域）を38の民族に

図9-5 最古のホモ・サピエンス

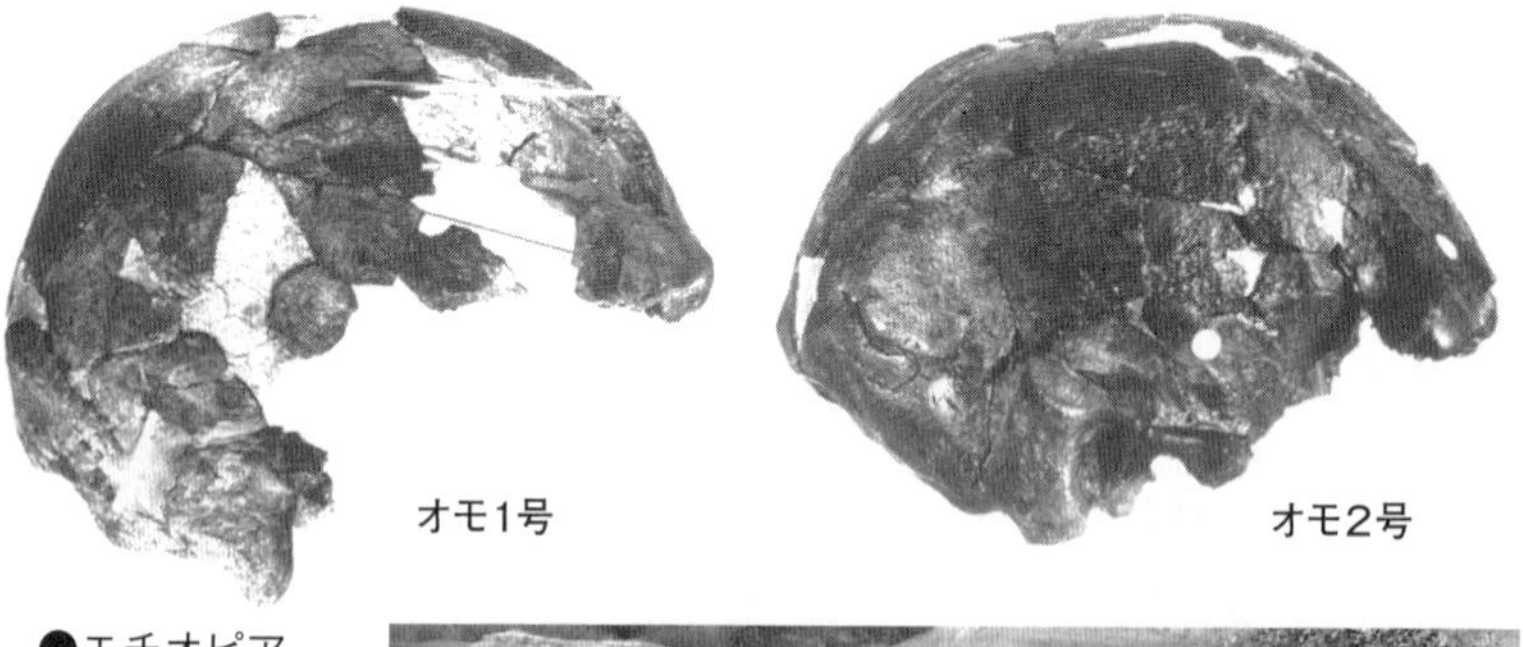

●エチオピア
1967年にエチオピア南部のオモ川流域で発見された頭骨。右は調査チームによるオモ１号の再発掘の風景。

写真（３点とも）／NSF

ついて調査した。その結果、27万年前のサハラ砂漠南部にいわば〝ミトコンドリア・アダム〟と呼ぶべき集団が存在したことが明らかになったという。

つまり27万〜25万年前に全人類はアフリカで生きていた数千人規模のきわめて小さな集団にまで縮小し、その後のこの集団が持っていた遺伝子的な特徴がその後ふたたび拡大にむかった人類の標準型になったというのである。これは、それまでホモ・サピエンスが持っていたであろう遺伝的多様性がここで、おそらくは自然環境の大きな変化によってリセットされてしまったことを示唆している。しかもこのような事態はこれ

●もうひとつの“最古のヒト”
「オモ1号、2号」と並び、同時代（約20万年前）の人骨はタンザニアのラエトリでも見つかっている。顔の部分は欠けているが、頬骨は平坦で眉上突起は小さい。脳容積は大きいものの、頭蓋骨の形は低く長いという原始的な形となっている。撮影／金子隆一/British Museum (Natural History)

いちどだけではなかった。ホモ・サピエンスのＤＮＡの変異を追っていた研究者たちは、その後さらにヒトの遺伝的多様性が大きく減少していることに気づいたのである。

明日の人類はどこに向かうのか？

人口の急速な激減によって引き起こされるこうした現象は集団遺伝学[*1]の世界で「ボトルネック効果（びん首効果）」と呼ばれる。そこでは、いったん激減した人口がその後ふたたび増大すると、生き残った集団に固有の遺伝子型のみが子孫に広がり、以前の集団全体がもっていた遺伝的多様性が失われることになる（図9-6）。そこでこの流れをさかのぼってボトルネック以降に生じた変異の数とその頻度を調べれば、いつ頃ボトルネックが生じたかを推測することもできる。

この現象はさまざまな生物で確認されており、たとえば現在アフリカに棲息しているチーターを見ると、どの個体も遺伝的組成が非常に似ているため、血縁のないチーター間で皮膚移植の実験を行うと多くの場合拒絶反応なしにそのまま皮膚が生着するという。

そこで１９８７年にミトコンドリア・イヴ仮説が登場して以降、世界中の研究者がミトコンドリアやY染色体、その他の遺伝子を用いていっせいにこの研究に乗り出し、考古学的研究や数学的人口動態モデルの研究などともつき合わせて、ホモ・サピエンスの過去の人口変動の時期とその規模を求めようとした。

＊1 **集団遺伝学** 生物集団の中の遺伝的構成がどのような法則に支配され、時間とともにどう変化していくかを追求する遺伝学の一分野。

その結果、いまから19万年前より後、おそらく12万～7万年前の間のどこかで劇的に人口が減り、その後ふたたび増大していったことが明らかになったのである。

アリゾナ州立大学のカーティス・マリーンによれば（マリーン自身はボトルネックは19万5000～12万3000年前とかなり早い時期に発生したと見積もっている）、この時期、アフリカ全体に広がっていたホモ・サピエンスの集団は壊滅的打撃を受け、全大陸で生き残ったのは大陸南端にいたほんの一握りの人々だけであった。マリーンは、生き残ったこの集団の生殖可能年齢の人口はわずか数百人だったと推測している。彼らは、アフリカ南端のこの地域で豊富に入手できる海産物と植物の地下茎に頼ってこの厳しい時代を生き延び、次の時代の爆発的増加のための準備を整えていたという。

一方、イリノイ大学のスタンリー・アンブローズはボトルネックの時期を7万5000～7万年前ともっとも遅めに想定し、ちょうどこの時期に起こったインドネシア、スマトラ島のトバ・カルデラを生じさせた超巨大爆発を環境変動の原因とする仮説を1998年に発表した。

トバ・カルデラはスマトラ北部にある世界最大のカルデラ湖（トバ湖）で、長さ100キロメートル、幅30キロメートル、面積は1000平方キロメートル（東京23区の1・6倍）に達する（図9-7）。この

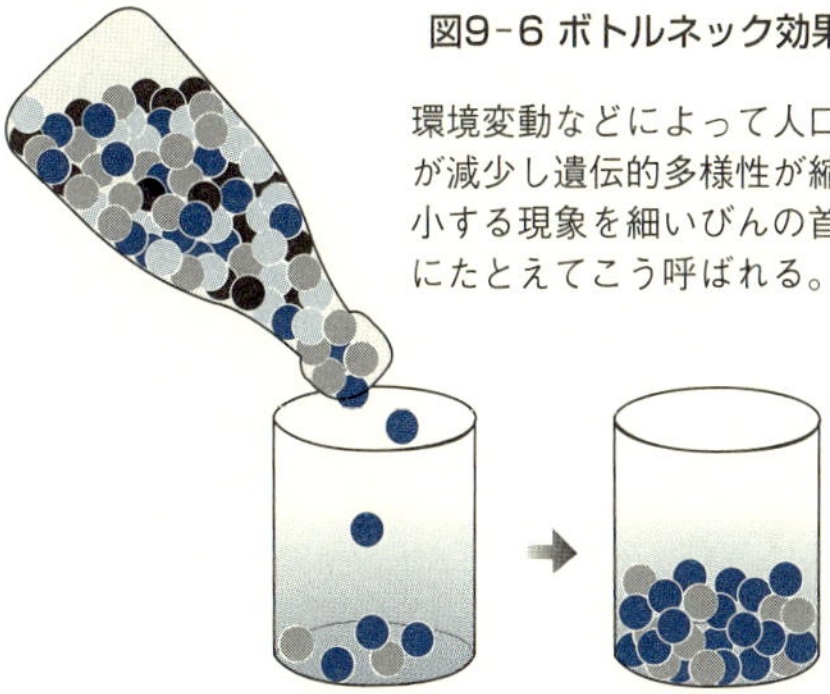

図9-6 ボトルネック効果

環境変動などによって人口が減少し遺伝的多様性が縮小する現象を細いびんの首にたとえてこう呼ばれる。

湖は過去84万年の間に3回起こった浅発性の超巨大噴火によって徐々に形成され、とりわけ7万4000年前に起こった3回目の噴火で地表に噴出されたマグマは推定2500立方キロメートルに達したと見られている。これは新生代に起こったすべての火山爆発の中で最大規模である。

この噴火によって地球環境は深刻なダメージをこうむった。このとき空中にまき散らされた火山性噴出物により地球の平均気温は5度下がり、その影響は以後6000年にわたって続いたとされている。また一説によればこれが更新世最後の氷期であるヴュルム氷期の引き金を引いた。

しかしこの説が正しいとすると、トバ・カルデラのまさに地元が分布の中心地であったホモ・エレクトゥスやホモ・フローレシエンシスはこの時点で完全に滅びていてもよさそうなものだが、その形跡はいまのところ認められない。そのためこの被害見積もりは過大ではないかとする批判もあり、さらにそれに反論するアンブローズとの間ではいまだに論争が続いている。

だがいずれにせよ、更新世後期のある時期にホモ・サピエンスは種を維持できる最低の個体数まで減少し、絶滅の一歩手前まで追い込まれたというのは事実のようである。とすると、もしこの時に一部の人類がマリーンの主張するようにアフリカ南端のシェルター的な環境で生き延びる幸運に恵まれなかったなら、いま地球上に生きているすべての人間は存在しなかったことになる。

あるいは現在の地球を支配していたのは進化したホモ・ネアンデルターレンシスの子孫だったかもしれず、さらにはヒト属そのものが現世まで生き延びることはなかったかもしれない。ヒトはこの時点まで、適応したものが生き延びる（適者生存）のではなく幸運なものが生き延びる（運者生存）という

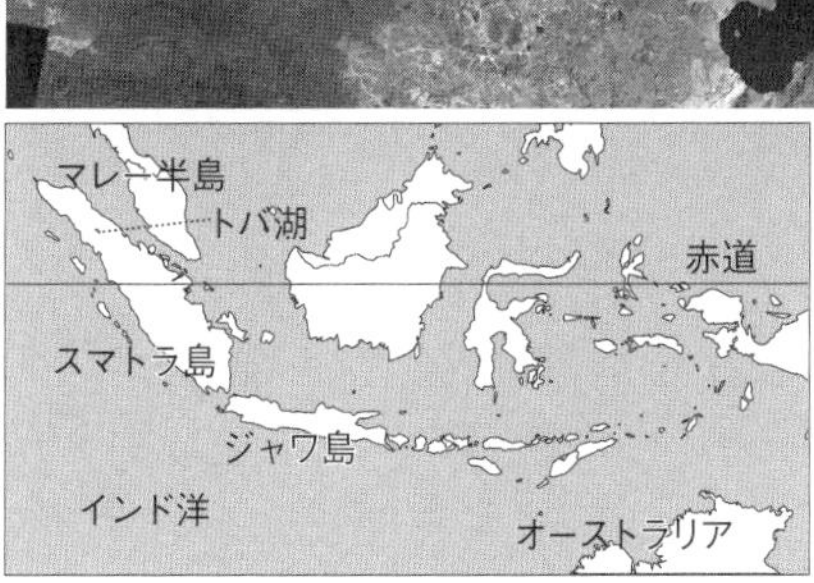

図9-7 トバ・カルデラ この巨大カルデラを形成した巨大な火山噴火は地球環境を激変させ人類を絶滅の危機に追い込んだ。 写真／NASA

進化の大原則に縛られた存在でしかなかったのである。

ヒトがその技術文明の力によって自らを進化の大枠の外へと押し出すことができるようになったのはたかだかこの数百年にすぎない。あるいはこれがホモ・サピエンスをさらに新しい進化の階梯《かいてい》へと押し上げる要因となるのかもしれない。だがわれわれは現時点で、進化の次の段階がどのような方向に向かうのかについて確かなことは何ひとつ言えないのである。●

プレアントロプス　*Preanthropus*
プレシアダピス類　*Plesiadapiformes*
プロコンスル　*Proconsul*
プロコンスル·アフリカヌス　*Proconsul africanus*
プロコンスル·ニャンゼ　*Proconsul nyanzae*
プロノトデクテス　*Pronothodectes*
プロプリオピテクス　*Propliopithecus*
北方真獣類　*Boreoeutheria*
哺乳類　*Mammalia*
ホムンクルス·パタゴニクス　*Homunculus patagonicus*
ホモ·エルガステル　*Homo ergaster*
ホモ·エレクトゥス　*Homo erectus*
ホモ·ゲオルギクス　*Homo georgicus*
ホモ·サピエンス　*Homo sapiens*
ホモ·サピエンス·ネアンデルターレンシス　*Homo sapiens neanderthalensis*
ホモ·トログロディテス　*Homo troglodytes*
ホモ·ネアンデルターレンシス　*Homo neanderthalensis*
ホモ·ハイデルベルゲンシス　*Homo heidelbergensis*
ホモ·ハビリス　*Homo habilis*
ホモ·フローレシエンシス　*Homo floresiensis*
ホモ·ルドルフエンシス　*Homo rudolfensis*
ホモ·ローデシエンシス　*Homo rhodesiensis*

マ・ヤ・ラ

ミクロピテクス　*Micropithecus*
メガネザル類　*Tarsiidae*
有胎盤類　*Placentalia*
有羊膜類　*Amniota*
ラマピテクス·ブレヴィロストリス　*Ramapithecus brevirostris*
類人猿　*Anthropoid ape*
霊長類（霊長目、サル目）　*Primates*
ローラシア獣類　*Laurasiatheria*

サ

サーダニウス　*Saadanius*
サヘラントロプス・チャデンシス　*Sahelanthropus tchadensis*
サル目 → 霊長類（霊長目）
サンブルピテクス　*Samburupithecus*
シヴァピテクス　*Sivapithecus*
四肢動物（四足動物）　*Tetrapoda*
シャモピテクス　*Siamopithecus*
真猿類　*Simiiformes*
ジンジャントロプス・ボイセイ　*Zinjanthropus boisei*
真獣類　*Eutheria*
真主齧類　*Euarchontoglires*
真主獣類　*Euarchonta*
真霊長類　*Euprimates*
スティルトニア　*Stirtonia*
セブピテシア　*Cebupithecia*
ソリアセブス　*Soriacebus*

タ・ナ

ダーウィニウス・マシラエ　*Darwinius masillae*
超霊長類　*Supraprimates*
ディオニソピテクス　*Dionysopithecus*
ティタノホモ　*Titanohomo*
テナガザル類　*Hylobatidae*
テラントロプス・カペンシス　*Telanthropus capensis*
デンドロピテクス　*Dendropithecus*
ドリオピテクス　*Dryopithecus*
ドリオピテクス・フォンタニ　*Dryopithecus fontani*
ネオサイミリ　*Neosaimiri*

ハ

パラントロプス　*Paranthropus*
パラントロプス・エチオピクス　*Paranthropus aethiopicus*
パラントロプス・ボイセイ　*Paranthropus boisei*
パラントロプス・ロブストゥス　*Paranthropus robustus*
パルアウストラロピテクス・エチオピクス　*Paraustralopithecus aethiopicus*
ピテカントロプス・エレクトゥス　*Pithecanthropus erectus*
ピテカントロプス・ルドルフエンシス　*Pithecanthropus rudolfensis*
ヒト亜科　*Homininae*
ヒト科　*Hominidae*
ヒト形目　*Anthropomorpha*
ヒト上科　*Hominoidea*

本書に登場する学名および生物分類名

注／ラテン語で表す学名には、生物名を属名と種名の組み合わせで表す「二名法」が用いられる。下記のリストには人類化石の古い呼称も含めてある。

ア

アウストラロピテクス·アナメンシス　*Australopithecus anamensis*
アウストラロピテクス·アファレンシス　*Australopithecus afarensis*
アウストラロピテクス·アフリカヌス　*Australopithecus africanus*
アウストラロピテクス·エチオピクス　*Australopithecus aethiopicus*
アウストラロピテクス·ガルヒ　*Australopithecus garhi*
アウストラロピテクス·セディバ　*Australopithecus sediba*
アウストラロピテクス·バーレルガザリ　*Australopithecus bahrelghazali*
アウストラロピテクス·ボイセイ　*Australopithecus boisei*
アウストラロピテクス·ラミドゥス　*Australopithecus ramidus*
アウストラロピテクス·ロブストゥス　*Australopithecus robustus*
アダピス類　*Adapidae*
アピディウム　*Apidium*
アフリカ獣類　*Afrotheria*
アルディピテクス·カダバ　*Ardipithecus kadabba*
アルディピテクス·ラミドゥス　*Ardipithecus ramidus*
異節類　*Xenarthra*
エオアントロプス　*Eoanthropus*
エオシミアス　*Eosimias*
エジプトピテクス　*Aegyptopithecus*
オナガザル上科　*Cercopithecoidea*
オモミス類　*Omomyidae*
オランウータン類　*Pongidae*
オリゴピテクス　*Oligopithecus*
オロリン·トゥゲネンシス　*Orrorin tugenensis*

カ

キツネザル類　*Lemuriformes*
狭鼻猿類　*Catarrhini*
グリレス類　*Glires*
原猿類　*Prosimii*
広鼻猿類　*Platyrrhini*

マ

ヤ

ラ

ワ

タ

カ

サ

索　　引

数字・アルファベット

ア

・Stanley Ambrose, "Late Pleistocene human population bottlenecks, nolcanic winter, and the differentiation of modern humans", *Journal of Human Evolution*, **34**, 6 (1998)

・Paul Mellars, "Neanderthal and the modern human colionization of Europe〞, *Nature*, **432**, 7016 (2004)
・ケール・ザン「現生人類がネアンデルタール人を殺害？」NATIONAL GEOGRAPHIC 日本版, 7月号 (1990)

■第9章 最後のアナザー人類

・M.J. Morwood et al., 〝Archaeology and age of a new hominin from Flores in eastern Indnesia〞, *Nature*, **431**, 7012 (2004)
・M.J.Morwood et al., 〝Further evidence for small-bodied hominins from the Late Pleistocene of Flores, Indnesia〞, *Nature*, **437**,7061 (2005)
・Adam Brumm et al., 〝Early stone technology on Flores and its implications foromo floresiensis〞, *Nature*, **441**, 70939 (2006)
・〝New bones suggest hobbits were modern pygmies〞 [http://www.newscientist.com/article/dn13441-new-bones-suggest-hobbits-were-modern-pygmies.htm]
・K.ウォン「人類進化の定説を覆す小さな原人の発見」日経サイエンス, 4月号 (2005)
・Lee Berger et al., 〝Small-bodied Humans from Palau, Micronesia〞, *PLoS ONE*, **3**, 3 (2008)
・〝Ancient Bones of Small Humans Discovered in Palau〞 [http://news.nationalgeographic.com/news/2008/03/080310-palau-bones.html]
・〝Ancient Small Peoples on Palau Not Dwarfs, Study Says〞 [http://news.nationalgeographic.com/news/2008/080827-palau-humans.html]
・Rex Dalton, 〝Fossil fingerpoints to new human species〞, *Nature*, **464**, 7288 (2010)
・Ian McDougall et al., 〝Stratigrephic placement and age of modern humans from Kiish, Ethiopia〞, *Nature*, **433**, 7027 (2005)
・Robert Dorit et al., 〝Absence of Polymorphism at the ZFY Locus on the Human Y Chromosome〞, *Science*, **268**, 5214 (1995)
・Peter de Kniiff, 〝Messages through Bottlenecks : On the Combined Use of Slow and Fast Evolving Polymorphic Markers on the Human Y Chromosome〞, *American Journal of Human Genetics*, **67**, 5 (2000)
・Masatoshi Nei et al., 〝The Bottleneck Effect and Genetic Variability in Populations〞, *Imternational Journal of Organic Evolution*, **29**, 1 (1974)
・John Hawks et al., 〝Population Bottlenecks and Pleistocene Human Evolution〞, *Molecular Biology and Evolution*, **17**, 1 (2000)
・C.W.マリーン「祖先はアフリカ南端で生き延びた」日経サイエンス, 11月号 (2010)

■第8章 もっとも近い人類の仲間

・クリストファー・ストリンガー，クライヴ・ギャンブル著／河合信和訳「ネアンデルタール人とは誰か」朝日選書(1997)
・"Lice DNA Study Shows Human First Wore Clotes 170,000 Years Ago" [http://www.sciencedaily.com/release/2011/01/1101061646.htm]
・"Reconstructing the face of the Gibraltar2 (Devil's Tower) Neandertal child" [http://www.ifiuzurich/staff/zolli/CAP/Main_face.htm]
・ナティ・ミルステイン「現代的生活の起源はホモ・エレクトスか」NATIONAL GEOGRAPHIC日本版，1月号(2010)
・エリック・トリンカウス，パット・シップマン著／中島健訳『ネアンデルタール人』青土社(1998)
・"New evidence debunks stupid neanderthal myth" [http://esciencenews.com/articles/2008/08/25/new.evidence.debunks.stupid.neanderthal.myth]
・"Neanderthal flute" [http://www.greenwych.ca/fl-compl.htm]
・K.ウォン「覆った定説 ネアンデルタール人は賢かった」日経サイエンス，9月号(2010年)
・Thomas Wynn and Frederick Coolidge, "The expert Neandertal (※) mind", *Journal of Human Evolution*, 46, 6 (2004) (※原文のまま。正しいつづりはNeanderthal)
・Weslev Niewoehner et al., "Manual dexterity in Neanderthals", *Nature*, 422, 6930 (2003)
・Takeru Akazawa et al., "Neanderthal infant burial", *Nature*, 377, 6550 (1995)
・楢崎修一郎『花の愛好：疑いかけられた「最初に花を愛でた人々」』朝日ワンテーマママガジン47人類学最前線(1996)
・Jeffrey Sommer, "The Shanidar Ⅳ Flower Burial : A re-evaluation of Neanderthal Burial Ritual", *Cambridge Archaeological Journal*, 9, 1 (1999)
・Igor Ovchinikov et al., "Molecular analysis of Neanderthal DNA from the northern Caucasus", *Nature*, 404, 6777 (2000)
・Richard Green et al., "Analysis of one million base pairs of Neanderthal DNA", *Nature*, 444, 7117 (2006)
・"Neanderthal genome reveals interbreeding with humans" [http://www.newscientist.com/article/dn18869-neanderthal-genome-reveals-interbreeding-humans.htm]
・"The Neanderthal Genome Project" [http://www.eva.mpg.de/neanderthal/]
・K.ウォン「消えたネアンデルタールの謎」日経サイエンス，7月号(2000)

- L.Gabunia and A.Vekua, 〝A Plio-Pleistocene hominid from Dmanisi, East Georgia, Caucasus″, *Nature*, **373**, 6514 (1995)
- Vekua Absalom et al., 〝A newskull of early Homo from Dmanisi, Georgia", *Science*, **297**, 5578 (2002)
- David Lordkipanidze et al., 〝The earliest toothless hominin skull″, *Nature*, **434**, 7034 (2005)
- David Lordlipanidze et al., 〝Postcranial evidence from early Homo from Dmanisi, Georgia″, *Nature*, **449**, 7160 (2007)
- Berhane Asfaw et al., 〝Remains of Homo erecutus from Bouri, Middle Awash, Ethiopia″, *Nature*, **416**, 6878 (2002)
- Alan Templeton, 〝Out of Africa again and again″, *Nature*, **416**, 6876 (2002)
- Ann Gibbons, 〝Homo erectus in Java : A 250,000-Year Anachronism″, *Science*, **274**, 5294 (1996)
- Wang Weijie et al., 〝Comparison of inverse-dynamics muscle-skeletal models of AL 288-1 Australopithecus afarensis and KNM-WT 15000 Homo ergaster to modern humans, with implications for the evolution of bipedalism″, *Journal of Human Evolution*, **47**, 6 (2004)
- G.T.Sawyer, *Homo ergaster ： The last Human A guide to twenty-two species of extinct humans*, Victor Deak Yale University Press (2007)
- Ian Tattersall and Jeffrey Schwartz, *A Glimpse at the Life History of the Nariokotome Youth ： Extinct Humans*, Westview press (2000)
- C.B.ストリンガー「遺伝子が語る人類アフリカ起源説」日経サイエンス, 2月号 (1991)
- A.C.ウィルソン, R・L・キャン「特集 現代人はどこからきたか アフリカ単一発生説」日経サイエンス, 6月号 (1992)
- A.G.ソーン, M・H・ウォルポフ「特集:現代人はどこからきたか 多地域進化説」日経サイエンス, 6月号 (1992)
- Diane Waddle, 〝Matrix correlation tests support a single origin for modern humans″, *Nature*, **368**, 6470 (1994)
- Lluis Quintana-Murci et al., 〝Genetic evidence of an early exit of Homo sapiens sapiens from Africa through eastern Africa″, *Nature Genetics*, **23**, 12 (1999)
- アラン・ウォーカー, パット・シップマン著／河合信和訳「人類進化の空白を探る」朝日選書 (2000)
- C.C.Swisber et al., 〝Latest Homo erectus of Java : Potential Contemporaneity with Homo sapiens in Southern Asia″, *Science*, **274**, 5294 (1996)

- I.タッターソル「共存していた多様な化石人類」日経サイエンス, 4月号 (2000)
- L.S.B.Leaky et al., 〝A new species of the genus Homo from Olduvai gorge″, *Nature*, **202**, 4927 (1964)
- R.Leaky, 〝Evidence for an advanced Plio-Pleistocene hominid from East Rudolf, Kenya″, *Nature*, **242**, 5398 (1973)
- 〝Homo habiris″ [http://www.archaeologyinfo.com/homohabilis.html]
- Donald Johanson et al.,〝New partial skeleton of Homo habilis from Olduvai Gorge, Tanzania″, *Nature*, **327**, 6119 (1986)
- Brian Richmond et al., 〝Early Hominin limb proportions″, *Journal of Human Evolution*, **43**, 4 (2002)
- Mrtin Haeusler and Henry Mchenry,〝Body propotions of Homo habilis reviewed″, *Journal of Human Evolution*, **46**, 1 (2004)
- Kim Hill, 〝Hunting and human evolution″, *Journal of Human Evolution*, **11**, 6 (1982)
- Michael Drawford, 〝The Role of Dietary Fatty Acids in Biology : Their Place in the Evolution of the Human Brain″, *Nutrition Reviews*, **50**, 4 (1992)
- Andrew kramer et al., 〝Craniometric variation in large bodied hominids : testing the single-species hypothesis fof Homo habilis″, *Journal of Human Evolution*, **29**, 5 (1995)
- A.T.Chamberlain and B.Wood, 〝Early Hominid Phylogeny", *Journal of Human Evolution*, **16**, 1 (1987)
- Friedemann Schrenk et al., 〝Oldest Homo and Pliocene Biogeography of the Malawi Rift″, *Nature*, **365**, 6449 (1993)
- 〝Man's Earliest Direct Ancestors Looked More Apelike Than Previous Believed″ [http://www.sciencedaily.com/release/2007/03/070324133018.htm]
- Timothy Bronage et al., 〝Craniofacial archtectural constractions and teir importance for reconstructing the early Homo skull KNM-ER1470″, *Journal of Human Evolution*, **33**, 1 (2008)

■第7章 ヒトの直系祖先ホモ・エレクトゥス

- 柴崎達雄, 君江『ジャワ原人200年の旅ーピテカントロプスをめぐる人びとの物語』築地書館 (1994)
- 「いま復活するジャワ原人 ピテカントロプス展図録」国立科学博物館・読売新聞社 (1996)
- 〝Homo erectus″ [http://www.archaeologyinfo.com/homoerectus.htm]
- 呉汝康,林聖竜「北京原人」日経サイエンス, 8月号 (1983)
- David Dean and Eric Delson, 〝Homo at the gate of Europe″, *Nature*, **373**, 6514 (1995)

・N. アグニュー, M. ドマ「再び眠りにつく360万年前の人類の足跡」日経サイエンス, 1月号 (1999)
・Henry McHenry et al., "Body propotions in Australopithecus afarensis and A. africanus and the origin of the genus Homo", *Journal of Human Evolution*, **35**, 1 (1998)
・Randall Susman, "Fossil evidence for Early Hominid Tool Use", *Science*, **265**, 5178 (1994)
・Shannon McPherron et al., "Evidence for stone-tool-assisted consumption of animal tissues before 3.39 million years ago at Dikika, Ethiopia", *Nature*, **466**, 7308 (2010)
・Tim White et al., "Asa Issie, Aramis and the origin of Australopithecus", *Nature*, **440**, 7086 (2006)
・B.Asfaw, T.White et al., "Australopithecuc garhi : A new species of early hominid from Ethiopia", *Science*, **284**, 5419 (1999)
・Meave Leakey et al., "New four-million-yer-old hominid species from kanapoi and Allia Bay, Kenya", *Nature*, **376**, 6541 (1995)
・Michel Brunet et al., "The first australopithecine 2,500 kilometers west of the Rift Valley(Chad)", *Nature*, **378**, 6554 (1995)
・Lee Barger et al., "Australopithecus sediba : A new Species of Homo-like Australopith from South Africa", *Science*, **328**, 5975 (2010)
・David Strait, "Patterns of resource use in early Homo and Paranthropus", Bernard Wood, *Journal of Human Evolution*, **46**, 1 (2004)
・Andre Keyser, "The Drimolen skull : the most complete australopitecine cranium and mandible to date", *South African Journal of Science*, **96**, April (2000)
・A.Walker et al., "2.5-Myr Australopithecus boisei from west of Lake Turkana, Kenya", *Nature*, **322**, 6079 (1986)
・Gen Suwa et al., "The first skull of Australopithecus boisei", *Nature*, **389**, 6650 (1997)
・"Australopithecus/paranthropus aethiopicus" [http://www.nodernhumanorigins.net/aethiopicus.html]
・"Australopithecus aethiopicus" [http://www.archaeologyinfo.com/australopithecusaethiopicus.html]
・Randall Skelton et al., "Evolutionary relationships among early hominids", *Journal of Human Evolution*, **23**, 4 (1992)

■第6章「ホモ・ハビリス」は存在したか?

・ドナルド・ジョハンスン, ジェイムズ・シュリーヴ著/馬場悠男監修・堀内静子訳『ルーシーの子供たち 謎の初期人類、ホモ・ハビリスの発見』早川書房 (1993)

・諏訪元「中新世末から鮮新世の化石人類―最近の動向」地学雑, 111, 6 (2002)
・Y.コパン「イーストサイド物語―人類の故郷を求めて」日経サイエンス, 7月号 (1994)
・〝Orrorin tugenensis〟 [http://www.modernhumanorigins.net/tugenensis.html]
・Brigitte Senut et al., 〝First hominid from the Miocene (Lukeino Formation, Kenya)〟, *Comptes Rendus de l'Academie des Sciences de la Terre et des Planetes*, **332** (2001) 137-144
・Martin Pickford et al., 〝Bipedalism in Orrorin tugenensis revealed by its femora〟, *Comptes Rendus Palevol*, **1**, 4 (2002)
・Tim White et al., 〝Australopithecus ramidus, a new species of early hominid from Aramis Ethiopia〟, *Nature*, **371**, 6495 (1994)
・Bernard Wood, 〝The oldest hominid yet〟, *Nature*, **371**, 6495 (1994)
・Sileshi Semau et al., 〝Early Pliocene hominids from Gona, Ehiopia〟, *Nature*, **433**, 7023 (2005)
・Martin pickford and Brigitte Senut, 〝Hominid teeth with chipanzee- and gorilla like features from the Miocene o Kenya : implications for the chronology of ape-human divergence and biogeography of Miocene hominidd〟, *Antropological Science*, **113**, 1 (2005)
・ジェームズ・シュリーヴ「最古の女性アルディが変えた人類進化の道」NATIONAL GEOGRAPHIC日本版, 7月号 (2010)
・Tim White et al., 〝Ardipithecus ramidus and the Paleobiology of Early Hominids〟, *Science*, **326**, 5949 (2009)
・Rex dalton, 〝Oldest hominid skeleton revealed〟 [http://www.nature.com/news/2009/091001/full/news.2009.966.html]

■第5章 アウストラロピテクスの系譜

・内村直之『われら以外の人類 類人猿からネアンデルタール人まで』朝日選書 (2005)
・フランク・スペンサー著／山口敏訳『ピルトダウン―化石人類偽造事件』みすず書房 (1996)
・ドナルド・ジョハンソン, マイトランド・エディ著／渡辺毅訳『ルーシー――謎の女性と人類の進化』どうぶつ社 (1986)
・C.O.ラブジョイ「二足歩行をしていた猿人ルーシー」日経サイエンス, 1月号 (1989)
・William Kimbel et al., 〝The first skull and other new discoveries of Australopithecus afarensis at Hadar, Ethiopia〟, Nature, **368**, 6470 (1994)
・Tim White et al., "New discoverlies of Australopithecus at Maka in Ethiopia", *Nature*, **366**, 6452 (1993)

・Stephano Ducrocq, ‶Siamopithecus eocaenus, a late Eocene authropoid primate from thailand : its contribution to the evolution of anthropoids in Southeast Asia″, *Journal of Human Evolution*, **36**, 6 (1999)
・Yaowalak Chaimanee et al., ‶A new Late Eocene anthropoid primate from Thailand″, *Nature*, **385**, 6615 (1997)
・Yaowalak Chaimanee, ‶A new lower jaw of Siamopithecus eocaenus from the Late Eocene of Thailand″, *Comptes Rendus de l'Academie des Sciences Series Ⅲ*, **323**, 2 (2000)
・Beard K. C et al., ‶A diverse new primate fauna from middle Eocene fissure-fillings in southeastern China″, *Nature*, **368**, 6472 (1994)
・Daniel Gebo et al., ‶The oldest known anthropoid postcranial fossils and the early evolution of higher primates″, *Nature*, **404**, 6775 (2000)
・I. S. Zalmout et al., ‶New Oligocene primate from SaudiArabia and the divergence of apes and old world monkeys″, *Nature*, **466**, 7304 (2010)
・D. R. ビガン「地球が『猿の惑星』だったころ」日経サイエンス, 1月号 (2003)
・A. ウォーカー , M. ティーフォード「化石類人猿プロコンスル」日経サイエンス, 3月号 (1989)
・國松豊「ヒト科の出現－中新世におけるヒト上科の展開」地学雑誌, **111**, 6 (2002)
・長谷川政美『増補DNAからみた人類の起源と進化 分子人類学序説』海鳴社 (1989)
・David Begun, ‶Sivapithecus is east and Dryopithecus is west, and never the twain shall meet″, *Anthropological Science*, **113** (2005) 53-64
・Salvador Moya-Sola and Meike Kohler, ‶A Dryopithecus skeleton and the origin of great-ape locomotion″, *Nature*, **379**, 6561 (1996)
・Salvador Moya-Sola and Meike Kohler, ‶recent discoveries of Dryopithecus shed new light on evolution of great apes″, Nature, **365**, 6446 (1993)
・Laszlo kordos and David Begun, ‶A New cranium of Dryopithecus from Rudabanya, Hungary″, *Journal of Human Evolution*, **41** (2001) 689-700

■第4章 最初の直立者たち

・Michel Brunet et al., ‶A new hominid from the Upper Miocene of Chad, central Africa″, *Nature*, **418**, 6894 (2002)
・Milford Wolpoff et al., ‶Sahelanthropus or Sahelpithecus?″, Nature, **419**, 6907 (2002)
・Michel Brunet et al., ‶New material of the earliest hominid from the Upper Miocene of Chad″, *Nature*, **434**, 7034 (2005)
・K. ウォン「最古の人類に迫る700万年前の化石の謎」日経サイエンス, 4月号 (2003)

参考文献

■第1章 ヒトの進化を概観する

・岡崎勝世「リンネの人間論―ホモ・サピエンスと穴居人(ホモ・トログロデュッテス)―」埼玉大学紀要教養学部, 41, 2 (2006)
・R.ルーウィン著/保志宏訳「ここまでわかった人類の起源と進化」,『てらぺいあ』(2002)
・片山一道他『人間史をたどる自然人類学入門』朝倉書店 (1996)
・クリス・ストリンガー, ピーター・アンドリュース著/馬場悠男, 道方しのぶ訳『ビジュアル版人類進化大全 進化の実像と発掘・分析のすべて』悠書館 (2008)
・ジェイムズ・シュリーヴ著/名谷一郎訳『ネアンデルタールの謎』角川書店 (1996)

■第2章 ヒトの居場所

・馬渡俊輔『動物分類学の論理 多様性を認識する方法』東京大学出版会 (1994)
・E.O.ワーリー他著/宮正樹訳『系統分類学入門―分岐分類の基礎と応用』文一総合出版 (1993)
・Louis Psihoyos, *Hunting Dinosaurs*, Landom House (1994)
・Norihiro Okada et al., "Retroposon analysis and recent geological data suggest near-simultaneous divergence of the three superorders of mammal", *Proceedings of the National Academy of Science of the USA*, Mar.13 (2009)

■第3章 最初のサルと"ミッシング・リンク"

・Glen.C.Conroy, *Primate evolution*, W.W. Norton & Co. (1990)
・Chris Beard, *The hunt for the dawn monkey : unearthing the origins of monkeys, apes, and humans*, University of California Press (2004)
・コリン・タッジ著/柴田裕之訳『ザ・リンク ヒトとサルをつなぐ最古の生物の発見』早川書房 (2009)
・Jens L.Franzen et al., "Complete Primate skeleton from the Middle eocene of Messel in Germany : Morphology and Paleobiology", *PLoS ONE*, 4, 5 (2009)
・Blythe A.Williams et al., "Darwinius masillae is a strepsirrhine－a reply to Franzen et al. (2009)", *Journal of Human Evolution*, 30, 1 (2010)
・Blythe Williams et al., "New perspectives on anthropoid origins", *Proceedings of the National Academy of Science of the USA*, March 16 (2010)

著者紹介

◎金子隆一　*Ryuichi Kaneko*

神戸市生まれ。生物学・進化論・古生物学・天文学・物理学・医学など科学全般にくわしく、一般向け科学出版物・テレビなどで活躍。北米、ヨーロッパ、中国、南アフリカなどを頻繁に取材。イベント監修なども。著書および共著書に『相対性理論なるほどゼミナール』(日本実業出版社)、『図解クローン・テクノロジー』(同文書院)、『ゲノム解読がもたらす未来』(洋泉社)、『新世紀未来科学』『不老不死』(八幡書店)、『知られざる日本の恐竜文化』(祥伝社)、『哺乳類型爬虫類』(朝日新聞社)、『軌道エレベーター・宇宙へ架ける橋』(早川書房、文庫版)、『徹底図解恐竜の世界』(新星出版社)、『大量絶滅がもたらす進化』(ソフトバンククリエイティブ)、『ノーベル賞の科学・物理学賞編』『(同)化学賞編』(技術評論社) など多数。

●編集・制作

矢沢サイエンスオフィス（株式会社矢沢事務所）

1982年設立の科学情報グループ。代表は矢沢潔。これまでの出版物に「最新科学論シリーズ」37冊、世界の多数のノーベル賞学者などへのインタビュー集『知の巨人』『経済学はいかにして作られたか？』、がんや糖尿病、脳の病気など一般向け医学解説書シリーズ、動物医学解説書シリーズ（いずれも学習研究社）、『巨大プロジェクト』（講談社）、『始まりの科学』（ソフトバンククリエイティブ）、『薬は体に何をするか』『地球温暖化は本当か？』『原子力ルネサンス』『NASAから毎日届く驚異の宇宙ナマ情報』『（同）驚異の地球ナマ情報』『ノーベル賞の科学』（全4巻。技術評論社）などがある。

●装丁

中村友和（ROVARIS）

●カバー写真

金子隆一／Rosino／NASA

●本文イラスト・作図

十里木トラリ、高美恵子

●本文レイアウト・DTP制作

Crazy Arrows

知りたい！サイエンス

アナザー人類興亡史

―人間になれずに消滅した“傍系人類”の系譜―

2011年 5月25日　初　版　第1刷発行

2012年 10月15日　初　版　第2刷発行

著　者　金子隆一

発行者　片岡　巌

発行所　株式会社技術評論社

東京都新宿区市谷左内町21-13

電話　03-3513-6150　販売促進部

03-3267-2270　書籍編集部

印刷／製本　日経印刷株式会社

定価はカバーに表示してあります

造本には細心の注意を払っておりますが、万一、乱丁（ページの乱れ）や落丁（ページの抜け）がございましたら、小社販売促進部までお送りください。送料小社負担にてお取り替えいたします。

ISBN978-4-7741-4640-9　C3045

Printed in Japan